JN171682

Ordinary Differential Equations and Lotka-Volterra Equations

常微分方程式と
ロトカ・ヴォルテラ方程式

今 隆助・竹内康博

共立出版

まえがき

　本書は微分方程式の初等解法と定性理論，およびそれらのロトカ・ヴォルテラ方程式への応用を解説したものである．微分積分と線形代数を習得した理工系の学生を対象にしている．

　微分方程式は，物理法則を記述する道具として，17世紀に発明された．ニュートンの運動方程式は物体の運動を模倣するモデルであり微分方程式である．このモデルである微分方程式を調べることにより，天体の軌道を正確に予測したり，人工衛星の軌道をコントロールできるようになった．微分方程式は，物理学だけにとどまらず，あらゆる分野で現象を模倣するモデルとして使われるようになった．本書に登場する天然痘に関する微分方程式は18世紀に，バクテリア個体群の成長に関する微分方程式は19世紀に考案されている．また，本書のタイトルにもなっているロトカ・ヴォルテラ方程式は，もともと2種類の生物の個体群密度や化学物質の濃度の時間変化を記述する微分方程式であり，20世紀前半に考案された．ロトカ・ヴォルテラ方程式の登場以降，特に生態学では微分方程式を用いた理論的な研究が進んだ．また，その研究手法は，生命科学，社会科学など他分野にも影響を与えている．本書はこのような分野への応用を意識している．特に，後半では，ロトカ・ヴォルテラ方程式への応用そのものを例示する形で，微分方程式の定性理論を解説している．

　本書の前半（第1章から第7章）は，微分方程式の標準的な内容をカバーするように構成されている．微分方程式の応用を具体的に意識できるように，第1章では，生態学に関連したものを中心に具体的な微分方程式を紹介する．基礎理論の証明は後回しにし，第7章にまとめた．そこでは，微分方程式の力学系としての側面も解説する．後半（第8章から第13章）はより発展的な内容を含んでおり，ロトカ・ヴォルテラ方程式への応用そのものが主眼となる．各章には章末問題がついており，その略解も巻末についている．本文の理解の助け

としてほしい.

2018 年 7 月

著者

目　次

—————— 第**1**章 ——————

微分方程式とは

　本章は初めに微分方程式とは何であるか，微分方程式の解とは
何であるか，微分方程式の初期値問題とは何であるかを解説する.
また，本章の後で必要となる基本的な用語を解説する. さらに,
いくつかの簡単な微分方程式の例とその解を紹介する. 例は個体
群生態学における基本的な微分方程式を中心に取り上げることに
する. 解の具体的な求め方については第2章以降で考察すること
にする.

1.1　微分方程式の解

　方程式とは，また方程式の解とは何であるかはよく知られているであろう.
たとえば，$a \neq 0$, b, c がある定数として与えられているとき，x を未知数とし
て，2次方程式

$$ax^2 + bx + c = 0$$

の解は

$$x = \frac{-b \pm \sqrt{b^2 - 4ac}}{2a}$$

で与えられる. 上式の右辺は $a \neq 0$, b, c が定数で与えられているので数値が
決定でき，その値を2次方程式の左辺の x に代入すれば等式が成立する. この
ように，方程式とは1つ以上の変数（未知数）を含む等式のことであり，等式
を成り立たせる変数の値を方程式の解という.

　微分方程式 (differential equation) とは，未知数 x の有限階の導関数を含む

方程式のことである．簡単な微分方程式の例

$$\frac{dx}{dt} = x \tag{1.1}$$

を考えよう．(1.1) の微分方程式の**解** (solution) とは，微分方程式 (1.1) を満たす独立変数 t の微分可能な関数 $x = x(t)$ のことである．注意すべきことは，上式 (1.1) の両辺を 0 から t まで積分して得られる等式

$$x(t) = x(0) + \int_0^t x(u)du$$

を解とは呼ばないことである．右辺に $x(u)$ が残っているので，$x(t)$ をそれ自身を使って表現している（つまり $x(t)$ を t の関数として表現していない）からである．上式は微分方程式を積分方程式に書き換えただけである．

　微分方程式 (1.1) をよく観察すると，関数 $x(t)$ を t で微分すると形が変わらず $x(t)$ と等しくなる（$dx(t)/dt = x(t)$）ということを表しているので，そのような関数はたとえば $x(t) = e^t$ であることがわかる．実際 $x(t) = e^t$ を (1.1) の両辺の x に代入すると等式が成り立つ．したがってこの関数 e^t は解である．また C を（t と無関係な）任意の定数とすれば，$x(t) = Ce^t$ も方程式を満たすので解である．したがって，（C が任意の定数であるので）(1.1) の方程式の解は無限個存在することが確認できる．x の高階の導関数を含む方程式

$$\frac{d^2x}{dt^2} + 2\frac{dx}{dt} = x \tag{1.2}$$

や独立変数 t の 2 つの関数 $x_1 = x_1(t)$, $x_2 = x_2(t)$ に関する連立の微分方程式

$$\frac{dx_1}{dt} = x_1 - x_2, \quad \frac{dx_2}{dt} = 2x_1 + x_2 \tag{1.3}$$

などもある．本書では独立変数が 1 つの微分方程式（**常微分方程式** (ordinary differential equation) と呼ばれる）を考察する．複数の独立変数（たとえば，時刻と場所など）が必要な場合は，**偏微分方程式** (partial differential equation) を考えることになるが本書では取り扱わない．

1.1.1　用語

　微分方程式がどのようなものであるか，だいたい理解できたと思うので，ここでこれから必要となる基本的な用語の定義を与えよう．

■ 定義 1.1 n を自然数とする．変数 t とその関数 $x = x(t)$ と，x の有限階の導関数に関して，関数 $f(t, x, dx/dt, \ldots, d^n x/dt^n)$ が与えられたとき，

$$f\left(t, x, \frac{dx}{dt}, \ldots, \frac{d^n x}{dt^n}\right) = 0 \tag{1.4}$$

の形の方程式を n **階** (n-th order) の微分方程式という．関数 f が変数 t に依存していなければ，微分方程式は**自励系** (autonomous system) と呼ばれ，それ以外のとき**非自励系** (non-autonomous system) といわれる．

導関数の最高階数 n を微分方程式の**階数** (order) という．(1.1) は 1 階の，(1.2) は 2 階の微分方程式である．微分方程式 (1.4) を満たす関数 $x = x(t)$ を微分方程式 (1.4) の**解** (solution) と呼ぶ．

解がまだわかっていないとき，$x = x(t)$ を未知関数ということがある．また t を**独立変数** (independent variable)，x を**従属変数** (dependent variable) と呼ぶこともある．

複数の未知関数 $\boldsymbol{x} = (x_1, x_2, \ldots, x_n)^\top$ に関しても上と同様に微分方程式を定義でき，

$$\frac{d\boldsymbol{x}}{dt} = \boldsymbol{f}(t, \boldsymbol{x}) \tag{1.5}$$

は**連立 1 階微分方程式系** (first order simultaneous differential equation) と呼ぶ．ここで $\frac{d\boldsymbol{x}}{dt} = (\frac{dx_1}{dt}, \frac{dx_2}{dt}, \ldots, \frac{dx_n}{dt})^\top$，$\boldsymbol{f} = (f_1, f_2, \ldots, f_n)^\top$ であり，$i = 1, 2, \ldots, n$ について $f_i = f_i(t, x_1, x_2, \ldots, x_n)$ である．連立 1 階微分方程式系 (1.5) の解は定義 1.1 と同様に定義される．微分方程式系 (1.5) はその右辺が t に依存していないとき**自励系** (autonomous system)，それ以外は**非自励系** (non-autonomous system) と呼ばれる．(1.3) は連立 1 階微分方程式系で自励系である．

1.1.2 初期値問題

n 階の微分方程式 (1.4) に対して，n 個の定数 $x_0, x_1, \ldots, x_{n-1}$ が与えられ，微分方程式の解 $x(t)$ が次の n 個の条件

$$x(t_0) = x_0, \ \frac{dx(t_0)}{dt} = x_1, \ \ldots, \ \frac{d^{n-1} x(t_0)}{dt^{n-1}} = x_{n-1} \tag{1.6}$$

を満たすように解を決定する問題は**初期値問題** (initial value problem) と呼ばれ, (1.6) を**初期条件** (initial condition), t_0 を**初期時刻** (initial time), $x_0, x_1, \ldots, x_{n-1}$ を**初期値** (initial value) または**初期データ** (initial data) という. 連立 1 階微分方程式系 (1.5) に対しても同様に初期値問題は次のように与えられる.

$$\frac{d\boldsymbol{x}}{dt} = \boldsymbol{f}(t, \boldsymbol{x}), \quad \boldsymbol{x}(t_0) = \boldsymbol{x}_0 \tag{1.7}$$

ここで $\boldsymbol{x}_0 = (x_{10}, x_{20}, \ldots, x_{n0})^\top$ は与えられた定数であり, $\boldsymbol{x}(t_0) = \boldsymbol{x}_0$ が初期条件, $\boldsymbol{x}_0$ が初期値である. (1.4) (または (1.5)) の解 $x = x(t)$ (または $\boldsymbol{x} = \boldsymbol{x}(t)$) で初期条件を満たす関数を**初期値問題の解**という.

前項で, (1.1) の解として, C を任意の定数として $x(t) = Ce^t$ を得たが, このような解を**一般解** (general solution) と呼ぶ. 初期条件 $x(t_0) = x_0$ が付加されると, $x(t_0) = Ce^{t_0} = x_0$ より, 定数 C の値が $C = x_0 e^{-t_0}$ と決定され, 初期値問題の解は $x(t) = x_0 e^{t-t_0}$ となる. この関数が方程式 (1.1) と初期条件 $x(t_0) = x_0$ を満たす解であることは容易に確認できる.

微分方程式 (系) において解が存在するか (微分方程式の解の**存在性** (existence)), また初期値問題の解がただ 1 つに定まるかどうか (微分方程式の解の**一意性** (uniqueness)) という問題は, 微分方程式を考えるうえで基本的で重要な問題である.

○**例 1.1**　次の簡単な微分方程式の初期値問題を考えよう.

$$\frac{dx}{dt} = \sqrt{x}, \quad x(0) = 0$$

関数 $x(t) = t^2/4$ は $dx(t)/dt = t/2 = \sqrt{x(t)}$, $x(0) = 0$ を満たすので初期値問題の解であることが確認できる. また $x(t) = 0$ も微分方程式と初期条件を満たすので初期値問題の解である. さらに T を任意の正の定数として, 区間 $0 \le t \le T$ で $x(t) = 0$, それ以降 $(t > T)$ で $x(t) = (t - T)^2/4$ とおいた関数も初期値問題の解となることが確認できる. T は任意の正の定数であるので, この初期値問題の解は無数に存在することがわかる. この微分方程式の右辺の関数 $f(x) = \sqrt{x}$ は $x = 0$ において, 微分不可能であることに注意しよう.

一般的に初期値問題 (1.7) において, $\boldsymbol{x}_0$ を含む開集合で右辺の関数 $\boldsymbol{f}(t, \boldsymbol{x})$

が連続であり，x に関して連続な偏導関数をもてば，解は存在し一意的である
ことが知られている．解が存在して一意的であっても，すべての t で存在する
とは限らないことに注意しよう．

○**例 1.2**　例として，

$$\frac{dx}{dt} = 1 + x^2, \quad x(0) = 0$$

を考えよう．右辺の関数 $f(x) = 1 + x^2$ は原点を含む任意の開区間で x に関し
て連続な導関数をもつので，解は存在し一意的である．また，関数 $x(t) = \tan t$
がこの方程式の解であることが容易に確認できるので，解は $-\pi/2 < t < \pi/2$
でしか定義されないことに注意しよう．

1.2　微分方程式の例とその解

　いくつかの簡単な微分方程式の例とその解を考えよう．本書の後半との関連
で，個体群生態学における基本的な微分方程式を中心に取り上げる．

1.2.1　微分方程式の例

○**例 1.3（指数成長）**　細胞分裂を繰り返して増殖するバクテリアを考えよう．
時刻 t におけるバクテリアの個体数を $x = x(t)$ とする．時刻 t における単位時
間あたりのバクテリア個体数の増分（増加率）

$$\frac{dx}{dt}$$

は時刻 t での個体数 $x(t)$ に比例するとしよう．比例定数を $\alpha > 0$ とすれば，

$$\frac{dx}{dt} = \alpha x \tag{1.8}$$

という方程式が導かれる（**指数成長** (exponential growth)）．方程式 (1.8) の両
辺を x で割ると

$$\frac{1}{x}\frac{dx}{dt} = \alpha \tag{1.9}$$

となる．左辺は時刻 t でのバクテリア 1 個体あたりの増加率を表し，これをバ

クテリアの**成長率**とか**増殖率** (growth rate) という．(1.9) から，指数成長はその成長率が常に定数 α（**マルサス径数** (Malthusian coefficient) と呼ばれる）となることを表していて，個体数に依存しないことを意味する．

○ 例 1.4（放射性物質の崩壊過程）　放射性物質は，時間経過とともに一定の割合で崩壊していく．崩壊定数を $\beta > 0$ とすると，時刻 t における放射性物質の量 $x = x(t)$ の変化は

$$\frac{dx}{dt} = -\beta x \tag{1.10}$$

と表すことができる．

○ 例 1.5（ゴンペルツ成長）　固形腫瘍の大きさの変化は例 1.3 のような成長（増加率が現在の腫瘍の大きさに比例する成長）では表せない．時間の経過に伴って腫瘍の成長率 $((1/x)(dx/dt))$ が指数関数的に減少するとしよう．時刻 t における腫瘍の大きさを $x = x(t)$ とすると腫瘍の大きさは

$$\frac{dx}{dt} = \beta e^{-\alpha t} x \tag{1.11}$$

と表される（**ゴンペルツ成長** (Gompertz growth)）．ここで α, β は正の定数である．指数成長 (1.8) とゴンペルツ成長 (1.11) を比較すると，前者では定数 α で与えられていた成長率が，後者では時刻 t の単調減少関数 $\beta e^{-\alpha t}$ に変更されていることに注意しよう．

○ 例 1.6（ロジスティック成長）　例 1.3 ではバクテリアの個体数 $x(t)$ の増加率 dx/dt は時刻 t における個体数に比例すると仮定した．しかし成長率（1 個体あたりの増加率）は，個体数の増加に伴って，一定ではなく（利用できる資源の減少や環境の悪化などで）減少すると仮定することが合理的である．このとき，r, K を正の定数として

$$\frac{1}{x}\frac{dx}{dt} = r\left(1 - \frac{x}{K}\right) \tag{1.12}$$

と表される．方程式 (1.12) の両辺に x をかけると

$$\frac{dx}{dt} = rx\left(1 - \frac{x}{K}\right) \tag{1.13}$$

となる. 方程式 (1.13) は**ロジスティック方程式** (logistic equation) と呼ばれ, この成長過程を**ロジスティック成長** (logistic growth) という. $r > 0$ は**内的成長率** (intrinsic growth rate) や**内的自然増加率** (intrinsic rate of natural increase), $K > 0$ は**環境収容力** (carrying capacity) と呼ばれる. $x = K$ で $dx/dt = 0$, $x > K$ で $dx/dt < 0$, $0 < x < K$ で $dx/dt > 0$ であることに注意しよう. 環境収容力 K を境にして, 個体数 x が K より大きければ成長率は負となり個体数は減少し, K より小さければ成長率は正となって個体数は増加する. 個体数 x が K に等しければ個体数は変化しない.

○**例 1.7 (伝染病の広がり)**　人口が一定 $(N > 0)$ の町で, x 人が伝染病に感染していないとしよう. $N - x$ 人の伝染病に感染している人たちは, 未感染者と接触することで感染を広げていく. 単位時間あたりの感染者数の増加率は

$$\frac{d}{dt}(N - x) = -\frac{dx}{dt}$$

と表せる. すなわち, 人口 N が一定であると仮定しているので, 単位時間あたりの感染者数の増加率は未感染者数の減少率に等しい. この感染者数の増加率は未感染者数 x と感染者数 $N - x$ の積 $x(N - x)$ に比例するとしよう. これは未感染者と感染者がランダムに出会った場合にある確率で感染が拡大するという仮定 (**質量作用の法則** (mass action law)) による. 比例定数を $\gamma > 0$ とすると微分方程式

$$\frac{dx}{dt} = -\gamma x(N - x) \tag{1.14}$$

が得られる. $N > x > 0$ に注意すると, 常に $dx/dt < 0$ となり, 未感染者数は単調に減少し, 伝染病が町に広がっていく様子が想像できる.

○**例 1.8 (天然痘の方程式)**　天然痘にかかった経験のない人の年齢別割合を考えよう. $S = S(t)$ は t 歳まで一度も天然痘にかかることなく生きている人の数とする. λ は単位時間あたりに天然痘にかかる確率とし, $\mu(t)$ は t 歳の単位時間あたりに天然痘以外の死因で亡くなる確率としよう. このとき, S は次を満たす.

$$\frac{dS}{dt} = -\lambda S - \mu(t)S$$

また，$P = P(t)$ を t 歳の総人口とし，天然痘にかかった人のうち死亡する割合を σ とすると，P は次を満たす．

$$\frac{dP}{dt} = -\sigma\lambda S - \mu(t)P$$

上の2式から $\mu(t)$ を消去すると，

$$\lambda + \frac{1}{S}\frac{dS}{dt} = \lambda\sigma\frac{S}{P} + \frac{1}{P}\frac{dP}{dt}\left(=-\mu(t)\right)$$

$$\frac{1}{P}\frac{dS}{dt} - \frac{S}{P^2}\frac{dP}{dt} = -\lambda\frac{S}{P} + \lambda\sigma\left(\frac{S}{P}\right)^2$$

となるので，天然痘にかかった経験のない人の割合 $x = S/P$ は，次の微分方程式により与えられる．

$$\frac{dx}{dt} = -\lambda x + \sigma\lambda x^2 \tag{1.15}$$

この方程式は天然痘に対する種痘の有効性を研究する過程でダニエル・ベルヌイにより導かれた．また，(1.15) を特殊な場合として含む微分方程式が，彼の伯父であるヤコブ・ベルヌイにより研究されており，その微分方程式はベルヌイ方程式と呼ばれている．

○**例1.9（単振動）**　バネが付いている質点の微小振動（単振動）を考えよう．質点の質量を $m > 0$，バネの弾性定数（**バネ定数** (spring constant)）を $k > 0$，時刻 t におけるバネの自然長からの伸びを $x = x(t)$ とする．このとき質点には $-kx$ の復元力が働く．質点の変位はバネの伸びに等しく，質点の加速度

$$\frac{d^2x}{dt^2}$$

はニュートンの運動方程式（質量 × 加速度 ＝力）より，

$$m\frac{d^2x}{dt^2} = -kx \tag{1.16}$$

を満たすことが導かれる．

1.2.2 微分方程式の例の解

本項では 1.2.1 項で導かれた微分方程式の解を与える．解の具体的な求め方については，次章以降で考えよう．微分方程式 (1.4) の解とは，(1.4) を満たす変数 t の関数 $x = x(t)$ であることを思い出そう．

例 1.3 指数成長 (1.8) の解　方程式 (1.8) を見ると，解 $x(t)$ は t で微分すると元の関数 $x(t)$ の α 倍（α は定数）となる関数であることがわかる．このような性質をもつ関数として，$e^{\alpha t}$ が思い浮かぶ．また $e^{\alpha t}$ に任意の定数 C をかけて得られる関数

$$x(t) = Ce^{\alpha t} \tag{1.17}$$

も微分方程式 (1.8) を満たす．実際，関数 (1.17) を方程式 (1.8) の x に代入すると，方程式 (1.8) が成り立つことが簡単に確かめられるので，関数 (1.17) は微分方程式 (1.8) の解である．C がどのような定数であっても関数 (1.17) が微分方程式 (1.8) を満たすことが確かめられた．微分方程式 (1.8) は細胞分裂するバクテリアの個体数の時間変化を表すものであったので，時刻 $t = 0$ におけるバクテリア個体数を x_0 と指定し，初期条件を付加すると，(1.17) から $x(0) = C = x_0$ が得られ，初期条件を満たす微分方程式 (1.8) の解 $x(t) = x_0 e^{\alpha t}$ が得られる．この解は単調増加関数であるので，$x(t) = 2x(0)$ となる時間（**倍加時間** (doubling time)）を求めると $t = (\ln 2)/\alpha$ となる．図 1.1 は $x_0 = 1$ とし，$\alpha = 0.1, 0.2, 0.3, 1$ と変化させた解 $x(t)$ のグラフである．マルサス径数 α を大きくしていくと，倍加時間が短くなる（バクテリアの個体数成長が早くなる）ことが確認できる．$t \to \infty$ で $x(t) \to \infty$ となることもわかる．このような増殖を**指数成長** (exponential growth) と呼ぶ．

例 1.4 放射性物質の崩壊過程 (1.10) の解　方程式 (1.10) を見ると，方程式 (1.8) で定数 α を $-\beta$ に置き換えたものであるので，

$$x(t) = Ce^{-\beta t} \tag{1.18}$$

は解となることがわかる．時刻 $t = 0$ における放射性物質の量を x_0 とすれば，初期値問題に対する解は $x(t) = x_0 e^{-\beta t}$ となる．この解は単調減少関数であるので，$x(t) = 0.5x(0)$ となる時間（**半減期** (half-life)）を求めると $t = (\ln 2)/\beta$ となる．図 1.2 は $x_0 = 1$ とし，$\beta = 0.04, 0.1, 0.3, 0.5$ と変化させた解 $x(t)$ の

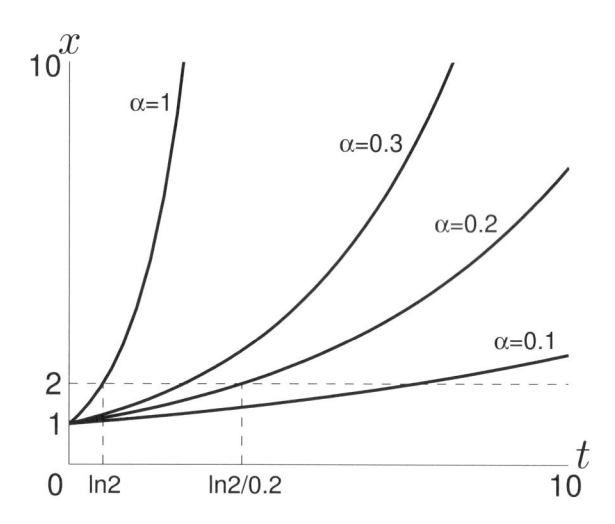

図 1.1　指数成長 $x(t) = x_0 e^{\alpha t}$ のグラフ. $x_0 = 1$, $\alpha = 0.1, 0.2, 0.3, 1$. マルサス径数 α が大きいと倍加時間 $t = (\ln 2)/\alpha$ が短くなる.

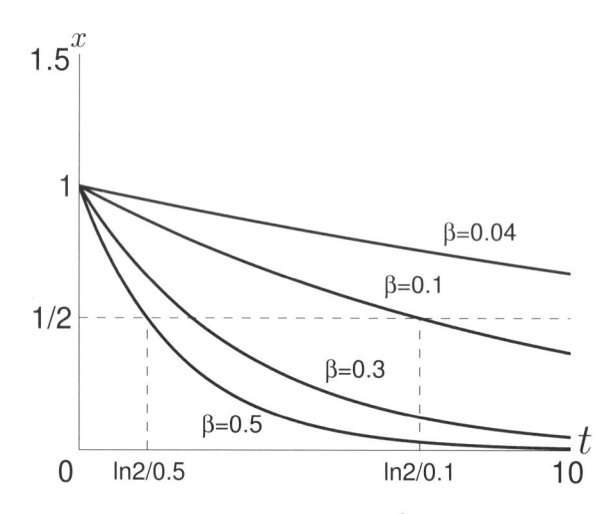

図 1.2　放射性物質の崩壊過程 $x(t) = x_0 e^{-\beta t}$ のグラフ. $x_0 = 1$, $\beta = 0.04, 0.1, 0.3, 0.5$. 放射性物質の崩壊定数 β が大きくなると半減期 $t = (\ln 2)/\beta$ が短くなる.

グラフである．β が大きくなると半減期が小さくなり $t \to \infty$ で $x(t) \to 0$ となるが，放射性物質は決して有限時間では 0 とならないことがわかる．

例 1.5 ゴンペルツ成長 (1.11) の解 次の関数は方程式 (1.11) の解となる（問 1.1 参照）．

$$x(t) = C \exp\Big[\frac{\beta(1 - e^{-\alpha t})}{\alpha}\Big] \tag{1.19}$$

ここで C は任意の定数であり，$\exp[f(t)]$ は $\exp[f(t)] = e^{f(t)}$ を表す．式 (1.19) の両辺を t で微分すると，$x(t)$ は (1.11) の解であることが確認できる．時刻 $t = 0$ における腫瘍の大きさを x_0 とすれば，$x(0) = C = x_0$ より初期値問題に対する解は $x(t) = x_0 \exp[\beta(1 - e^{-\alpha t})/\alpha]$ となる．この解は単調増加関数であるが，$t \to \infty$ で $x(t) \to x_0 e^{\beta/\alpha}$ となり，指数成長と異なり，腫瘍は一定の大きさに近づいていくことがわかる．図 1.3 は $x_0 = 1$, $\alpha = 0.05$, $\beta = 1$ とした解 $x(t)$ のグラフである．縦軸が $y = \ln x(t)$ であることに注意しよう．$d^2y/dt^2 = -\alpha\beta e^{-\alpha t} < 0$ より，グラフは上に凸である．一方，方程式 (1.11) の両辺を t で微分すると

$$\frac{d^2 x}{dt^2} = \beta x e^{-\alpha t}(\beta e^{-\alpha t} - \alpha) \tag{1.20}$$

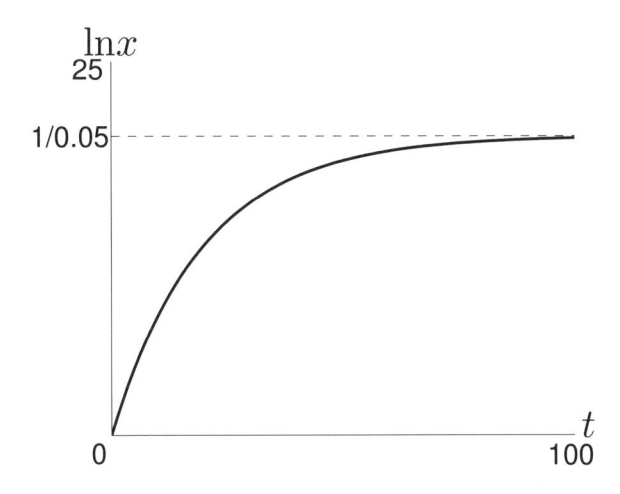

図 1.3 ゴンペルツ成長 $x(t) = x_0 \exp[\beta(1 - e^{-\alpha t})/\alpha]$ のグラフ．$\alpha = 0.05$, $\beta = 1$, $x_0 = 1$．解は単調増加関数で，$t \to \infty$ で e^{20} に漸近する．縦軸は $\ln x$ であることに注意しよう．

となることから，解 (1.19) は，$0 < \alpha/\beta < 1$ のとき，時刻 $t^* = -[\ln(\alpha/\beta)]/\alpha$ で変曲点をもつ（問 1.2 参照）．$0 < t < t^*$ において $d^2x/dt^2 > 0$ であるので加速的に腫瘍は増大し，$t > t^*$ で減速的な増加となり，$t \to \infty$ で $x_0 e^{\beta/\alpha}$ に漸近していくことがわかる．

　ゴンペルツ成長する腫瘍は一定の大きさ $x_0 e^{\beta/\alpha}$ に近づいていったが，その大きさは時刻 $t = 0$ での腫瘍の大きさ x_0 に依存した．もし，$x_0 e^{\beta/\alpha}$ が初期値に依存しない値 K であるなら，(1.11) は

$$\frac{dx}{dt} = -\alpha x \ln \frac{x}{K}$$

に等しい．

例 1.6 ロジスティック成長 (1.13) の解　次の関数は方程式 (1.13) の解となる．

$$x(t) = \frac{CKe^{rt}}{K + C(e^{rt} - 1)} \tag{1.21}$$

ここで C は任意の定数である．式 (1.21) の両辺を t で微分すると，(1.21) で与えられる $x(t)$ は (1.13) の解であることが確認できる．時刻 $t = 0$ におけるバクテリア個体数を x_0 としよう．式 (1.21) に $t = 0$, $x(0) = x_0$ を代入すると $x(0) = x_0 = CK/K = C$ より，初期値問題に対する解は

$$x(t) = \frac{x_0 K}{x_0 + (K - x_0)e^{-rt}} \tag{1.22}$$

となる．(1.22) より，時刻 $t = 0$ でバクテリアの個体数が 0 の場合 ($x_0 = 0$)，任意の時刻 t で $x(t) = 0$ であること，また時刻 $t = 0$ でバクテリアの個体数が環境収容力に達している場合 ($x_0 = K$)，任意の時刻 t で $x(t) = K$ であることが確かめられる．さらに一般的に $x_0 > 0$ であるならば，$t \to \infty$ で解は環境収容力 K に収束することがわかる．また時刻 $t = 0$ でバクテリアの個体数が環境収容力より大きい場合 ($x_0 > K$)，解は単調減少で K に収束し，逆に環境収容力より小さい場合 ($0 < x_0 < K$)，解は単調増加で K に収束することもわかる．さらに，方程式 (1.13) の両辺を t で微分すると，

$$\frac{d^2x}{dt^2} = r\left(1 - \frac{2x}{K}\right)\frac{dx}{dt} = r^2\left(1 - \frac{2x}{K}\right)x\left(1 - \frac{x}{K}\right)$$

となることから，解 (1.22) は $0 < x_0 < K/2$ を満たすとき，$x = K/2$ で変曲点をもつことがわかる．したがって，初期条件 $0 < x_0 < K/2$ を満たすロジスティック成長は解 $x(t)$ が $x = K/2$ に達する（時刻 $t = (1/r)\ln(K/x_0 - 1)$）まではその成長速度は加速的 $d^2x/dt^2 > 0$ であり（グラフは下に凸），その後 $K/2 < x_0 < K$ では成長速度は $dx/dt > 0$ で正ではあるが，減速的 $d^2x/dt^2 < 0$ となる（グラフは上に凸）．すなわち，個体数が $K/2$ より小さいときは資源が豊富で成長は加速的であるが，利用できる資源の減少とともに成長速度は鈍くなっていく．解はこのような場合，関数 $x(t)$ がアルファベットの S のような形になるので，**S字曲線** (sigmoid curve) や**シグモイド曲線** (sigmoid curve) という名称で呼ばれる．図 1.4 は $K = 100$，$r = 1$，$x_0 = 10, 50, 130$ とした解 $x(t)$ のグラフである．

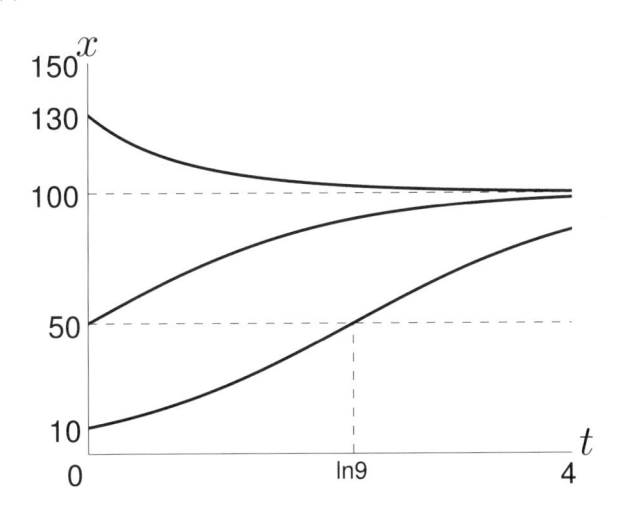

図 1.4　ロジスティック成長 $x(t) = \dfrac{x_0 K}{x_0 + (K - x_0)e^{-rt}}$ のグラフ．$K = 100$，$r = 1$，$x_0 = 10, 50, 130$．$x_0 = 10$ の場合，解は $t = \ln 9$ で変曲点 $x = 100/2$ に達する．$0 < t < \ln 9$ では成長が加速的であり，$t > \ln 9$ では成長速度は鈍くなっていく．初期条件に関わらず $t \to \infty$ で個体数は環境収容力に漸近する（$x(t) \to 100$）ことに注意しよう．

例 1.7　伝染病の広がり (1.14) の解　ロジスティック方程式 (1.13) の両辺を K で割って，

$$\frac{d}{dt}\left(\frac{x}{K}\right) = r\frac{x}{K}\left(1 - \frac{x}{K}\right)$$

と変形し，$x/K = y/N$ と変数変換すると

$$\frac{dy}{dt} = \frac{r}{N}y(N - y)$$

が得られる．ここで $r/N = -\gamma$ とすれば，伝染病の広がりを表す方程式 (1.14) で x を y に置き換えた方程式となることがわかる．したがって，ロジスティック方程式の解 (1.22) において，

$$x \to \frac{K}{N}x, \quad x_0 \to \frac{K}{N}x_0, \quad r \to -\gamma N$$

と置き換えると，伝染病の広がりを表す方程式 (1.14) の解

$$x(t) = \frac{x_0 N}{x_0 + (N - x_0)e^{\gamma N t}}$$

が得られる．$t = 0$ での感染者が 1 名であるとすると，$t = 0$ での未感染者数は $x_0 = N - 1$ であるので，

$$x(t) = \frac{N(N - 1)}{N - 1 + e^{\gamma N t}} \tag{1.23}$$

となる．明らかに，時間の経過とともに伝染病は集団中に広がり，未感染者数 $x(t)$ は単調減少し，$t \to \infty$ で $x(t) \to 0$ となる．また感染者数の増加率 $-dx/dt$ は (1.23) より

$$-\frac{dx}{dt} = \frac{N^2(N - 1)\gamma e^{\gamma N t}}{(N - 1 + e^{\gamma N t})^2}$$

となる．図 1.5 は感染者数の増加率の時間変化 $-dx/dt$ を表していて，**伝染曲線** (epidemic curve) と呼ばれる．感染者数の増加率 $-dx/dt$ は伝染病が流行する中間期 $(t = [\ln(N - 1)]/(\gamma N))$ で最大になることがわかる．

例 1.8 天然痘の方程式 (1.15) の解　　次の関数は方程式 (1.15) の解となる．

$$x(t) = \frac{1}{Ce^{\lambda t} + \sigma} \tag{1.24}$$

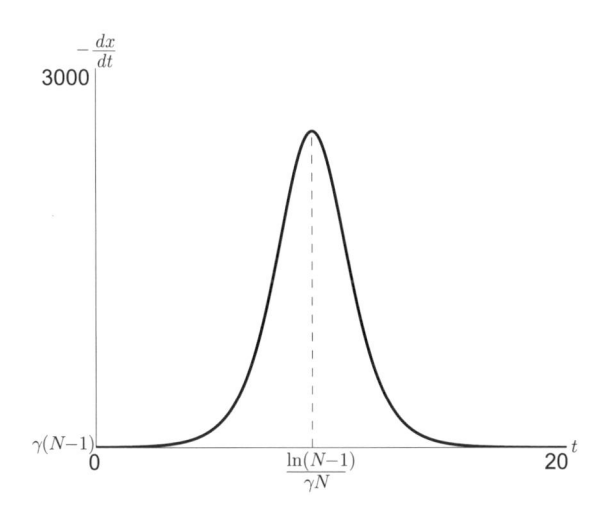

図 1.5 伝染曲線 $-\frac{dx}{dt} = \frac{N^2(N-1)\gamma e^{\gamma N t}}{(N-1+e^{\gamma N t})^2}$ のグラフ．伝染病が流行する中間期 ($t = [\ln(N-1)]/(\gamma N)$) で最大になる．$N = 10000$, $\gamma = 0.0001$.

ここで，C は任意の定数である．$x(t)$ は t 歳の人口のうち天然痘にかかった経験のない人の割合であった．そのため，$x(0) = 1$ とするのが自然であり，このとき，$C = 1 - \sigma$ となる．t 歳までにすでに天然痘にかかった経験のある人の割合は

$$1 - x(t) = 1 - \frac{1}{(1-\sigma)e^{\lambda t} + \sigma}$$

となり，これは年齢別有病割合を表す．

例 1.9 単振動 (1.16) の解　(1.16) において $\omega = \sqrt{k/m}$ とおく．2 つの関数 $x(t) = \sin\omega t$, $x(t) = \cos\omega t$ はともに方程式 (1.16) の解であることは簡単に確かめられる．さらに C_1, C_2 を任意の定数としたとき，この 2 つの関数の 1 次結合として得られる関数

$$x(t) = C_1 \sin\omega t + C_2 \cos\omega t \tag{1.25}$$

も方程式 (1.16) の解であることが確認できる．実際,

$$
\begin{aligned}
\frac{d^2 x(t)}{dt^2} &= C_1 \frac{d^2}{dt^2}\sin\omega t + C_2 \frac{d^2}{dt^2}\cos\omega t \\
&= -\omega^2 (C_1 \sin\omega t + C_2 \cos\omega t) = -\omega^2 x(t)
\end{aligned}
$$

となる．(1.25) で $C_1 = 1$, $C_2 = 0$ とすると関数 $x(t) = \sin \omega t$ が，$C_1 = 0$, $C_2 = 1$ とすると関数 $x(t) = \cos \omega t$ が得られることに注意しよう．バネが付いている質点の微小振動（単振動）について，時刻 t におけるバネの伸び $x(t)$ を決定するためには，（たとえば初期）時刻 $t = 0$ におけるバネの自然長 $x = 0$ からの伸び $x(0)$ とバネの初期速度 $dx(0)/dt$ を指定する必要がある．時刻 $t = 0$ でバネが自然長 $(x(0) = 0)$，初期速度 $dx(0)/dt = 0$ の単振動を観察すると，(1.25) より $x(0) = C_2 = 0$, $dx(0)/dt = C_1\omega = 0$ から $C_1 = C_2 = 0$ が得られ，解は $x(t) = 0$ となる．当然この場合，質点は静止している．また時刻 $t = 0$ でバネが自然長 $(x(0) = 0)$，初期速度 $dx(0)/dt = 1$ の単振動を観察すると，(1.25) より $x(0) = C_2 = 0$, $dx(0)/dt = C_1\omega = 1$ から $C_1 = 1/\omega$, $C_2 = 0$ が得られ，解は $x(t) = (1/\omega)\sin \omega t$ となる．この場合，初期時刻においてバネの伸びがなく初期速度が正であるので，バネは時間 $0 < t < \pi/(2\omega)$ で伸びる．さらに，時刻 $t = 0$ でバネの伸びが 1 $(x(0) = 1)$，初期速度 $dx(0)/dt = 0$ の単振動を観察すると，(1.25) より $x(0) = C_2 = 1$, $dx(0)/dt = C_1\omega = 0$ から $C_1 = 0$, $C_2 = 1$ が得られ，解は $x(t) = \cos \omega t$ となる．この場合，$0 < t < \pi/\omega$ でバネは縮む．$t = \pi/(2\omega)$ でバネは自然長に戻り，さらに $\pi/(2\omega) < t \le \pi/\omega$ で $x = -1$ まで縮む．その後，バネは伸び始める．一般的に，時刻 $t = 0$ でバネの伸びが $x(0)$，初期速度 $dx(0)/dt = x'(0)$ の単振動を観察すると，(1.25) より $x(0) = C_2$, $dx(0)/dt = C_1\omega = x'(0)$ から $C_1 = x'(0)/\omega$, $C_2 = x(0)$ が得られ，解は $x(t) = (x'(0)/\omega)\sin \omega t + x(0)\cos \omega t$ となる．

第1章の章末問題

問1.1　(1.19) で与えられる $x(t)$ はゴンペルツ成長 (1.11) の解であることを確かめよ．

問1.2　(1.20) を確かめよ．

問1.3　(1.21) で与えられる $x(t)$ はロジスティック方程式 (1.13) の解であること

を確かめよ.

問 1.4 (1.23) で与えられる $x(t)$ は伝染病の広がりを表す方程式 (1.14) と初期条件 $x(0) = N - 1$ を満たす解であることを確かめよ.

問 1.5 例 1.5 で得られた感染者数の増加率は, 時刻 $t = [\ln(N - 1)]/(\gamma N)$ で最大となることを示せ.

問 1.6 (1.24) で与えられる $x(t)$ は (1.15) の解であることを確かめよ.

問 1.7 (1.25) で与えられる $x(t)$ は単振動 (1.16) の解であることを確かめよ.

第**2**章

微分方程式の初等解法

　前章で微分方程式 (1.1) の解として，任意の定数 C を用いて関数 $x(t) = Ce^t$ が得られた．このような定数を含む関数で，この定数をどのように変えても関数が微分方程式の解となっており，またすべての解がそれで表現しつくされているような関数を微分方程式の**一般解** (general solution) と呼ぶ．すべての解が一般解をもつわけではなく，定数を含む関数では表現しつくせない解をもつことがある．そのような解を**特異解** (singular solution) という．また，一般解の任意定数に具体的な値を代入して得られる解を**特解** (particular solution) または**特殊解**という．

　与えられた微分方程式について，四則演算，微分・積分，関数の合成と逆関数を作る操作，初等関数への代入，これらの有限回の組み合わせによって一般解が求められるとき，このような解法を微分方程式の**初等解法** (elementary method of solution) または**求積法** (quadrature) という．

　初等解法は 18 世紀前半までの，微分積分学発展期の初期段階までにはだいたい完成しており，初等解法で解が求められる方程式は限られたものであることも明らかになっている．しかし初等解法は応用範囲が広く，微分方程式を初めて学ぶ者には比較的わかりやすい解法である．

　本章では最初の 7 節で**1 階微分方程式** (first order differential equation) の初等解法を取り扱う．方程式が dx/dt について解けている**正規型** (normal form) 微分方程式

$$\frac{dx}{dt} = f(t, x)$$

の初等解法について述べる．最後の節では，高階微分方程式の初等解法について考える．

本章で出てくる関数は特に断らない限り，連続であるとする．

2.1 変数分離型

指数成長を表す微分方程式 (1.8) に初期条件を付加した初期値問題

$$\frac{dx}{dt} = \alpha x, \quad x(t_0) = x_0 \tag{2.1}$$

を考えよう．$x \neq 0$ のとき，方程式の両辺を x で割ると

$$\frac{1}{x}\frac{dx}{dt} = \alpha$$

が得られる．両辺を t_0 から t まで t で積分すると

$$\int_{t_0}^{t} \frac{1}{x}\frac{dx}{dt}dt = \int_{t_0}^{t} \alpha dt$$

が得られる．左辺を未知関数 $x = x(t)$ により，$t \to x$ と変数変換すると

$$\int_{x_0}^{x} \frac{1}{x}dx = \int_{t_0}^{t} \alpha dt$$

となる．ここで初期条件 $x(t_0) = x_0$ を用いたことに注意せよ．両辺の積分を実行すると，

$$\ln\left|\frac{x}{x_0}\right| = \alpha(t - t_0)$$

が得られる．上式を変形すると初期値問題 (2.1) の解 $x = x_0 e^{\alpha(t-t_0)}$ が得られる．この解は $x_0 = 0$ として得られる関数 $x(t) = 0$ も表現していることに注意しよう．

2.1.1　変数分離型微分方程式の初等解法

$$\frac{dx}{dt} = X(x)T(t) \tag{2.2}$$

のように微分方程式の右辺が x のみの関数 $X(x)$ と，t のみの関数 $T(t)$ の積の形で表されている微分方程式を**変数分離型** (variables separable) という．$X(x) \neq 0$ のとき，変形して

$$\frac{1}{X(x)}\frac{dx}{dt} = T(t) \tag{2.3}$$

となるので，この両辺を t で積分する．左辺の積分を行う際に，$t \to x$ と置換積分を行えば

$$\int \frac{1}{X(x)}dx = \int T(t)dt \tag{2.4}$$

が得られる．上式は x と t の関係を表しており，積分を実行した後，x について解けば (2.2) の解が求められる．$X(a) = 0$ を満たす定数 a があれば，$x = a$ は (2.2) の両辺の x に a を代入すると等式が成り立つので，$x = a$ も解である．

○例 2.1

$$\frac{dx}{dt} = t(1-x)$$

$x \neq 1$ なら $1/(x-1)(dx/dt) = -t$ より，$\int 1/(x-1)dx = -\int tdt$．積分して，$\ln|x-1| = -t^2/2 + c$．ここで c は積分定数である．したがって，$x - 1 = \pm e^{-t^2/2+c}$ より，$x = 1 + ce^{-t^2/2}$．ここで，$\pm e^c$ をあらためて c とおいた（c は任意定数であるので，$\pm e^c$ も任意定数である．$\pm e^c$ をあらためて c と書いてもよいことに注意しよう）．$x = 1$ も解であるが，$x = 1 + ce^{-t^2/2}$ で $c = 0$ とすれば得られる．

○例 2.2（ゴンペルツ成長 (1.11) の解）　方程式 (1.11) より，$x \neq 0$ ならば，

$$\frac{1}{x}\frac{dx}{dt} = \beta e^{-\alpha t}$$

より，$\ln|x| = (-\beta/\alpha)e^{-\alpha t} + c$. したがって，$x = \pm\exp(c - (\beta/\alpha)e^{-\alpha t})$. $\pm e^c$ をあらためて c とおくと，$x = c\exp((-\beta/\alpha)e^{-\alpha t})$. $C = ce^{-\beta/\alpha}$ とすれば (1.19) が得られる．解 $x = 0$ は解 (1.19) で $C = 0$ とおけば得られる．

〇 **例 2.3（ロジスティック方程式 (1.13) の解）**　方程式 (1.13) より，$x \neq 0, K$ ならば，

$$\frac{1}{x(1 - x/K)}\frac{dx}{dt} = r$$

となる．左辺の積分で

$$\int \frac{1}{x(1 - x/K)}dx = \frac{1}{K}\int\left(\frac{K}{x} + \frac{1}{1 - x/K}\right)dx$$
$$= \frac{1}{K}\left(K\ln|x| - K\ln\left|1 - \frac{x}{K}\right|\right)$$

に注意すると，

$$\ln\left|\frac{x}{1 - x/K}\right| = rt + c, \qquad \frac{x}{1 - x/K} = \pm e^{rt+c}$$

が得られ，x について上式をまとめれば $x = cKe^{rt}/(K + ce^{rt})$ となる．ここで，$\pm e^c$ をあらためて c とおいた．さらに $C = cK/(K + c)$ とおけば，解 (1.21) が得られる．解 $x = 0, K$ は解 (1.21) で $C = 0, K$ とおけば得られる．

式 (2.4) は (2.3) の dx/dt から分母の dt を右辺に移項し積分記号を付加した形となっている．このことから，"(2.2) の両辺に $dt/X(x)$ をかけて

$$\frac{1}{X(x)}dx = T(t)dt \qquad (2.5)$$

と変形する" という言い方がされることがある．この言い方は正確ではないが，よく用いられる言い方である．なぜなら dt, dx を t, x の微小変化と考えれば，(2.5) は (2.4) の微分形式に対応しているからである．

2.2　同次型

2.2.1　同次型微分方程式の初等解法

$$\frac{dx}{dt} = g\left(\frac{x}{t}\right) \tag{2.6}$$

のように微分方程式の右辺が1変数 x/t の関数 $g(x/t)$ で表されている微分方程式を**同次型** (homogeneous type) という.

　同次型微分方程式は,x/t を新たに変数 u とおくことにより,u, t に関する変数分離型微分方程式に変換して解を求めることができる.新しい変数を $u = x/t$ とおくと,$x = tu$ より,$dx/dt = u + t(du/dt)$ となるので,(2.6) は $u + t(du/dt) = g(u)$,すなわち

$$\frac{du}{dt} = \frac{g(u) - u}{t} \tag{2.7}$$

となる.(2.7) は変数 t, u に関して変数分離型となり,前節の方法で解ける.すなわち,$g(u) \neq u$ のとき,

$$\int \frac{1}{g(u) - u} du = \int \frac{1}{t} dt$$
$$= \ln |t| + c$$

で関数 $u = u(t)$ を求めれば,(2.6) の解 x は $x = tu(t)$ となる.ここで c は積分定数である.$g(u) = u$ を満たす定数 $u = u_0$ は (2.7) を満たすので,$x = tu_0$ も (2.6) の解である.

○例 2.4

$$\frac{dx}{dt} = \frac{x^2 + t^2}{2tx}$$

$(x^2 + t^2)/(2tx) = x/(2t) + t/(2x)$ に注意すると,この方程式は同次型である.変数変換 $u = x/t$ により,

$$\int \frac{2u}{1 - u^2} du = \int \frac{1}{t} dt = \ln |t| + c$$

より，

$$\int \frac{2u}{1-u^2}du = -\ln|u^2-1|$$

に注意すると，$-\ln|u^2-1| = \ln|t| + c$ が得られる．$d = \pm e^{-c}/2$ とおけば，$u^2 - 1 = 2d/t$ となる．$u = x/t$ より，解は

$$x^2 = t^2 + 2dt = (t+d)^2 - d^2$$

を満たすことがわかる．したがって，解は tx 平面で点 $(t,x) = (0,0)$ と $(t,x) = (-2d,0)$ を頂点とする直角双曲線（漸近線は $x = \pm(t+d)$）となる．$u = \pm 1$（すなわち $x = \pm t$）も解であるが，この解は直角双曲線を表す方程式で $d = 0$ とすれば与えられることに注意しよう．

2.2.2　同次型微分方程式の一般化

　同次型微分方程式 (2.6) を一般化しよう．$p(t,x), q(t,x)$ を次数の等しい t, x の同次式とし，微分方程式

$$\frac{dx}{dt} = \frac{p(t,x)}{q(t,x)} \tag{2.8}$$

を考えよう．ここで $p(t,x)$ が t, x の同次式であるとは，$a_0, a_1, \ldots, a_n$ を定数とした多項式

$$p(t,x) = a_0 t^n + a_1 t^{n-1}x + a_2 t^{n-2}x^2 + \cdots + a_n x^n$$

をいう．n がこの同次式の次数である．$p(t,x)$ が n 次の同次式であれば，

$$\begin{aligned} p(\lambda t, \lambda x) &= a_0(\lambda t)^n + a_1(\lambda t)^{n-1}\lambda x + \cdots + a_n(\lambda x)^n \\ &= \lambda^n(a_0 t^n + a_1 t^{n-1}x + a_2 t^{n-2}x^2 + \cdots + a_n x^n) = \lambda^n p(t,x) \end{aligned}$$

となることに注意して，$\lambda = 1/t$ とおけば，$t^n p(1, x/t) = p(t,x)$ が得られる．したがって，(2.8) の右辺は

$$\frac{p(t,x)}{q(t,x)} = \frac{t^n p(1, x/t)}{t^n q(1, x/t)} = \frac{p(1, x/t)}{q(1, x/t)}$$

となる．右辺の関数 $p(1, x/t)/q(1, x/t)$ は x/t の関数であるので，微分方程式 (2.8) は (2.6) と同じ形（同次型）であるとみることができる．

a, b, c, A, B, C を定数として微分方程式

$$\frac{dx}{dt} = g\left(\frac{at + bx + c}{At + Bx + C}\right) \tag{2.9}$$

を考えよう. $c = C = 0$ であるならば, $(at+bx)/(At+Bx) = (a+bx/t)/(A+Bx/t)$ に注意すると, (2.9) は 2.2.1 項で考察した通り同次型である. 新しい変数 v, w を導入し, $v = t + \alpha$, $w = x + \beta$ と定義しよう. ここで, 定数 α, β をうまく選んで, $c \neq 0$, $C \neq 0$ の場合に (2.9) を同次型に変換することを試みる.

$$\frac{dx}{dt} = \frac{dv}{dt}\frac{dx}{dv} = 1 \times \frac{d}{dv}(w - \beta) = \frac{dw}{dv}$$

が成り立つことに注意しよう. さらに,

$$at + bx + c = av + bw - (a\alpha + b\beta - c)$$
$$At + Bx + C = Av + Bw - (A\alpha + B\beta - C)$$

で右辺の定数項が 0 となるように次のような α, β を選ぶ.

$$a\alpha + b\beta = c, \quad A\alpha + B\beta = C$$

このような α, β は $aB \neq Ab$ であるならば, $\alpha = (cB - bC)/(aB - Ab)$, $\beta = (aC - Ac)/(aB - Ab)$ と決定できる. 以上より, $aB \neq Ab$ であるならば, (2.9) は

$$\begin{aligned}
\frac{dw}{dv} &= g\left(\frac{av + bw}{Av + Bw}\right) \\
&= g\left(\frac{a + bw/v}{A + Bw/v}\right) \\
&= f\left(\frac{w}{v}\right)
\end{aligned}$$

となり, 同次型に変換できた.

○ 例 2.5

$$\frac{dx}{dt} = \frac{t - 2x - 4}{2t + x - 3}$$

の解を同次型に変換して求めよう. 新たに変数を $v = t + \alpha$, $w = x + \beta$ として, $\alpha - 2\beta = -4$, $2\alpha + \beta = -3$ を満たすように選ぶ. $\alpha = -2$, $\beta = 1$ が得られ,

$$\frac{dw}{dv} = \frac{v - 2w}{2v + w} = \frac{1 - 2w/v}{2 + w/v}$$

となり, $u = w/v$ とおけば変数分離型微分方程式

$$v\frac{du}{dv} = \frac{1 - 2u}{2 + u} - u = \frac{-u^2 - 4u + 1}{2 + u}$$

が得られる.

$$-\int \frac{2 + u}{u^2 + 4u - 1}du = -\frac{1}{2}\ln|u^2 + 4u - 1| + c_1, \quad \int \frac{1}{v}dv = \ln|v| + c_2$$

に注意すると, $v^2|u^2 + 4u - 1| = c$ となり, $u = w/v$ を用いると $w^2 + 4vw - v^2 = c$ となる. w に関してこの等式を解き, $v = t - 2$, $w = x + 1$ を代入すると, 解 $x = -2t + 3 \pm \sqrt{5t^2 - 20t + c}$ が得られる. ここで $20 + c$ を新たに c とおいた.

2.3 1階線形微分方程式

$p(t), q(t)$ を t の関数とし, 微分方程式

$$\frac{dx}{dt} + p(t)x = q(t) \tag{2.10}$$

を考えよう. この形の方程式を**1階線形微分方程式** (first order linear differential equation) という. $q(t) \neq 0$ のとき, (2.10) は**非斉次型** (non-homogeneous) 1階線形微分方程式と呼ばれ, 関数 $q(t)$ を**非斉次項** (non-homogeneous term) と呼ぶ. $q(t) = 0$ のとき, (2.10) は**斉次型** (homogeneous) 1階線形微分方程式と呼ばれる. 斉次の代わりに, 「同次」ということもあるが, 前項の同次型微分方程式と混同しないように注意が必要である.

1階線形微分方程式 (2.10) に関して, 次の定理が成り立つ.

■ **定理 2.1**　(2.10) の一般解 $x(t)$ は,

$$x(t) = e^{-\int p(t)dt}\left(\int q(t)e^{\int p(t)dt}dt + d\right) \tag{2.11}$$

である．ただし，d は任意の定数である．

証明．$\frac{d}{dt}e^{\int p(t)dt} = e^{\int p(t)dt}p(t)$ であることに注意し，(2.10) の両辺に $e^{\int p(t)dt}$ をかけると，

$$e^{\int p(t)dt}\left(\frac{dx}{dt} + p(t)x\right) = e^{\int p(t)dt}q(t)$$

となり，上記の注意から

$$\frac{d}{dt}\left(e^{\int p(t)dt}x\right) = e^{\int p(t)dt}q(t)$$

が得られる．$e^{\int p(t)dt} \neq 0$ であるから，(2.10) の解は上式を満たす x である．両辺を t で積分すると

$$e^{\int p(t)dt}x = \int q(t)e^{\int p(t)dt}dt + d$$

が得られ，(2.11) が (2.10) の一般解であることが示された．　　　　□

　1階線形微分方程式の一般解は次の2段階の手順でも求めることができる．

　(1) (2.10) で $q(t) = 0$ とした斉次型1階線形微分方程式

$$\frac{dx}{dt} = -p(t)x \tag{2.12}$$

の一般解を求める．(2.12) は 2.1 節の変数分離型であるので，解は

$$\int \frac{1}{x}dx = -\int p(t)dt, \quad x(t) = Ce^{-\int p(t)dt} \tag{2.13}$$

となる．ここで C は任意の定数である．

　(2) (1) で求めた斉次型1階線形微分方程式の一般解 (2.13) で，定数 C を t の関数 $C(t)$ に置き換えて，関数

$$x(t) = C(t)e^{-\int p(t)dt} \tag{2.14}$$

が非斉次型 1 階線形微分方程式 (2.10) を満たすように $C(t)$ を決定しよう. この $x(t)$ を (2.10) の x に代入すると,

$$\frac{dC(t)}{dt}e^{-\int p(t)dt} - C(t)p(t)e^{-\int p(t)dt} + p(t)C(t)e^{-\int p(t)dt} = q(t)$$

が得られ, $C(t)$ が

$$\frac{dC(t)}{dt} = q(t)e^{\int p(t)dt}$$

を満たせばよいことがわかる. 両辺を t で積分して,

$$C(t) = \int q(t)e^{\int p(t)dt}dt + d \tag{2.15}$$

が得られる. d は任意の定数である. (2.15) を (2.14) に代入して, 非斉次方程式の一般解

$$x(t) = e^{-\int p(t)dt}\int q(t)e^{\int p(t)dt}dt + de^{-\int p(t)dt}$$

が得られる. 上式で第 2 項は斉次型 1 階線形微分方程式の一般解 (**斉次解** (homogeneous solution) と呼ばれる) であることに注意しよう. 第 1 項は非斉次項 $q(t)$ に関係しており, 一般解において, $d=0$ としたときに得られる特解である. (2) の解法は, 斉次方程式の一般解 (2.13) で定数 C を未知関数 $C(t)$ と仮定して非斉次型 1 階線形微分方程式の一般解を求めるものであり, **定数変化法** (variation of parameters) と呼ばれる.

○ **例 2.6** 1 階線形微分方程式

$$\frac{dx}{dt} + x = \sin t \tag{2.16}$$

を考えよう. 斉次型 $dx/dt = -x$ の一般解は $x(t) = Ce^{-t}$ となる. 定数変化法を用いよう. つまり, $x(t) = C(t)e^{-t}$ が (2.16) を満たすように, 関数 $C(t)$ を定めよう. $x(t) = C(t)e^{-t}$ を (2.16) の x に代入して

$$\frac{dC(t)}{dt}e^{-t} - C(t)e^{-t} + C(t)e^{-t} = \sin t, \quad \frac{dC(t)}{dt} = e^t \sin t$$

より, $C(t) = (\sin t - \cos t)e^t/2 + d$ (d は任意の定数) となり, (2.16) の一般解は $x(t) = (\sin t - \cos t)/2 + de^{-t}$ と求めることができる.

2.4 ベルヌイ方程式

n を定数, $p(t), q(t)$ を t の関数とし, 1 階微分方程式

$$\frac{dx}{dt} + p(t)x = q(t)x^n \tag{2.17}$$

を考えよう. (2.17) は**ベルヌイ方程式** (Bernoulli equation) と呼ばれる. (2.17) で, $n = 0$ であるならば線形非斉次方程式 (2.10) となり, $n = 1$ であるならば $(p(t) - q(t)$ を新たに $p(t)$ とおけば) 線形斉次方程式 (2.12) となる.

以下では $n \neq 1$ と仮定して, ベルヌイ方程式の解を求めよう. 次の 2 段階で行う.

(1) まず (2.17) の両辺に x^{-n} をかけて変形すると,

$$x^{-n}\frac{dx}{dt} + p(t)x^{1-n} = q(t) \tag{2.18}$$

となる. ここで $u = x^{1-n}$ と変換する. $n \neq 1$ であるので,

$$\frac{du}{dt} = (1-n)x^{-n}\frac{dx}{dt}, \quad \frac{dx}{dt} = \frac{x^n}{1-n}\frac{du}{dt}$$

に注意すると, (2.18) は u に関する 1 階線形微分方程式

$$\frac{du}{dt} + (1-n)p(t)u = (1-n)q(t) \tag{2.19}$$

に変形される.

(2) 1 階線形微分方程式 (2.19) の解 $u(t)$ を前節の方法で求め, $u(t) = x(t)^{1-n}$ に代入し, 解 $x(t)$ を決定する.

○ **例 2.7** ベルヌイ方程式

$$4t\frac{dx}{dt} + 2x = tx^{-5} \tag{2.20}$$

を考える. これは $n = -5$ としたベルヌイ方程式 (2.17) である.

$$4tx^5\frac{dx}{dt} + 2x^6 = t$$

と変形し, $u = x^6$ とする. $du/dt = 6x^5(dx/dt)$ から $dx/dt = [1/(6x^5)](du/dt)$ が求められ, 1階線形微分方程式

$$\frac{2t}{3}\frac{du}{dt} + 2u = t \tag{2.21}$$

が得られる. 斉次型方程式

$$\frac{2t}{3}\frac{du}{dt} + 2u = 0$$

の解を変数分離法で求める. $\ln|u| = -3\ln|t| + c$ であるから, 解 $u = C/t^3$ が求められる. ここで, $C = \pm e^c$ とした. 非斉次方程式 (2.21) の解を定数変化法で求める. $u(t) = C(t)/t^3$ と仮定する. (2.21) に代入すると,

$$\frac{2t}{3}\left(\frac{dC}{dt}\frac{1}{t^3} - \frac{3C}{t^4}\right) + \frac{2C}{t^3} = t$$

より, d を定数とし,

$$\frac{dC}{dt} = \frac{3t^3}{2}, \quad C(t) = \frac{3t^4}{8} + d$$

が得られる. $u = C(t)/t^3$ より, $u = 3t/8 + d/t^3$ となる. $u = x^6$ より, $x^6 = 3t/8 + d/t^3$. したがって, 求める解は $x(t) = \pm(3t/8 + d/t^3)^{1/6}$ となる.

2.5　リッカチ方程式

$p(t), q(t), r(t)$ を t の関数とし, 微分方程式

$$\frac{dx}{dt} = p(t)x^2 + q(t)x + r(t) \tag{2.22}$$

を考えよう. (2.22) は**リッカチ方程式** (Riccati equation) と呼ばれる. $r(t) = 0$ であるならば, リッカチ方程式 (2.22) は $n = 2$ としたベルヌイ方程式 (2.17) になることに注意しよう.

　リッカチ方程式 (2.22) を $r(t) = 0$ となるように変形することにより, リッカチ方程式をベルヌイ方程式に変換してから, リッカチ方程式の解を求めよう. 次の2段階で行う.

(1) $x = x_0(t)$ をリッカチ方程式 (2.22) の解の1つとする.このとき x_0 は

$$\frac{dx_0}{dt} = p(t)x_0^2 + q(t)x_0 + r(t) \tag{2.23}$$

を満たす.$x = x_0 + X$ で新しい変数 X を定義して,(2.22) に代入すると

$$\frac{dx_0}{dt} + \frac{dX}{dt} = p(t)(x_0 + X)^2 + q(t)(x_0 + X) + r(t)$$

が得られ,(2.23) を用いると,新しい変数 X に関する方程式

$$\frac{dX}{dt} = 2p(t)x_0(t)X + p(t)X^2 + q(t)X \tag{2.24}$$

が得られる.(2.24) は $n = 2$ としたベルヌイ方程式となること,右辺の $x_0(t), p(t), q(t)$ は既知であることに注意しよう.

(2) 得られたベルヌイ方程式 (2.24) を前節の方法を用いて解く.(2.24) で $X = 1/u$ と変数変換すると $dX/dt = -(1/u^2)(du/dt)$ より,非斉次型の1階線形微分方程式

$$\frac{du}{dt} = -[2p(t)x_0 + q(t)]u - p(t)$$

が得られる.この方程式を 2.3 節の解法で解き $u(t)$ を求め,リッカチ方程式 (2.22) の解が $x(t) = x_0(t) + 1/u(t)$ として求められる.

○例 2.8   人口が N 人の町における感染症の流行について考えよう.I 人がある感染症に感染しており,未感染者は感染者と接触することで感染を広げていく.(1.14) とは異なり,感染症に感染すると一定の割合で死亡すると仮定する.未感染者の人数を S,感染症により死亡した人数を R と表そう.死亡者数の増加率 dR/dt は感染者数 I に比例するとする.比例定数を μ とすると,

$$\frac{dR}{dt} = \mu I \tag{2.25}$$

が得られる.(1.14) と同様に,感染者数の増加率 dI/dt は,感染者数 I と未感染者数 S の積 SI に比例するとする.比例定数を β とすると,

$$\frac{dI}{dt} = \beta SI - \mu I \tag{2.26}$$

が得られる．第2項は死亡に関する項である．また，未感染者数は感染者数が増加した分だけ減るので，

$$\frac{dS}{dt} = -\beta SI \tag{2.27}$$

が得られる．人の移入・移出や出生，そして感染症以外の要因による死亡は考慮していないことに注意しよう．(2.25), (2.26), (2.27) を連立した微分方程式系は **SIR モデル**と呼ばれる．

初期条件を $S(0) = S_0 > 0$, $I(0) = I_0 > 0$, $R(0) = 0$ として，死亡者数 R の増加率の時間変化を考えよう．(2.25) と (2.27) から

$$\frac{dS}{dR} = \frac{dS/dt}{dR/dt} = -\frac{\beta}{\mu}S$$

となる．初期条件が $R = 0$ のとき $S = S_0$ であるので，この微分方程式の解は

$$S = S_0 e^{-\frac{\beta}{\mu}R}$$

となる．$N = S + I + R$ に注意すると，(2.25) より

$$\frac{dR}{dt} = \mu(N - S_0 e^{-\frac{\beta}{\mu}R} - R) \tag{2.28}$$

となる．この微分方程式を解くことができれば，死者数の増加率の時間変化を知ることができる．しかし，このままでは解を求めることができない．ここで $\frac{\beta}{\mu}R$ が十分小さな値であると仮定し，さらにマクローリン展開 $e^{-x} = 1 - x + \frac{1}{2}x^2 + \cdots$ の3次以上の項を無視すると，微分方程式 (2.28) は次のように近似できる．

$$\frac{dR}{dt} = \mu\left(I_0 + \left(\frac{S_0\beta}{\mu} - 1\right)R - \frac{S_0\beta^2}{2\mu^2}R^2\right) \tag{2.29}$$

ここで $N - S_0 = I_0$ を用いた．これはリッカチ方程式であり，解は次のように求まる．

$$R(t) = \frac{\mu^2}{S_0\beta^2}\left(\frac{S_0\beta}{\mu} - 1 + q\tanh\left(\frac{q\mu}{2}t - \phi\right)\right) \tag{2.30}$$

ここで,

$$\phi = \tanh^{-1} \frac{\frac{S_0\beta}{\mu} - 1}{q}, \quad q = \sqrt{\left(\frac{S_0\beta}{\mu} - 1\right)^2 + 2\frac{S_0\beta^2}{\mu^2}I_0}$$

である. 死者の増加率 $R'(t)$ は

$$R'(t) = \frac{\mu^3 q^2}{2S_0\beta^2}\operatorname{sech}^2\left(\frac{q}{2}\mu t - \phi\right)$$

これは $t^* = \frac{2\phi}{q\mu}$ に関して対称な釣鐘型の曲線となり, 時刻 t^* で死者の増加率が最大になる.

○ 例 2.9　リッカチ方程式

$$\frac{dx}{dt} + x^2 + \frac{1}{t}x - \frac{1}{t^2} = 0 \tag{2.31}$$

を考える. $p(t) = -1,\ q(t) = -1/t,\ r(t) = 1/t^2$ に注意しよう.

　まず $x_0 = 1/t$ がリッカチ方程式 (2.31) の解であることは簡単に確かめられる. $x = x_0 + X = 1/t + 1/u$ と変数変換すると, (2.31) は

$$\frac{du}{dt} = -(2p(t)x_0 + q(t))u - p(t) = \left(\frac{2}{t} + \frac{1}{t}\right)u + 1 = \frac{3}{t}u + 1$$

と変換される. 斉次方程式 $du/dt = 3u/t$ の解は, 変数分離法により, C を定数として $u = Ct^3$ と得られる. 定数変化法を用いる. 非斉次方程式 $du/dt = 3u/t + 1$ に, $u = C(t)t^3$ を代入すると, 方程式 $dC/dt = 1/t^3$ が得られ, $C(t) = -1/(2t^2) + d$ となる. ここで d は任意の定数である. $u = C(t)t^3 = -t/2 + dt^3$ より, リッカチ方程式 (2.31) の一般解

$$x(t) = \frac{1}{t} + \frac{1}{-t/2 + dt^3} = \frac{1}{t}\frac{-1 - 2dt^2}{1 - 2dt^2} = \frac{1}{t}\frac{t^2 - a}{t^2 + a}$$

が求められる. ここで定数を $a = -1/(2d)$ とした.

✔ 注 2.1　第 4 章で, リッカチ方程式は 2 階微分方程式に帰着できることが示される.

2.6 完全微分型方程式

C^1 級の関数 $\Phi(t,x)$ について，$y = \Phi(t,x)$ の等高線 $\Phi(t,x) \equiv c$（c は定数）を解とする微分方程式は，方程式 $\Phi(t,x) = c$ の両辺を t, x で微分して定数 c を消去し

$$\frac{\partial \Phi}{\partial t}(t,x)dt + \frac{\partial \Phi}{\partial x}(t,x)dx = 0 \tag{2.32}$$

となる．逆に，C^1 級の関数 $P(t,x), Q(t,x)$ に関して，微分方程式

$$P(t,x) + Q(t,x)\frac{dx}{dt} = 0 \tag{2.33}$$

が与えられているとき，

$$P = \frac{\partial \Phi}{\partial t}, \quad Q = \frac{\partial \Phi}{\partial x} \tag{2.34}$$

を満たす C^2 級の関数 $\Phi(t,x)$ が存在すれば，$\Phi(t,x) = c$（c は定数）は (2.33) の解である．

(2.33) の形の方程式を

$$P(t,x)dt + Q(t,x)dx = 0 \tag{2.35}$$

と表し，与えられた関数 $P(t,x), Q(t,x)$ が (2.34) を満たす $\Phi(t,x)$ をもつとき，**完全微分型** (exact differential) 方程式と呼ぶ．一般的に，方程式 (2.35) は**全微分型** (total differential) 方程式と呼ばれる．方程式 (2.35) の左辺が $y = \Phi(t,x)$ の全微分 $dy = (\partial \Phi/\partial t)dt + (\partial \Phi/\partial x)dx$ になっていることに注意しよう．

■ **定理 2.2** 関数 $P(t,x), Q(t,x)$ は $\mathbb{R}^2$ で C^2 級とする．方程式 (2.35) が完全微分型であるための必要十分条件は

$$\frac{\partial P}{\partial x} = \frac{\partial Q}{\partial t} \tag{2.36}$$

が成り立つことである．このとき (2.35) の解 $\Phi(t,x) = c$（c は定数）は

$$\Phi(t,x) = \int_{t_0}^{t} P(t,x)dt + \int_{x_0}^{x} Q(t_0,x)dx \tag{2.37}$$

で与えられる．ここで t_0, x_0 は任意の定数である．

証明.　まず (2.36) が必要条件であることを示す．(2.34) より，$\partial P/\partial x = \partial^2\Phi/(\partial t\partial x) = \partial Q/\partial t$ から (2.36) が成り立つので (2.36) は必要条件である．次に (2.36) が成り立つときに，(2.37) で与えられる $\Phi(t,x)$ について，(2.34) が満たされることを示そう．(2.37) の右辺第 2 項は t と無関係であるので，(2.37) の両辺を t で偏微分すれば明らかに $\partial\Phi/\partial t = P(t,x)$ は成り立つ．$\partial\Phi/\partial x$ に関しては (2.36), (2.37) を用いると

$$\begin{aligned}
\frac{\partial\Phi}{\partial x} &= \int_{t_0}^t \frac{\partial P}{\partial x}(t,x)dt + Q(t_0,x) = \int_{t_0}^t \frac{\partial Q}{\partial t}(t,x)dt + Q(t_0,x) \\
&= Q(t,x) - Q(t_0,x) + Q(t_0,x) = Q(t,x)
\end{aligned}$$

となり，十分条件であることが示された． □

(2.36) を全微分型方程式 (2.35) の**積分条件** (integrability condition) という．以上より，完全微分型方程式 (2.35) の解法は，以下のようにまとめられる．

(1) (2.35) で関数 $P(t,x), Q(t,x)$ が積分条件 (2.36) を満たすことを確認する．

(2) (2.34) の第 1 式 $P = \partial\Phi/\partial t$ の両辺を t で積分し，$\Phi_1(t,x)$ を決定する．

(3) (2.34) の第 2 式 $Q = \partial\Phi/\partial x$ の両辺を x で積分し，$\Phi_2(t,x)$ を決定する．

(4) (2),(3) で求めた $\Phi_1(t,x), \Phi_2(t,x)$ が任意の t,x で等しいことに注意して $\Phi(t,x)$ を決定する．

(5) c を任意の定数として $\Phi(t,x) = c$ が求める解である．

(2)–(4) は (2.37) を計算して求めることもできることに注意しよう．

○ **例 2.10**　全微分型方程式

$$(2t + x)dt + (t + 2x)dx = 0 \tag{2.38}$$

を考える．$P(t,x) = 2t + x, Q(t,x) = t + 2x$ なので，$\partial P/\partial x = \partial Q/\partial t = 1$ となり積分条件 (2.36) が満たされ，(2.38) は完全微分型である．$2t + x = \partial\Phi/\partial t$ の両辺を t で積分し，$\Phi_1(t,x) = t^2 + tx + f(x)$ となる．ここで，$f(x)$ は x に関する任意の関数である．$t + 2x = \partial\Phi/\partial x$ の両辺を x で積分し，$\Phi_2(t,x) = tx + x^2 + g(t)$ となる．ここで，$g(t)$ は t に関する任意の関数であ

る．$t^2 + tx + f(x) = tx + x^2 + g(t)$ から，$\Phi(t, x) = t^2 + tx + x^2$ となり，c を任意の定数として $\Phi(t, x) = t^2 + tx + x^2 = c$ が求める解である．

一方，(2.37) を計算して解を求めてみよう．t_0, x_0 を任意の定数として，

$$
\begin{aligned}
\Phi(t, x) \;&= \int_{t_0}^{t} (2t + x)dt + \int_{x_0}^{x} (t_0 + 2x)dx \\
&= [t^2 + tx]_{t=t_0}^{t=t} + [t_0 x + x^2]_{x=x_0}^{x=x} = t^2 + tx + x^2 - (t_0^2 + t_0 x_0 + x_0^2)
\end{aligned}
$$

と求められる．上式で $t_0^2 + t_0 x_0 + x_0^2 = c$ と置き換えれば，上の方法で得られた解 $\Phi(t, x) = c$ と一致する．

2.7 積分因子

次の全微分型方程式を考えよう．

$$
-xdt + tdx = 0 \tag{2.39}
$$

$P(t, x) = -x$, $Q(t, x) = t$ なので，$\partial P/\partial x = -1$, $\partial Q/\partial t = 1$ となり積分条件 (2.36) が満たされず，(2.39) は完全微分型ではない．しかし，(2.39) を書き換えて，

$$
\frac{dx}{dt} = \frac{x}{t}
$$

となるので，変数分離型の微分方程式である．2.1.2 項に従って，$\int(1/x)dx = \int(1/t)dt$ より，簡単に解 $x = ct$ が求められる．ここで c は任意の定数である．

(2.39) を完全微分型に変形することを試みよう．(2.39) の両辺に $-1/x^2$ をかけると，

$$
\frac{1}{x}dt - \frac{t}{x^2}dx = 0
$$

となり，$P(t, x) = 1/x$, $Q(t, x) = -t/x^2$ から $\partial P/\partial x = \partial Q/\partial t = -1/x^2$ となり積分条件 (2.36) が満たされ完全微分型となる．$1/x = \partial \Phi/\partial t$ の両辺を t で積分し，$\Phi_1(t, x) = t/x + f(x)$ となる．ここで，$f(x)$ は x に関する任意の関数である．また $-t/x^2 = \partial \Phi/\partial x$ の両辺を x で積分し，$\Phi_2(t, x) = t/x + g(t)$ となる．ここで，$g(t)$ は t に関する任意の関数である．したがって，$\Phi(t, x) = t/x = c$

となり，c を $1/c$ にあらためておくと，変数分離法で得られた解と同じものが得られる．

また (2.39) の両辺に $1/(tx)$ をかけると，

$$-\frac{1}{t}dt + \frac{1}{x}dx = 0$$

となり，$P(t,x) = -1/t, Q(t,x) = 1/x$ から $\partial P/\partial x = \partial Q/\partial t = 0$ となり積分条件 (2.36) が満たされ完全微分型に変形できることがわかる．$-1/t = \partial \Phi/\partial t$ から $\Phi_1(t,x) = -\ln|t| + f(x)$，$1/x = \partial \Phi/\partial x$ から $\Phi_2(t,x) = \ln|x| + g(t)$．したがって，$\Phi(t,x) = -\ln|t| + \ln|x| = c$ より，$x = \pm e^c t$ となり，$\pm e^c$ をあらためて c とすれば，$x = ct$ が得られる．

このように，全微分型方程式 (2.35)

$$P(t,x)dt + Q(t,x)dx = 0$$

が完全微分型でないときに，適当な関数 $\mu(t,x)$ を両辺にかけて得られる方程式

$$[\mu(t,x)P(t,x)]dt + [\mu(t,x)Q(t,x)]dx = 0 \tag{2.40}$$

が完全微分型となることがある．このとき関数 $\mu(t,x)$ を**積分因子** (integrating factor) と呼ぶ．積分因子を求めることは微分方程式の解を求めることと同値なので，初等関数の範囲で積分因子を一般的に求めることは不可能である．本節では特殊な場合に積分因子を求める問題を考えよう．

(2.40) が完全微分型となるための必要十分条件は，定理 2.1 より，関数 $\mu(t,x)$ が積分条件

$$\frac{\partial(\mu P)}{\partial x} = \frac{\partial(\mu Q)}{\partial t} \tag{2.41}$$

を満たすことである．(2.41) は

$$P\frac{\partial \mu}{\partial x} - Q\frac{\partial \mu}{\partial t} + \mu\left(\frac{\partial P}{\partial x} - \frac{\partial Q}{\partial t}\right) = 0 \tag{2.42}$$

と書き換えられる．

次の 3 つの場合を考えよう．

(1) 積分因子 $\mu(t,x)$ が t のみの関数 $\mu(t)$ である場合：

$\mu(t, x) = \mu(t)$ より，$\partial \mu / \partial x = 0$ であるので，(2.42) は

$$Q\frac{d\mu}{dt} = \mu\Big(\frac{\partial P}{\partial x} - \frac{\partial Q}{\partial t}\Big)$$

となる．上式を書き換えて

$$\frac{1}{\mu}\frac{d\mu}{dt} = \frac{\frac{\partial P}{\partial x} - \frac{\partial Q}{\partial t}}{Q} \tag{2.43}$$

が得られる．(2.43) の左辺は変数 x と無関係であることに注意すると，積分因子が t のみの関数 $\mu(t)$ となるための必要十分条件は "$(P_x - Q_t)/Q$ が t のみの関数" となることであるとわかる．このとき，(2.43) の両辺を t で積分すると積分因子 $\mu(t)$ は

$$\ln|\mu(t)| = \int \frac{1}{Q}\Big(\frac{\partial P}{\partial x} - \frac{\partial Q}{\partial t}\Big)dt, \quad \mu(t) = \exp\Big[\int \frac{1}{Q}\Big(\frac{\partial P}{\partial x} - \frac{\partial Q}{\partial t}\Big)dt\Big]$$

となる．

○ **例 2.11**　　全微分型方程式

$$(t^2 - 2tx^3)dt + 3t^2 x^2 dx = 0 \tag{2.44}$$

を考える．$P(t, x) = t^2 - 2tx^3$, $Q(t, x) = 3t^2 x^2$ なので，$\partial P / \partial x = -6tx^2$, $\partial Q / \partial t = 6tx^2$ となり積分条件 (2.36) が満たされない．

$$\frac{1}{Q}\Big(\frac{\partial P}{\partial x} - \frac{\partial Q}{\partial t}\Big) = \frac{-12tx^2}{3t^2 x^2} = -\frac{4}{t}$$

と t のみの関数であるから，

$$\mu(t) = \exp\Big[\int \frac{1}{Q}\Big(\frac{\partial P}{\partial x} - \frac{\partial Q}{\partial t}\Big)dt\Big] = \exp\Big(-\int \frac{4}{t}dt\Big) = e^{-4\ln t} = \frac{1}{t^4}$$

が積分因子となる．実際，この積分因子を (2.44) にかけると，完全微分型方程式

$$\Big(\frac{1}{t^2} - \frac{2x^3}{t^3}\Big)dt + \frac{3x^2}{t^2}dx = 0$$

が得られる．$1/t^2 - 2x^3/t^3 = \partial\Phi/\partial t$ の両辺を t で積分し，$\Phi_1(t, x) = -1/t + x^3/t^2 + f(x)$ となる．ここで，$f(x)$ は x に関する任意の関数である．また $3x^2/t^2 = \partial\Phi/\partial x$ の両辺を x で積分し，$\Phi_2(t, x) = x^3/t^2 + g(t)$ となる．ここで，$g(t)$ は t に関する任意の関数である．$-1/t + x^3/t^2 + f(x) = x^3/t^2 + g(t)$ から，$\Phi(t, x) = x^3/t^2 - 1/t$ となり，c を任意の定数として $\Phi(t, x) = x^3/t^2 - 1/t = c$ が求める解である．

(2) 積分因子 $\mu(t, x)$ が x のみの関数 $\mu(x)$ である場合：

(1) と同様に，$\mu(t, x) = \mu(x)$ より，$\partial\mu/\partial t = 0$ であるので，(2.42) は

$$\frac{1}{\mu}\frac{d\mu}{dx} = -\frac{\frac{\partial P}{\partial x} - \frac{\partial Q}{\partial t}}{P}$$

となり，左辺は t に無関係であるので，右辺も x のみの関数でなければならない．この方程式を解いて，積分因子

$$\mu(x) = \exp\Big[-\int \frac{1}{P}\Big(\frac{\partial P}{\partial x} - \frac{\partial Q}{\partial t}\Big)dx\Big]$$

が得られる．

○ **例 2.12**　全微分型方程式

$$x^2(t - x)dt + (1 - tx^2)dx = 0$$

を考える．$P(t, x) = x^2(t - x)$，$Q(t, x) = 1 - tx^2$ より，

$$\frac{\frac{\partial P}{\partial x} - \frac{\partial Q}{\partial t}}{P} = \frac{2tx - 3x^2 + x^2}{x^2(t - x)} = \frac{2}{x}$$

となり，積分因子 $\mu(x) = \exp[-\int(2/x)dx] = e^{-2\ln x} = 1/x^2$ が得られる．この積分因子を微分方程式にかけると完全微分型方程式

$$(t - x)dt + \Big(\frac{1}{x^2} - t\Big)dx = 0$$

が得られる．この解は公式 (2.37) より，

$$\Phi(t, x) = \int_{t_0}^{t}(t - x)dt + \int_{x_0}^{x}\Big(\frac{1}{x^2} - t_0\Big)dx = \frac{t^2}{2} - tx - \frac{1}{x} - \Big(\frac{t_0^2}{2} - \frac{1}{x_0} - t_0 x_0\Big)$$

となり, c を任意の定数として解 $\Phi(t, x) = t^2/2 - tx - 1/x = c$ が求められる.

(3) あてはめ法:

これは $\mu(t, x) = t^m x^n$ と仮定して, $\mu(t, x)$ が積分因子となるように定数 m, n を決める方法である.

次の例をみていこう.

○**例 2.13** 全微分型方程式

$$xdt + t(1 + tx^2)dx = 0 \tag{2.45}$$

を考えよう. $P(t, x) = x$, $Q(t, x) = t(1 + tx^2)$ より, $\partial P/\partial x = 1$, $\partial Q/\partial t = 1 + 2tx^2$ となり積分条件 (2.36) が満たされないので, 完全微分型ではない. また $(\partial P/\partial x - \partial Q/\partial t)/Q = -2x^2/(1 + tx^2)$ は t のみの関数ではないので, t のみの関数 $\mu(t)$ で表される積分因子は存在しない. 同様にまた $(\partial P/\partial x - \partial Q/\partial t)/P = -2tx^2/x = -2tx$ は x のみの関数ではないので, x のみの関数 $\mu(x)$ で表される積分因子は存在しない. そこで, $\mu(t, x) = t^m x^n$ と仮定して, $\mu(t, x)$ が積分因子となるように定数 m, n を決めることを試してみよう. (2.45) の両辺に $\mu(t, x) = t^m x^n$ をかけると

$$t^m x^{n+1}dt + (t^{m+1}x^n + t^{m+2}x^{n+2})dx = 0$$

$P(t, x) = t^m x^{n+1}$, $Q(t, x) = t^{m+1}x^n + t^{m+2}x^{n+2}$ より $\partial P/\partial x = (n+1)t^m x^n$, $\partial Q/\partial t = (m+1)t^m x^n + (m+2)t^{m+1}x^{n+2}$. 積分条件 (2.36) より, $\partial P/\partial x = \partial Q/\partial t$ となる条件は

$$n + 1 = m + 1, \quad m + 2 = 0$$

となり, $n = m = -2$ と選べばよい. したがって, 積分因子 $\mu(t, x) = 1/(tx)^2$ と完全微分型方程式

$$\frac{1}{t^2 x}dt + \left(\frac{1}{tx^2} + 1\right)dx = 0$$

が得られる. $P(t, x) = 1/(t^2 x)$, $Q(t, x) = 1/(tx^2) + 1$ より, $1/(t^2 x) = \partial \Phi/\partial t$ の両辺を t で積分し, $\Phi_1(t, x) = -1/(tx) + f(x)$ となる. ここで, $f(x)$ は x

に関する任意の関数である．$1/(tx^2) + 1 = \partial\Phi/\partial x$ の両辺を x で積分し，$\Phi_2(t,x) = -1/(tx) + x + g(t)$ となる．ここで，$g(t)$ は t に関する任意の関数である．$-1/(tx) + f(x) = -1/(tx) + x + g(t)$ から，$\Phi(t,x) = -1/(tx) + x$ となり，c を任意の定数として $\Phi(t,x) = -1/(tx) + x = c$ が求める解である．

2.8　高階微分方程式

　本節では高階微分方程式の初等解法について述べる．後の章で考察する線形微分方程式以外については，高階微分方程式の初等解法はほとんど知られていないので，本節では，**階数低下法** (reduction of order) を用いて，高階微分方程式が 1 階微分方程式に帰着できる場合を取り扱う．また，高階の非正規型微分方程式

$$F\left(t, x, \frac{dx}{dt}, \frac{d^2x}{dt^2}, \ldots, \frac{d^n x}{dt^n}\right) = 0 \tag{2.46}$$

について考える．

2.8.1　$F(t, x, dx/dt, d^2x/dt^2, \ldots, d^n x/dt^n)$ が t を含まない場合

　(2.46) の左辺が $F(x, dx/dt, d^2x/dt^2, \ldots, d^n x/dt^n)$ のように，F が t を含まない場合を考えよう．新しい変数を $u = dx/dt$ とおくと，$d^2x/dt^2 = du/dt = (dx/dt)(du/dx) = u(du/dx)$ が成り立つ．u を新しい従属変数，x を独立変数と考えると，

$$\frac{d^3x}{dt^3} = u\frac{d}{dx}\left(u\frac{du}{dx}\right), \ \ldots, \ \frac{d^n x}{dt^n} = u\frac{d}{dx}\left(u\frac{d}{dx}\left(\cdots\left(u\frac{du}{dx}\right)\cdots\right)\right)$$

はそれぞれ 1 階ずつ微分の階数が下がっていることがわかる．この関係を用いれば，n 階の微分方程式 (2.46) は，$n-1$ 階の微分方程式に変換される．

○ **例 2.14**　2 階の微分方程式

$$(1+x)\frac{d^2x}{dt^2} + \left(\frac{dx}{dt}\right)^2 = 0$$

を考えよう．新しい変数を $u = dx/dt$ とおくと，$d^2x/dt^2 = u(du/dx)$ となるので，方程式は $(1+x)u(du/dx) + u^2 = 0$ となる．したがって，

$$u = 0, \quad (1+x)\frac{du}{dx} + u = 0$$

が得られる．第 1 式 $u = 0$ から $x = c$（c は任意の定数）が得られる．第 2 式 $(1+x)du/dx + u = 0$ は，変数分離型なので，c を任意の定数として解は $u(x) = c/(1+x)$ となる．$u = dx/dt$ から方程式 $dx/dt = c/(1+x)$ が得られ，解 $x + x^2/2 = ct + c'$（c' は任意定数）が得られる．変形して $(x+1)^2 = c_1 t + c_2$（c_1, c_2 は任意定数）となる．

2.8.2　$F(t, x, dx/dt, d^2x/dt^2, \ldots, d^nx/dt^n)$ が x を含まない場合

(2.46) の左辺が $F(t, dx/dt, d^2x/dt^2, \ldots, d^nx/dt^n)$ のように，F が x を含まない場合を考えよう．前項と同様に，新しい変数を $u = dx/dt$ とおくと，$d^kx/dt^k = d^{k-1}u/dt^{k-1}$ であるので，1 階低下している．一般的に，F が $x, dx/dt, \ldots, d^{m-1}x/dt^{m-1}$ を含まない場合，新しい変数を $u = d^mx/dt^m$ とおけば，

$$F\left(t, u, \frac{du}{dt}, \ldots, \frac{d^{n-m}x}{dt^{n-m}}\right) = 0$$

となり，m 階低下させることができる．

○例 2.15　2 階の微分方程式

$$\frac{d^2x}{dt^2} - \left(\frac{dx}{dt}\right)^2 = 1$$

を考えよう．左辺が x を含まないので，新しい変数を $u = dx/dt$ とおくと，$d^2x/dt^2 = du/dt$ に注意すれば，方程式は $du/dt - u^2 = 1$ となる．

$$\int \frac{du}{u^2 + 1} = \int dt, \quad \tan^{-1} u = t + c_1, \quad u = \tan(t + c_1)$$

となり，$u = dx/dt = \tan(t + c_1)$ から，解 $x(t) = -\ln|\cos(t + c_1)| + c_2$ が得られる．ここで，c_1, c_2 は任意の定数である．

第2章の章末問題

問 2.1 次の微分方程式（変数分離型）を解け.

(1) $\frac{dx}{dt} = t(1-x^2)$　　(2) $(1+t)x + (1-x)t\frac{dx}{dt} = 0$　　(3) $\frac{dx}{dt} = (2-x)^2$

(4) $\frac{dx}{dt} = \cot t \cdot \cot x$　　(5) $\frac{dx}{dt} = x(1-x^2)$　　(6) $\frac{dx}{dt} = t^2(1+x^2)$

問 2.2 次の微分方程式（同次型）を解け.

(1) $\frac{dx}{dt} = x/t + t/x$　　(2) $\frac{dx}{dt} = (-t^2 + x^2)/(2tx)$

(3) $t \cdot \tan(x/t) - x + t\frac{dx}{dt} = 0$　　(4) $\frac{dx}{dt} = (t - 2x + 3)/(2t + x - 4)$

(5) $\frac{dx}{dt} = (t - x + 1)/(t + x - 3)$

問 2.3 関数 $f(t, x)$ が同次型となるための必要十分条件は，任意の $\lambda \neq 0$ に対して，$f(\lambda t, \lambda x) = f(t, x)$ が成り立つことであることを証明せよ.

問 2.4 次の微分方程式（1階線形）を解け.

(1) $\frac{dx}{dt} + tx = (t+1)e^t$　　(2) $\frac{dx}{dt} + x/(1+t) = \cos t$　　(3) $\frac{dx}{dt} - x/t = t^3$

(4) $\frac{dx}{dt} + x\cos t = \sin t \cos t$　　(5) $\frac{dx}{dt} - x = t$

問 2.5 次の微分方程式（ベルヌイ型）を解け.

(1) $\frac{dx}{dt} = -x/t + t^2 x^3$　　(2) $\frac{dx}{dt} = -x/(2t) + x^5/4$　　(3) $\frac{dx}{dt} + x = e^t x^2$

問 2.6 初期値 $R(0) = 0$ を満たす (2.29) の解を求めよ.

問 2.7 次の微分方程式（リッカチ型）について，カッコ内に与えられた関数 $x_0(t)$ が1つの特解であることを確かめて，一般解を求めよ.

(1) $\frac{dx}{dt} = 3x^2 + x/t - 12t^2$　$(x_0(t) = 2t)$　　(2) $\frac{dx}{dt} = x^2 - 3x + 2$　$(x_0(t) = 1)$

(3) $\frac{dx}{dt} = x^2 - x - 2$　$(x_0(t) = 2)$

(4) $\frac{dx}{dt} = -t^2 x^2 + (1 + 2t^3)x - t^4 - t + 1$　$(x_0(t) = t)$

問 2.8 次の微分方程式（全微分型）が完全微分型であることを確かめて，その解を求めよ.

(1) $(2te^x + 1)dt + (t^2 e^x + 2x)dx = 0$　　(2) $(x + \cos t)dt + tdx = 0$

(3) $x \sin t dt - \cos t dx = 0$　　(4) $e^{t/x}dt + (1 - t/x)e^{t/x}dx = 0$

(5) $(t^3 + 4t^3 x^3)dt + (x^2 + 3t^4 x^2)dx = 0$

問 2.9 次の微分方程式（全微分型）に対して，積分因子を求めて，その解を求

めよ.

(1) $(1 - tx)dt + (tx - t^2)dx = 0$　　(2) $\cos x dt - \sin x dx = 0$

(3) $(2x/t + 1)dt + dx = 0$　　(4) $(x^2 - 2tx)dt + (4x^2 + 3tx - 2t^2)dx = 0$

(5) $(tx^2 + x^3)dt + (t^3 + 3t^2x + tx^2)dx = 0$

問 2.10 次の高階微分方程式を解け.

(1) $\frac{d^2x}{dt^2} - x\frac{dx}{dt} = 0$　　(2) $\frac{d^2x}{dt^2} = e^x$　　(3) $2x\frac{d^2x}{dt^2} - (\frac{dx}{dt})^2 = 0$

(4) $\frac{dx}{dt} = \frac{d^2x}{dt^2} + (\frac{dx}{dt})^2$　　(5) $\frac{d^2x}{dt^2} = (1 + (\frac{dx}{dt})^2)^{3/2}$

— 第**3**章 —

定数係数 2 階線形微分方程式

　1.2 節の例 1.9 で考察した単振動（バネが付いている質点の微小振動）の方程式 (1.16) を思い出そう．質点の質量を m，バネの弾性定数を k，時刻 t におけるバネの伸びを $x = x(t)$ とする．さらに，質点には抵抗（係数 c でバネの速度に比例）が働くとともに，外力 $f(t)$ が加えられているとしよう．このとき，質点の加速度

$$\frac{d^2 x}{dt^2}$$

はニュートンの運動方程式（質量 × 加速度＝力）より，

$$m\frac{d^2 x}{dt^2} + c\frac{dx}{dt} + kx = f(t)$$

を満たすことが導かれる．質点に働く抵抗力と外力を無視した $c = f(t) = 0$ の場合の単振動の解は，(1.25) で与えられ，バネの自然長を表す $x = 0$ を中心にして，振幅が一定の振動を永久に続けることがわかる．抵抗力を考慮すると，この振動は振幅を徐々に小さくして振動しながら $x = 0$ に近づくことが予想される．抵抗力がより大きな環境（係数 c が大きく粘性の強い環境での質点の振動）を想像すると，この振動がなくなり単調に質点は $x = 0$ に近づくであろう．また外力を加えると質点の運動はどのように変化するであろうか？　本章では，このような問いに対する解答を得るため，上記のような 2 階の微分方程式を考察し，その解を求める方法を調べることにしよう．

3.1 定数係数2階斉次（同次）線形微分方程式

p, q を定数，$r(t)$ を t の関数として，次の2階微分方程式

$$\frac{d^2x}{dt^2} + p\frac{dx}{dt} + qx = r(t) \tag{3.1}$$

を考えよう．この方程式は定数係数2階線形微分方程式と呼ばれる．関数 $r(t)$ は**非斉次項** (non-homogeneous term) と呼ばれ，(3.1) は $r(t) \equiv 0$ のとき**斉次方程式** (homogeneous equation)，$r(t) \not\equiv 0$ のとき**非斉次方程式** (non-homogeneous equation) という．（非）斉次方程式は**（非）同次方程式** (non-homogeneous equation) ともいう．

本節ではまず，定数係数2階斉次（同次）線形微分方程式

$$\frac{d^2x}{dt^2} + p\frac{dx}{dt} + qx = 0 \tag{3.2}$$

を考察しよう．

3.1.1 定数係数2階斉次線形微分方程式の解

次の2つの定理は重要である．

■ **定理3.1** 非斉次方程式 (3.1) の一般解 $x(t)$ は，(3.1) の1つの解 $x_0(t)$ と斉次方程式 (3.2) の一般解 $X(t)$ との和 $x(t) = x_0(t) + X(t)$ で表される．

証明．非斉次方程式 (3.1) の2つの解 $x_0(t)$ と $x(t)$ の差 $x(t) - x_0(t)$ は，斉次方程式 (3.2) の解である（$x_0(t)$ と $x(t)$ はともに (3.1) の解なので，(3.1) で x を x_0 で置き換えた等式と (3.1) の辺々を引き算すれば，(3.2) の x を $x - x_0$ で置き換えた等式が得られることに注意しよう）．したがって，斉次方程式 (3.2) の一般解を $X(t)$ とすれば，非斉次方程式 (3.1) のあらゆる解 $x(t)$ は $X(t) + x_0(t)$ で表せる．逆に，$X(t) + x_0(t)$ で表せる関数がすべて非斉次方程式 (3.1) の解になることは，$X(t) + x_0(t)$ を (3.1) の x に代入して，等式が成立することからわかる．したがって，$X(t) + x_0(t)$ は (3.1) の一般解である． □

■ **定理3.2** $x_1(t), x_2(t)$ を斉次方程式 (3.2) の解とする．c_1, c_2 を任意の定数としたとき，$c_1 x_1(t) + c_2 x_2(t)$（$x_1(t)$ と $x_2(t)$ の1次結合）も斉次方程式 (3.2) の解である．

証明．章末の問 3.1 を見よ．　　　　　　　　　　　　　　　　　　　□

✔ 注 3.1　定理 3.1 と定理 3.2 は 2 階線形微分方程式を一般化した n 階線形微分方程式に対しても成り立つ．また定理 3.2 の性質を**重ね合わせの原理** (principle of superposition) という．

　定数係数 2 階斉次線形微分方程式 (3.2) の解 x を求めよう．$x = e^{\lambda t}$（λ は実数）と表される解を探そう．$x = e^{\lambda t}$ を (3.2) に代入すると，

$$e^{\lambda t}(\lambda^2 + p\lambda + q) = 0$$

となる．$e^{\lambda t} \neq 0$ なので，方程式

$$\lambda^2 + p\lambda + q = 0 \tag{3.3}$$

が得られる．(3.3) は (3.2) の**特性方程式** (characteristic equation) と呼ばれる．2 次方程式 (3.3) の解を λ_1, λ_2（**特性根** (characteristic root) という）とすれば，

$$\lambda_1 = \frac{1}{2}(-p + \sqrt{p^2 - 4q}), \quad \lambda_2 = \frac{1}{2}(-p - \sqrt{p^2 - 4q}) \tag{3.4}$$

である．λ_1, λ_2 が実数なら関数 $x_1 = e^{\lambda_1 t}$, $x_2 = e^{\lambda_2 t}$ は (3.2) の解であるので，定理 3.2 より，c_1, c_2 を任意の定数としたとき $x = c_1 e^{\lambda_1 t} + c_2 e^{\lambda_2 t}$ も (3.2) の解である．ただし，この解は λ_1, λ_2 が重解（$\lambda_1 = \lambda_2$）のとき，$x = (c_1 + c_2)e^{\lambda_1 t}$ となってしまう．

　(3.2) の解を別の方法で導出しよう．λ_1, λ_2 を (3.3) の実数の特性根として，関数 $x = c(t)e^{\lambda_1 t}$ が (3.2) の解となるように，t の関数 $c(t)$ を決定する問題を考えよう．$x = c(t)e^{\lambda_1 t}$ を (3.2) に代入すると

$$\frac{d^2 x}{dt^2} + p\frac{dx}{dt} + qx = e^{\lambda_1 t}\left[\frac{d^2 c}{dt^2} + (2\lambda_1 + p)\frac{dc}{dt} + (\lambda_1^2 + p\lambda_1 + q)c\right] = 0$$

となる．λ_1 は (3.3) を満たすので，上式から

$$\frac{d^2 c}{dt^2} + (2\lambda_1 + p)\frac{dc}{dt} = 0, \quad \frac{d}{dt}\left(e^{(2\lambda_1 + p)t}\frac{dc}{dt}\right) = 0$$

が得られる．第 2 式は第 1 式の両辺に関数 $e^{(2\lambda_1 + p)t}$ を乗じた等式から得られる．(3.4) より $2\lambda_1 + p = \lambda_1 - \lambda_2$ であるので，上式より a, B を定数として

$$e^{(\lambda_1 - \lambda_2)t} \frac{dc}{dt} = B, \quad c(t) = B \int e^{(\lambda_2 - \lambda_1)t} dt + a$$

が得られる．第 2 式の積分を実行すると

$$c(t) = \frac{B}{\lambda_2 - \lambda_1} e^{(\lambda_2 - \lambda_1)t} + a \quad (\lambda_1 \neq \lambda_2), \quad c(t) = Bt + a \quad (\lambda_1 = \lambda_2)$$

となり，(3.2) の解を $x = c(t)e^{\lambda_1 t}$ として

$$x(t) = c_1 e^{\lambda_1 t} + c_2 e^{\lambda_2 t} \quad (\lambda_1 \neq \lambda_2) \tag{3.5}$$

$$x(t) = (c_1 + c_2 t)e^{\lambda t} \quad (\lambda_1 = \lambda_2 = \lambda) \tag{3.6}$$

が得られる．ここで c_1, c_2 は任意の定数である．(3.5) では $c_1 = a$, $c_2 = B/(\lambda_2 - \lambda_1)$，(3.6) では $c_1 = a$, $c_2 = B$ と新たにおいた．以上の導出過程からわかるように，λ_1, λ_2 が実数のとき，(3.5), (3.6) は (3.2) の一般解である．

　これまでの議論は，特性根 λ_1, λ_2 が複素数の場合も成立する．ただし，実変数複素数値関数 $f(t) = u(t) + iv(t)$（$u(t), v(t)$ は実数値関数）に対して，$f'(t) = u'(t) + iv'(t)$ であり，複素数 λ に対して $(e^{\lambda t})' = \lambda e^{\lambda t}$ であることに注意しよう．λ_1, λ_2 が複素数の場合，(3.2) の複素数値の一般解は，c_1, c_2 を任意の複素数として，$z(t) = c_1 e^{\lambda_1 t} + c_2 e^{\lambda_2 t}$ となる．したがって，$\lambda_1 = \alpha + i\beta$, $\lambda_2 = \alpha - i\beta$（$\alpha, \beta$ は実数）のとき，a_1, a_2, b_1, b_2 を任意の実数とすると，(3.2) の複素数値の一般解は，

$$\begin{aligned} z(t) &= (a_1 + ib_1)e^{(\alpha + i\beta)t} + (a_2 + ib_2)e^{(\alpha - i\beta)t} \\ &= e^{\alpha t}\{(a_1 + ib_1)e^{i\beta t} + (a_2 + ib_2)e^{-i\beta t}\} \\ &= e^{\alpha t}\{(a_1 + ib_1)(\cos\beta t + i\sin\beta t) + (a_2 + ib_2)(\cos\beta t - i\sin\beta t)\} \\ &= e^{\alpha t}\{(a_1 + a_2)\cos\beta t + (-b_1 + b_2)\sin\beta t\} \\ &\quad + ie^{\alpha t}\{(b_1 + b_2)\cos\beta t + (a_1 - a_2)\sin\beta t\} \end{aligned}$$

となり，$a_1 = a_2$, $b_1 = -b_2$ のとき，虚部が 0 となる．よって，(3.2) の（実数値の）一般解は

$$x(t) = e^{\alpha t}(c_1 \cos\beta t + c_2 \sin\beta t)$$

となる．ただし，$c_1 = 2a_1$, $c_2 = -2b_1$ とおいた．

✔ **注3.2**　上の式変形で**オイラーの公式** (Euler equation)

$$e^{i\theta} = \cos\theta + i\sin\theta \quad (\theta \text{ は実数}) \tag{3.7}$$

を用いた.

　以上より, (3.2) の一般解はその係数 p, q に応じて, 特性方程式（λ に関する2次方程式）の判別式 $D = p^2 - 4q$ の符号により, 次のように分類できることがわかる.

　(1) $D = p^2 - 4q > 0$ のとき, 特性方程式は (3.4) で与えられる2つの異なる特性根 λ_1, λ_2 をもち, 一般解は $x(t) = c_1 e^{\lambda_1 t} + c_2 e^{\lambda_2 t}$ である.

　(2) $D = p^2 - 4q = 0$ のとき, 特性方程式の解は2重解 $\lambda = -p/2$ となり, 一般解は $x(t) = (c_1 + c_2 t)e^{-pt/2}$ である.

　(3) $D = p^2 - 4q < 0$ のとき, 特性方程式の解は共役複素数 $\lambda_1 = \alpha + i\beta$, $\lambda_2 = \alpha - i\beta$ $(\alpha = -p/2,\ \beta = \sqrt{-p^2 + 4q}/2)$ となり, 一般解は $x(t) = e^{\alpha t}(c_1 \cos\beta t + c_2 \sin\beta t)$ である.

○**例3.1**　次の方程式の一般解を求めよう.

$$\frac{d^2 x}{dt^2} + \frac{dx}{dt} - 2x = 0$$

特性方程式が $\lambda^2 + \lambda - 2 = (\lambda + 2)(\lambda - 1) = 0$ となり, 特性根の解は $\lambda_1 = 1$, $\lambda_2 = -2$ となる. (1) より一般解は $x(t) = c_1 e^t + c_2 e^{-2t}$ である.

○**例3.2**　次の方程式の一般解を求めよう.

$$\frac{d^2 x}{dt^2} - 6\frac{dx}{dt} + 9x = 0$$

特性方程式が $\lambda^2 - 6\lambda + 9 = (\lambda - 3)^2 = 0$ となり, 特性根の解は2重解 $\lambda = 3$ となる. (2) より一般解は $x(t) = (c_1 + c_2 t)e^{3t}$ である.

○**例3.3**　次の方程式の一般解を求めよう.

$$\frac{d^2 x}{dt^2} + 4\frac{dx}{dt} + 13x = 0$$

特性方程式が $\lambda^2 + 4\lambda + 13 = 0$ となり，特性根の解は $\lambda = -2 \pm 3i$ となる．
(3) より一般解は $x(t) = e^{-2t}(c_1 \cos 3t + c_2 \sin 3t)$ である．

○ **例 3.4** 速度に比例した抵抗が働くバネ振動の方程式（外力なし，ν, ω は正の定数）

$$\frac{d^2 x}{dt^2} + \nu \frac{dx}{dt} + \omega^2 x = 0$$

で初期条件 $x(0) = x_0$, $dx/dt|_{t=0} = 0$（$t = 0$ でのバネの自然長からの伸びが x_0，初速度が 0）を満たす解を求めよう．

特性方程式が $\lambda^2 + \nu\lambda + \omega^2 = 0$ であるので，ν, ω の大きさにより次の 3 つの場合が考えられる．

(1) $\nu^2 < 4\omega^2$（バネ定数と比べて，抵抗係数が小さいとき）．
特性方程式の解は

$$\lambda = -\frac{\nu}{2} \pm i\sqrt{\omega^2 - \frac{\nu^2}{4}}$$

であるので，一般解は $\Omega = \sqrt{\omega^2 - \nu^2/4}$ とおくと，

$$x(t) = e^{-\nu t/2}(c_1 \cos \Omega t + c_2 \sin \Omega t)$$

となる．どのような初期条件の下でも $t \to \infty$ で $x \to 0$ となることがわかる．条件 $x(0) = x_0$ より，$c_1 = x_0$ となる．上式を微分して

$$\frac{dx}{dt} = e^{-\nu t/2}\Big[(-\frac{\nu}{2}c_1 + \Omega c_2) \cos \Omega t - (\frac{\nu}{2}c_2 + \Omega c_1) \sin \Omega t\Big]$$

より，条件 $dx/dt|_{t=0} = 0$ を用いると，$-\nu c_1/2 + \Omega c_2 = 0$ から $c_2 = \nu x_0/(2\Omega)$ となる．以上より，初期条件を満たす解は

$$x(t) = x_0 e^{-\nu t/2}\Big(\cos \Omega t + \frac{\nu}{2\Omega} \sin \Omega t\Big)$$

となる．抵抗力がない場合（$\nu = 0$）に一定であった振幅 x_0 が，抵抗力の影響で指数関数的に減衰していくこと（**減衰振動** (damped oscillation)，図 3.1 参照），および周期は $\nu = 0$ の場合の $2\pi/\omega$ と比べ $2\pi/\Omega$ と長くなることがわかる．$\Omega = \sqrt{\omega^2 - \nu^2/4} < \omega$ に注意しよう．

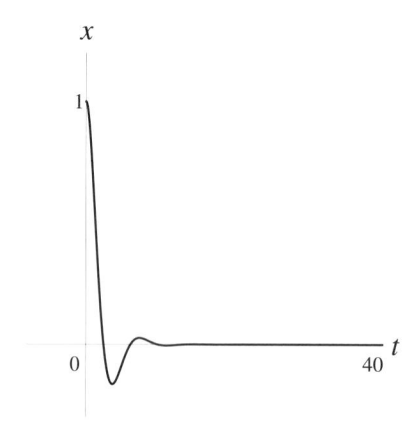

図 3.1   減衰振動 $(x_0 = 1,\ \omega = \nu = 1)$ のグラフ. 振幅が抵抗力の影響で指数関数的に減衰していく振動を表す.

(2) $\nu^2 > 4\omega^2$ (バネ定数と比べて, 抵抗係数が大きいとき).

特性方程式の解は 2 つの異なる負の実数

$$\lambda_1 = -\frac{\nu}{2} + \gamma < 0, \quad \lambda_2 = -\frac{\nu}{2} - \gamma < 0$$

である. ここで, $\gamma = \sqrt{\nu^2/4 - \omega^2}$. 一般解は

$$x(t) = c_1 e^{(-\nu/2+\gamma)t} + c_2 e^{(-\nu/2-\gamma)t}$$

となる. $\gamma < \nu/2$ に注意すると, どのような初期条件の下でも $t \to \infty$ で $x \to 0$ となることがわかる. 初期条件 $x(0) = x_0,\ dx/dt|_{t=0} = 0$ から,

$$c_1 + c_2 = x_0, \quad \left(\gamma - \frac{\nu}{2}\right)c_1 - \left(\frac{\nu}{2} + \gamma\right)c_2 = 0$$

より,

$$c_1 = \frac{x_0}{2\gamma}\left(\gamma + \frac{\nu}{2}\right), \quad c_2 = \frac{x_0}{2\gamma}\left(\gamma - \frac{\nu}{2}\right)$$

が得られる. したがって, 初期条件を満たす解は

$$x(t) = \left[\frac{x_0}{2\gamma}\left(\gamma + \frac{\nu}{2}\right)e^{\gamma t} + \frac{x_0}{2\gamma}\left(\gamma - \frac{\nu}{2}\right)e^{-\gamma t}\right]e^{-\nu t/2} \tag{3.8}$$

となる. $x_0 > 0$ とすると, $c_1 > 0,\ c_2 < 0$ となり, 解は単調に減少して $x = 0$ に漸近する (**過減衰** (overdamping), 図 3.2 参照) (章末の問 3.3 を見よ).

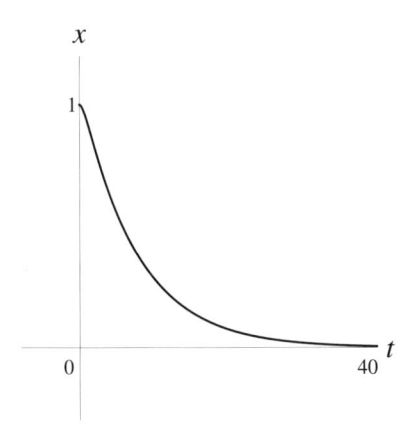

図3.2 過減衰 $(x_0 = 1, \omega = 0.5, \nu = 2)$ のグラフ．解は単調に減少して $x = 0$ に漸近する．

(3) $\nu^2 = 4\omega^2$.

特性方程式の解は2重解 $\lambda = -\nu/2$ となるので，一般解は $x(t) = (c_1 + c_2 t)\exp(-\nu t/2)$ である．どのような初期条件の下でも $t \to \infty$ で $x \to 0$ となることがわかる．初期条件 $x(0) = x_0$, $dx/dt|_{t=0} = 0$ から，

$$c_1 = x_0, \quad c_2 - \frac{\nu c_1}{2} = 0$$

より，

$$c_1 = x_0, \quad c_2 = \frac{\nu x_0}{2}$$

が得られる．したがって，初期条件を満たす解は

$$x(t) = x_0\left(1 + \frac{\nu}{2}t\right)e^{-\nu t/2} \tag{3.9}$$

となる．$x_0 > 0$ とすると，$c_1 > 0$, $c_2 > 0$ より，解は単調に減少して $x = 0$ に漸近する（**臨界減衰** (critical damping), 図3.3参照）（章末の問3.4を見よ）．

(2) と (3) の場合を比べると，ω が等しいバネに対して (2) の場合の方が質点に働く抵抗力が強く（ν が大きく）バネの復元力が弱められるので，$x = 0$ に漸近する速さが遅くなる．また ν が等しい状況でも，(2) の場合の方がバネが弱い（ω が小さい）ので，$x = 0$ に漸近する速さが遅くなる．

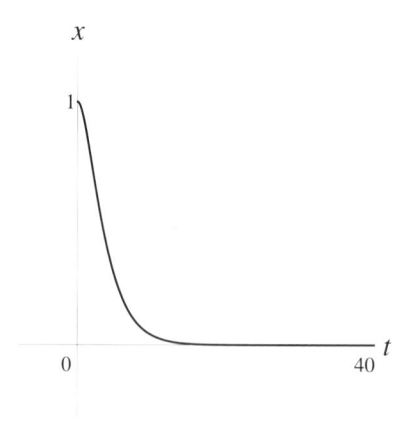

図 3.3　臨界減衰 $(x_0 = 1, \omega = 0.5, \nu = 1)$ のグラフ．図 3.2 の過減衰と比べて ν が小さい（質点に働く抵抗が弱い）ので，$x = 0$ に漸近する速さが速くなることに注意しよう．

✔ **注 3.3**　例 3.4 で求めた解はすべて $t = 0$ でバネの伸びが 0 $(x_0 = 0)$ であるならば，当然 $t > 0$ で $x(t) = 0$ となることに注意しよう．

3.1.2　定数係数 2 階斉次線形微分方程式の基本解

本項では定数係数 2 階斉次線形微分方程式 (3.2) の初期値問題の解が一意に存在することを示す．

■ **定義 3.1**　関数 $\phi_1(t), \phi_2(t)$ が互いに比例しているとき，すなわち，C を定数として

$$\phi_1(t) = C\phi_2(t)$$

ならば，$\phi_1(t)$ と $\phi_2(t)$ は **1 次従属** (linearly dependent) であるという．$\phi_1(t)$ と $\phi_2(t)$ が 1 次従属でないとき，それらは **1 次独立** (linearly independent) であるという．つまり $\phi_1(t)$ と $\phi_2(t)$ が 1 次独立であるとは，それらが比例関係にないことをいう．

この定義は次のように言い換えることが可能である．「同時には 0 とならない定数 c_1, c_2 に対して，$c_1\phi_1(t) + c_2\phi_2(t) = 0$ が恒等的に成り立つとき，$\phi_1(t)$ と $\phi_2(t)$ は 1 次従属である．$c_1 = c_2 = 0$ に限って $c_1\phi_1(t) + c_2\phi_2(t) = 0$ が成り立つとき，$\phi_1(t)$ と $\phi_2(t)$ は 1 次独立である．」

○**例 3.5** 例 3.1 の方程式 $d^2x/dt^2 + dx/dt - 2x = 0$ の 2 つの解 $\phi_1(t) = e^t$, $\phi_2(t) = e^{-2t}$ は $\phi_1(t)/\phi_2(t) = e^{3t}$ であるので，1 次独立である．また，$\phi_3(t) = 0$ も方程式を満たす解であるが，$c_2\phi_2(t) + c_3\phi_3(t) = 0$ が $c_2 = 0$, $c_3 \neq 0$（同時に 0 にならない）で成り立つので，$\phi_2(t)$, $\phi_3(t)$ は 1 次従属である．例 3.2 の解 e^{3t}, te^{3t} は 1 次独立であり，同様に例 3.3 の解 $e^{-2t}\cos 3t$, $e^{-2t}\sin 3t$ も 1 次独立である．

ϕ_1, ϕ_2 が (3.2) の解で 1 次独立であるとき，この解（の組）を (3.2) の**基本解** (fundamental solution) という．定数係数 2 階斉次線形微分方程式 (3.2) に対して，前項で，特性方程式の判別式 $D = p^2 - 4q$ の符号により，3 つのタイプの一般解が得られた．一般解を構成する 2 つの解（の組），つまり

(1) $D = p^2 - 4q > 0$ のときは，$e^{\lambda_1 t}$, $e^{\lambda_2 t}$
$\quad (\lambda_1 = (-p + \sqrt{p^2 - 4q})/2,\ \lambda_2 = (-p - \sqrt{p^2 - 4q})/2)$
(2) $D = p^2 - 4q = 0$ のときは，$e^{-pt/2}$, $te^{-pt/2}$
(3) $D = p^2 - 4q < 0$ のときは，$e^{\alpha t}\cos\beta t$, $e^{\alpha t}\sin\beta t$
$\quad (\alpha = -p/2,\ \beta = \sqrt{-p^2 + 4q}/2)$

が基本解である（章末の問 3.5 を見よ）．それぞれの場合において，一般解はこのような基本解の 1 次結合で表されている．

✔ **注 3.4** 基本解の組み合わせは一通りには決まらないことに注意しよう．例 3.1 の方程式に対して 2 つの基本解 $\phi_1(t) = e^t$, $\phi_2(t) = e^{-2t}$ が得られた．したがって，c_1, c_2 を任意の定数として，$x(t) = c_1 e^t + c_2 e^{-2t}$ が例 3.1 の方程式に対する一般解である．一方，$\phi_1(t) = e^t$, $\phi_2(t) = e^{-2t}$ を組み合わせて関数

$$z_1 = e^t + e^{-2t}, \quad z_2 = e^t - e^{-2t}$$

を考えよう．$e^t = (z_1 + z_2)/2$, $e^{-2t} = (z_1 - z_2)/2$ であるので，

$$
\begin{aligned}
x(t) &= c_1\phi_1(t) + c_2\phi_2(t) \\
&= c_1 \frac{z_1 + z_2}{2} + c_2 \frac{z_1 - z_2}{2} \\
&= \left(\frac{c_1}{2} + \frac{c_2}{2}\right) z_1 + \left(\frac{c_1}{2} - \frac{c_2}{2}\right) z_2
\end{aligned}
$$

が満たされる．すなわち，一般解を関数 z_1, z_2 の 1 次結合でも表すことができ

る．また，$z_1/z_2 = (1 + e^{-3t})/(1 - e^{-3t}) \neq$ 定数であるので，z_1, z_2 は1次独立である．したがって，z_1, z_2 も基本解である．定理3.6で示すように，どの基本解に対してもその1次結合は (3.2) の一般解となる．

■ 定義 3.2　関数 $f(t)$ と $g(t)$ に対して

$$W(f, g) = \begin{vmatrix} f & g \\ f' & g' \end{vmatrix} = f\frac{dg}{dt} - \frac{df}{dt}g \tag{3.10}$$

を f, g に関する**ロンスキアン** (Wronskian)，または**ロンスキー行列式** (Wronski determinant) という．

■ 定理 3.3（アーベルの定理）　x_1, x_2 を (3.2) の解とすると，$W(x_1, x_2)$ は微分方程式

$$\frac{d}{dt}W(x_1, x_2) + pW(x_1, x_2) = 0 \tag{3.11}$$

の解である．

証明．x_1, x_2 は (3.2) の解なので，

$$\frac{d^2 x_1}{dt^2} + p\frac{dx_1}{dt} + qx_1 = 0, \quad \frac{d^2 x_2}{dt^2} + p\frac{dx_2}{dt} + qx_2 = 0$$

が成り立つ．第1式，第2式の両辺にそれぞれ x_2, x_1 をかけて，辺々を引くと

$$\left(\frac{d^2 x_1}{dt^2}x_2 - \frac{d^2 x_2}{dt^2}x_1\right) + p\left(\frac{dx_1}{dt}x_2 - \frac{dx_2}{dt}x_1\right) = 0$$

となり，変形して

$$\frac{d}{dt}\left(\frac{dx_1}{dt}x_2 - \frac{dx_2}{dt}x_1\right) + p\left(\frac{dx_1}{dt}x_2 - \frac{dx_2}{dt}x_1\right) = 0$$

が得られる．ここで $W(x_1, x_2) = -[x_2(dx_1/dt) - x_1(dx_2/dt)]$ を用いると，上式は方程式

$$\frac{d}{dt}W(x_1, x_2) + pW(x_1, x_2) = 0$$

となる．　　　　　　　　　　　　　　　　　　　　　　　　　　　　□

✔ **注3.5**　(3.11) の解は $W(x_1, x_2)(t) = Ce^{-pt}$ であるから，$W(x_1, x_2)$ は恒等的に0であるか，常に0でないかのいずれかである．

■ **定理3.4**　関数 f, g が1次従属なら，恒等的に $W(f, g) = 0$ となる．

証明．　対偶「$W(f, g) = 0$ が恒等的に成り立たないならば，f, g は1次独立である」が成り立つことを示そう．定数 c_1, c_2 に対して $f(t)$ と $g(t)$ の1次結合をとって，恒等式 $c_1 f(t) + c_2 g(t) = 0$ を考える．t で微分すると $c_1 f'(t) + c_2 g'(t) = 0$ となり，c_1, c_2 を未知数とする連立2元1次方程式

$$\begin{pmatrix} f & g \\ f' & g' \end{pmatrix} \begin{pmatrix} c_1 \\ c_2 \end{pmatrix} = \begin{pmatrix} 0 \\ 0 \end{pmatrix}$$

が得られた．対偶の仮定から $W(f, g) \neq 0$ となる t が存在するので，連立1次方程式の解は $c_1 = c_2 = 0$ となる．すなわち，関数 f, g は1次独立である．　□

✔ **注3.6**　定理3.4の逆は一般的には成り立たない．たとえば次の関数 f, g は1次独立ではあるが恒等的に $W(f, g) = 0$ となる．

$$f(t) = t^2, \quad g(t) = \begin{cases} t^2 & (t \geq 0) \\ -t^2 & (t < 0) \end{cases}$$

■ **定理3.5**　x_1, x_2 を (3.2) の解とする．x_1, x_2 が1次従属であるための必要十分条件は，恒等的に $W(x_1, x_2) = 0$ であることである．

証明．　必要性は定理3.4より明らかである．そこで，恒等的に $W(x_1, x_2) = 0$ であるとしよう．x_1, x_2 は (3.2) の解であるから，前項で得た基本解 ϕ_1, ϕ_2 を用いて，

$$x_1 = c_1 \phi_1 + c_2 \phi_2, \quad x_2 = d_1 \phi_1 + d_2 \phi_2$$

と表せる．仮定より，

$$W(x_1, x_2) = \begin{vmatrix} c_1 \phi_1 + c_2 \phi_2 & d_1 \phi_1 + d_2 \phi_2 \\ c_1 \phi_1' + c_2 \phi_2' & d_1 \phi_1' + d_2 \phi_2' \end{vmatrix} = W(\phi_1, \phi_2) \begin{vmatrix} c_1 & d_1 \\ c_2 & d_2 \end{vmatrix} = 0$$

であるから，$c_1 d_2 = c_2 d_1$ が成り立つ．ここで ϕ_1, ϕ_2 は基本解なので $W(\phi_1, \phi_2) \neq$

0に注意しよう．$d_1 x_1 = d_1 c_1 \phi_1 + d_1 c_2 \phi_2 = c_1 (d_1 \phi_1 + d_2 \phi_2) = c_1 x_2$ となり，x_1, x_2 が1次従属であることがわかる．   □

■ 定理 3.6　ϕ_1, ϕ_2 を (3.2) の任意の基本解をとる．このとき，$c_1 \phi_1 + c_2 \phi_2$ は (3.2) の一般解である．

証明．　ϕ_1, ϕ_2 は (3.2) の解であるから，前項で得た基本解 ψ_1, ψ_2 を用いて，$\phi_1 = \alpha \psi_1 + \beta \psi_2$，$\phi_2 = \gamma \psi_1 + \delta \psi_2$ と表せる（$\alpha, \beta, \gamma, \delta$ は定数）．ϕ_1, ϕ_2 と ψ_1, ψ_2 はともに基本解だから

$$W(\phi_1, \phi_2) = \begin{vmatrix} \alpha & \beta \\ \gamma & \delta \end{vmatrix} W(\psi_1, \psi_2)$$

より，行列

$$\begin{pmatrix} \alpha & \beta \\ \gamma & \delta \end{pmatrix}$$

は正則であることがわかる．したがって，

$$\phi_1 = \alpha \psi_1 + \beta \psi_2, \quad \phi_2 = \gamma \psi_1 + \delta \psi_2$$

は ψ_1, ψ_2 について解くことができ，(3.2) の一般解 $d_1 \psi_1 + d_2 \psi_2$ は ϕ_1, ϕ_2 の1次結合で表せる．   □

■ 定理 3.7　初期条件 $x(t_0) = x_0$，$dx(t_0)/dt = x_0'$ を付加した定数係数2階斉次線形微分方程式 (3.2) の解は存在し，一意である．

証明．　(3.2) の基本解を $\phi_1(t), \phi_2(t)$ としよう．一般解 $x(t) = c_1 \phi_1(t) + c_2 \phi_2(t)$ が初期条件を満たすように定数 c_1, c_2 を決定する．定理 3.5 より，$W(\phi_1, \phi_2)(t) \neq 0$ となる t が存在するので，定理 3.3 より，$W(\phi_1, \phi_2)(t_0) \neq 0$ が成り立つ．このとき

$$x(t_0) = c_1 \phi_1(t_0) + c_2 \phi_2(t_0) = x_0, \quad x'(t_0) = c_1 \phi_1'(t_0) + c_2 \phi_2'(t_0) = x_0'$$

は次のように c_1, c_2 に関して解ける．

$$c_1 = \frac{\begin{vmatrix} x_0 & \phi_2(t_0) \\ x_0' & \phi_2'(t_0) \end{vmatrix}}{\begin{vmatrix} \phi_1(t_0) & \phi_2(t_0) \\ \phi_1'(t_0) & \phi_2'(t_0) \end{vmatrix}}, \quad c_2 = \frac{\begin{vmatrix} \phi_1(t_0) & x_0 \\ \phi_1'(t_0) & x_0' \end{vmatrix}}{\begin{vmatrix} \phi_1(t_0) & \phi_2(t_0) \\ \phi_1'(t_0) & \phi_2'(t_0) \end{vmatrix}}$$

したがって，定数 c_1, c_2 を一意的に決定でき，解 $x(t) = c_1\phi_1(t) + c_2\phi_2(t)$ は一意に存在する． $\square$

✔ 注 3.7 定数係数 2 階斉次線形微分方程式 (3.2) を一般化した定数係数 n 階斉次線形微分方程式

$$\frac{d^n x}{dt^n} + a_1 \frac{d^{n-1} x}{dt^{n-1}} + \cdots + a_{n-1} \frac{dx}{dt} + a_n x = 0 \quad (a_1, a_2, \ldots, a_n \text{ は定数})$$

に関しても，同様に解を $x = e^{\lambda t}$ と仮定して，上の方程式に代入して，特性方程式

$$\lambda^n + a_1 \lambda^{n-1} + \cdots + a_{n-1}\lambda + a_n = 0$$

を求める．この特性方程式は（重複込みで）n 個の解（**特性根** (characteristic root)）をもつ．λ が r 重解の場合，λ に対する基本解は以下のように求められる．

(1) 解 λ が実数である場合：次の r 個の関数

$$e^{\lambda t}, te^{\lambda t}, \ldots, t^{r-1}e^{\lambda t}$$

(2) 解 λ が複素数 $\lambda = \alpha \pm i\beta$ である場合：次の $2r$ 個の関数

$$e^{\alpha t}\cos\beta t,\ te^{\alpha t}\cos\beta t, \ldots, t^{r-1}e^{\alpha t}\cos\beta t,$$

$$e^{\alpha t}\sin\beta t,\ te^{\alpha t}\sin\beta t, \ldots, t^{r-1}e^{\alpha t}\sin\beta t$$

◯ 例 3.6 6 階斉次線形微分方程式

$$\frac{d^6 x}{dt^6} - 8\frac{d^5 x}{dt^5} + 32\frac{d^4 x}{dt^4} - 80\frac{d^3 x}{dt^3} + 128\frac{d^2 x}{dt^2} - 128\frac{dx}{dt} + 64x = 0$$

の一般解を求めよう．特性方程式は

$$\lambda^6 - 8\lambda^5 + 32\lambda^4 - 80\lambda^3 + 128\lambda^2 - 128\lambda + 64 = (\lambda^2 - 2\lambda + 4)^2(\lambda - 2)^2 = 0$$

から $\lambda = 1 \pm i\sqrt{3}$ （2重解）と $\lambda = 2$ （2重解）の解をもつ．したがって，一般解は

$$x(t) = (c_1 + c_2 t)e^{2t} + (c_3 \cos \sqrt{3}t + c_4 \sin \sqrt{3}t + c_5 t \cos \sqrt{3}t + c_6 t \sin \sqrt{3}t)e^t$$

となる．

3.2　定数係数2階非斉次（非同次）線形微分方程式

　前節では定数係数2階斉次（同次）線形微分方程式 (3.2) の一般解を求める方法を考察した．本節では定数係数2階非斉次（非同次）線形微分方程式 (3.1) の一般解を求めよう．定理 3.1 より非斉次方程式 (3.1) の一般解 $x(t)$ は，(3.1) の1つの解 $x_0(t)$ と斉次方程式 (3.2) の一般解 $X(t)$ の和 $x(t) = x_0(t) + X(t)$ で表されることがわかっているので，非斉次方程式 (3.1) の1つの解（**特解** (particular solution) という）$x_0(t)$ を求めればよい．

3.2.1　定数係数2階非斉次（非同次）線形微分方程式の特解：定数変化法

　定数係数2階斉次線形微分方程式 (3.2) の一般解は，基本解 $\phi_1(t), \phi_2(t)$ の1次結合 $x(t) = c_1 \phi_1(t) + c_2 \phi_2(t)$ で表される．ここで c_1, c_2 は任意の定数であるが，c_1, c_2 が t の関数 $c_1(t), c_2(t)$ であると仮定して，関数 $x_0(t) = c_1(t)\phi_1(t) + c_2(t)\phi_2(t)$ が非斉次方程式 (3.1) の解となるように $c_1(t), c_2(t)$ を決定する方法（**定数変化法** (variation of parameters)）を考えよう．

$$x_0'(t) = c_1(t)\phi_1'(t) + c_1'(t)\phi_1(t) + c_2(t)\phi_2'(t) + c_2'(t)\phi_2(t),$$
$$x_0''(t) = c_1(t)\phi_1''(t) + 2c_1'(t)\phi_1'(t) + c_1''(t)\phi_1(t)$$
$$+ c_2(t)\phi_2''(t) + 2c_2'(t)\phi_2'(t) + c_2''(t)\phi_2(t)$$

であるから，$x_0(t)$ を非斉次方程式 (3.1) の x に代入すると

$$c_1(t)\phi_1''(t) + 2c_1'(t)\phi_1'(t) + c_1''(t)\phi_1(t) + c_2(t)\phi_2''(t) + 2c_2'(t)\phi_2'(t) + c_2''(t)\phi_2(t)$$
$$+ p[c_1(t)\phi_1'(t) + c_1'(t)\phi_1(t) + c_2(t)\phi_2'(t) + c_2'(t)\phi_2(t)]$$
$$+ q[c_1(t)\phi_1(t) + c_2(t)\phi_2(t)] = r(t)$$

が得られる．$\phi_1(t), \phi_2(t)$ は斉次線形微分方程式 (3.2) の解であるので，

$$c_1(t)\phi_1''(t) + pc_1(t)\phi_1'(t) + qc_1(t)\phi_1(t) = c_1(t)[\phi_1''(t) + p\phi_1'(t) + q\phi_1(t)] = 0,$$

$$c_2(t)\phi_2''(t) + pc_2(t)\phi_2'(t) + qc_2(t)\phi_2(t) = c_2(t)[\phi_2''(t) + p\phi_2'(t) + q\phi_2(t)] = 0$$

が成り立つので，上式は

$$2c_1'(t)\phi_1'(t) + c_1''(t)\phi_1(t) + 2c_2'(t)\phi_2'(t) + c_2''(t)\phi_2(t) + p[c_1'(t)\phi_1(t) + c_2'(t)\phi_2(t)] = r(t)$$

$$[c_1'(t)\phi_1(t) + c_2'(t)\phi_2(t)]' + c_1'(t)\phi_1'(t) + c_2'(t)\phi_2'(t) + p[c_1'(t)\phi_1(t) + c_2'(t)\phi_2(t)] = r(t)$$

と変形できる．したがって，

$$c_1'(t)\phi_1(t) + c_2'(t)\phi_2(t) = 0, \quad c_1'(t)\phi_1'(t) + c_2'(t)\phi_2'(t) = r(t)$$

を満たす $c_1(t), c_2(t)$ に対して，$x_0(t)$ は (3.1) の解となる．この方程式を $c_1'(t), c_2'(t)$ に関する連立方程式とみれば，解

$$c_1'(t) = \frac{-r(t)\phi_2(t)}{W(\phi_1, \phi_2)(t)}, \quad c_2'(t) = \frac{r(t)\phi_1(t)}{W(\phi_1, \phi_2)(t)} \tag{3.12}$$

が得られる．ここで $W(\phi_1, \phi_2)$ は，基本解 $\phi_1(t), \phi_2(t)$ のロンスキアン $W(\phi_1, \phi_2) = \phi_1\phi_2' - \phi_2\phi_1'$ であるので，$W(\phi_1, \phi_2) \neq 0$ を満たすことに注意しよう．得られた $c_1'(t), c_2'(t)$ に関する方程式 (3.12) を t で積分し $c_1(t), c_2(t)$ を求め，非斉次方程式の特解 $x_0(t) = c_1(t)\phi_1(t) + c_2(t)\phi_2(t)$ を決定する．斉次方程式 (3.2) の一般解を $X(t)$ として，非斉次方程式の一般解は $x(t) = x_0(t) + X(t)$ で与えられる．このような解法を**定数変化法** (variation of parameters) という．

○ **例 3.7** 次の定数係数2階非斉次線形微分方程式の一般解を求めよう．

$$\frac{d^2x}{dt^2} - 4\frac{dx}{dt} + 3x = t$$

特性方程式 $\lambda^2 - 4\lambda + 3 = (\lambda - 3)(\lambda - 1) = 0$ より，その特性根は $\lambda_1 = 1, \lambda_2 = 3$ である．したがって，基本解は $\phi_1(t) = e^t, \phi_2(t) = e^{3t}$ となり，斉次方程式の一般解は c_1, c_2 を任意の定数として，$X(t) = c_1e^t + c_2e^{3t}$ となる．基本解に対するロンスキアンは $W(\phi_1, \phi_2)(t) = e^t(3e^{3t}) - e^{3t}(e^t) = 2e^{4t}$ であることに注意して，(3.12) より，

$$c_1'(t) = \frac{-te^{3t}}{2e^{4t}} = \frac{-te^{-t}}{2}, \quad c_2'(t) = \frac{te^t}{2e^{4t}} = \frac{te^{-3t}}{2}$$

が得られる．両辺を t で積分して，

$$c_1(t) = \frac{te^{-t}}{2} + \frac{e^{-t}}{2} + d_1, \quad c_2(t) = -\frac{te^{-3t}}{6} - \frac{e^{-3t}}{18} + d_2$$

となる．ただし，d_1, d_2 は任意定数である．したがって，非斉次微分方程式の特解は $x_0(t) = c_1(t)\phi_1(t) + c_2(t)\phi_2(t) = [te^{-t}/2 + e^{-t}/2 + d_1]e^t + [-te^{-3t}/6 - e^{-3t}/(18) + d_2]e^{3t} = t/3 + 4/9 + d_1e^t + d_2e^{3t}$ となる．関数 $d_1e^t + d_2e^{3t}$ は斉次方程式の一般解 $X(t) = c_1e^t + c_2e^{3t}$ に含まれているので，非斉次微分方程式の特解 $x_0(t) = t/3 + 4/9$ が得られ，非斉次微分方程式の一般解は $x(t) = x_0(t) + X(t) = c_1e^t + c_2e^{3t} + t/3 + 4/9$ となる．

　非斉次方程式 (3.1) の右辺の関数 $r(t)$ が複数の関数の和 $r_1(t) + r_2(t)$ で与えられている場合，次の**重ね合わせの定理** (principle of superposition) を使うとよい．

■ **定理 3.8**　関数 x_1, x_2 がそれぞれ

$$\frac{d^2x}{dt^2} + p\frac{dx}{dt} + qx = r_1(t), \quad \frac{d^2x}{dt^2} + p\frac{dx}{dt} + qx = r_2(t)$$

の解であるとすると，関数 $x_1 + x_2$ は (3.1) で $r(t) = r_1(t) + r_2(t)$ とした方程式の解である．

証明．条件より，

$$\frac{d^2x_1}{dt^2} + p\frac{dx_1}{dt} + qx_1 = r_1(t), \quad \frac{d^2x_2}{dt^2} + p\frac{dx_2}{dt} + qx_2 = r_2(t)$$

が成り立つので，辺々を加えると

$$\frac{d^2(x_1 + x_2)}{dt^2} + p\frac{d(x_1 + x_2)}{dt} + q(x_1 + x_2) = r_1(t) + r_2(t) = r(t)$$

となり，関数 $x_1 + x_2$ は (3.1) を満たすので，解である．　　　　　□

○ **例 3.8**　次の定数係数 2 階非斉次線形微分方程式の特解を求めよう．

$$\frac{d^2x}{dt^2} - 4\frac{dx}{dt} + 3x = t + e^t$$

例 3.7 より，$d^2x/dt^2 - 4dx/dt + 3x = t$ の特解は $x_1(t) = t/3 + 4/9$. $d^2x/dt^2 - 4dx/dt + 3x = e^t$ の特解は $x_2(t) = -(t/2 + 1/4)e^t$. したがって，求める特解は $x_1(t) + x_2(t) = t/3 + 4/9 - (t/2 + 1/4)e^t$.

3.2.2 定数係数 2 階非斉次（非同次）線形微分方程式の特解：未定係数法（代入法）

本項では，非斉次線形微分方程式の特解を求めるための別の方法，**未定係数法（代入法）** (method of inderminate coefficients) について調べよう．微分方程式 (3.1) の右辺の関数 $r(t)$ が簡単な場合に，方程式の特解を予想して決定する方法である．

例として，

$$\frac{d^2x}{dt^2} - 6\frac{dx}{dt} + 8x = t \tag{3.13}$$

を考えよう．方程式は「関数 x とその 1 階，2 階の導関数の 1 次結合が関数 t に等しい」ことを要求している．したがって，特解は t の多項式で表せるのではないかということが予想される．そこで，解を $x = at + b$ と推定し未定係数 a, b を決めよう．$x = at + b$ を (3.13) の左辺に代入すると，$(at+b)'' - 6(at+b)' + 8(at+b) = 8at - 6a + 8b$ が得られるので，

$$8at - 6a + 8b = t$$

が得られる．この式が任意の t で成り立つためには，$8a = 1,\ 8b - 6a = 0$ となるので，$a = 1/8,\ b = 3/32$ が求められる．したがって，特解 $x = t/8 + 3/32$ が得られる．

この例が示すように推定する特解の関数形は非斉次項 $r(t)$ に依存している．典型的な例をみてみよう．

(1) $r(t) = A_0t^n + A_1t^{n-1} + \cdots + A_{n-1}t + A_n$ （$A_0, A_1, \ldots, A_n =$ 定数）の場合の推定関数：

$$x(t) = a_0t^n + a_1t^{n-1} + \cdots + a_{n-1}t + a_n \quad (a_0, a_1, \ldots, a_n = \text{定数})$$

◯ **例 3.9** 次の特解を求めよう．

$$\frac{d^2x}{dt^2} - 6\frac{dx}{dt} + 8x = t + t^2$$

特解を $x = at^2 + bt + c$ と推定して $2a - 6(2at + b) + 8(at^2 + bt + c) = 8at^2 + (8b - 12a)t + (2a - 6b + 8c) = t^2 + t$ が得られる．両辺のベキ係数を比べて $8a = 1$, $8b - 12a = 1$, $2a - 6b + 8c = 0$ から，$a = 1/8$, $b = 5/16$, $c = 13/64$ が得られる．特解は $x = t^2/8 + 5t/16 + 13/64$ である．

(2) $r(t) = A\cos\omega t + B\sin\omega t$（$A, B = $ 定数）の場合の推定関数：

$$x(t) = a\cos\omega t + b\sin\omega t \quad (a, b = \text{定数})$$

三角関数の導関数はやはり三角関数になることが推定の根拠である．

○ **例 3.10**　次の特解を求めよう．

$$\frac{d^2x}{dt^2} - 6\frac{dx}{dt} + 8x = \sin t$$

特解を $x = a\cos t + b\sin t$ と推定して方程式に代入すると，$-a\cos t - b\sin t - 6(-a\sin t + b\cos t) + 8(a\cos t + b\sin t) = (7a - 6b)\cos t + (6a + 7b)\sin t = \sin t$ より，$7a - 6b = 0$, $6a + 7b = 1$ を解いて，$a = 6/85$, $b = 7/85$ が得られる．特解は $x = (6/85)\cos t + (7/85)\sin t$ である．

✔ **注 3.8**　この例は特解を $x = b\sin t$ と推定すると代入法が失敗することを示している．

(3) $r(t) = Ae^{kt}$ （$A, k = $ 定数，$k^2 + pk + q \neq 0$）の場合の推定関数：

$$x(t) = ae^{kt} \quad (a, k = \text{定数})$$

指数関数の導関数はやはり指数関数になることが推定の根拠である．$x(t) = ae^{kt}$ を (3.1) に代入すると，$a(k^2 + pk + q)e^{kt} = Ae^{kt}$ となり，$a = A/(k^2 + pk + q)$ と定数 a を選べばよい．

$k^2 + pk + q = 0$ の場合は非斉次方程式の右辺の係数 k が斉次方程式 (3.1) に対する特性方程式 (3.3) の解に一致していて，特解の分母が 0 となるので，次のように推定関数を変更する．

(4) $r(t) = Ae^{kt}$ $(A, k = 定数,\ k^2 + pk + q = 0,\ p + 2k \neq 0)$ の場合の推定関数：

$$x(t) = ate^{kt} \quad (a, k = 定数)$$

条件 $k^2 + pk + q = 0,\ p + 2k \neq 0$ より，k が特性方程式 (3.3) の1つの解と一致していることに注意しよう．$x(t) = ate^{kt}$ を (3.1) に代入すると，$a[t(k^2 + pk + q) + 2k + p]e^{kt} = Ae^{kt}$ となり，$k^2 + pk + q = 0,\ p + 2k \neq 0$ より，$a = A/(p + 2k)$ と定数 a を選べばよい．

(5) $r(t) = Ae^{kt}$ $(A, k = 定数,\ k^2 + pk + q = 0,\ p + 2k = 0)$ の場合の推定関数：

$$x(t) = at^2 e^{kt} \quad (a, k = 定数)$$

条件 $k^2 + pk + q = 0,\ p + 2k = 0$ より，k が特性方程式 (3.3) の重解と一致していることに注意しよう．$x(t) = at^2 e^{kt}$ を (3.1) に代入すると，$a[t^2(k^2 + pk + q) + 2t(2k + p) + 2]e^{kt} = Ae^{kt}$ となり，$k^2 + pk + q = 0,\ p + 2k = 0$ より，$a = A/2$ と定数 a を選べばよい．

○**例 3.11** 次の特解を求めよう．

$$\frac{d^2 x}{dt^2} - 6\frac{dx}{dt} + 8x = e^t + 2e^{2t} + 3e^{4t}$$

斉次方程式に対する特性方程式は $\lambda^2 - 6\lambda + 8 = (\lambda - 2)(\lambda - 4) = 0$ であるので，非斉次項の関数 e^{2t}, e^{4t} は斉次方程式の基本解と一致している．(3), (4) より，特解を $x = ae^t + bte^{2t} + cte^{4t}$ と推定して，非斉次方程式に代入する．$3ae^t - 2be^{2t} + 2ce^{4t} = e^t + 2e^{2t} + 3e^{4t}$ より，$a = 1/3,\ b = -1,\ c = 3/2$ が得られ，特解 $x = e^t/3 - te^{2t} + 3te^{4t}/2$ が求められる．

○**例 3.12** 次の特解を求めよう．

$$\frac{d^2 x}{dt^2} + x = \cos t$$

(2) のように，特解を $x = a\cos t + b\sin t$ と推定して方程式に代入すると，左辺 $= 0$ となり，未定係数 a, b を決定できない．理由は関数 $\cos t, \sin t$ が斉次方程式

$d^2x/dt^2 + x = 0$ の基本解となっているからである．そこで，(4) と同様に特解を $x = t(a\cos t + b\sin t)$ と推定して方程式に代入すると，$-2a\sin t + 2b\cos t = \cos t$ となり，$a = 0$，$b = 1/2$ が得られ，特解 $x = (t/2)\sin t$ が求められる．

第3章の章末問題

問3.1　定理 3.2 を証明せよ．

問3.2　次の定数係数2階斉次線形微分方程式の一般解を求めよ．

(1) $\frac{d^2x}{dt^2} - 8\frac{dx}{dt} + 12x = 0$　　(2) $\frac{d^2x}{dt^2} - 6\frac{dx}{dt} + 9x = 0$　　(3) $\frac{d^2x}{dt^2} - 8\frac{dx}{dt} + 32x = 0$

(4) $2\frac{d^2x}{dt^2} - 7\frac{dx}{dt} + 5x = 0$　　(5) $2\frac{d^2x}{dt^2} - 5\frac{dx}{dt} + 4x = 0$

問3.3　$x_0 > 0$ とすると，過減衰を表す解 (3.8) は単調に減少して，$x = 0$ に漸近することを示せ．

問3.4　$x_0 > 0$ とすると，臨界減衰を表す解 (3.9) は単調に減少して，$x = 0$ に漸近することを示せ．

問3.5　3.1.2 項の (1)–(3) において与えられた2つの基本解は1次独立であることをロンスキアンを計算して示せ．

問3.6　次の斉次型微分方程式の一般解を求めよ．

(1) $\frac{d^2x}{dt^2} + 4\frac{dx}{dt} + 3x = 0$　　(2) $\frac{d^2x}{dt^2} + 4\frac{dx}{dt} + 5x = 0$　　(3) $\frac{d^2x}{dt^2} + 4\frac{dx}{dt} + 4x = 0$

(4) $\frac{d^3x}{dt^3} - 2\frac{d^2x}{dt^2} - \frac{dx}{dt} + 2x = 0$　　(5) $\frac{d^4x}{dt^4} - 4\frac{d^3x}{dt^3} + 8\frac{d^2x}{dt^2} - 8\frac{dx}{dt} + 4x = 0$

問3.7　次の非斉次型微分方程式の特解を求めよ．

(1) $\frac{d^2x}{dt^2} + 4\frac{dx}{dt} + 3x = -t + 3t^2$　　(2) $\frac{d^2x}{dt^2} + 4\frac{dx}{dt} + 5x = \sin 2t$

(3) $\frac{d^2x}{dt^2} + 4\frac{dx}{dt} + 3x = e^{-t}$　　(4) $\frac{d^2x}{dt^2} + 4x = \sin 2t + 2\cos 2t$

変数係数 2 階線形微分方程式

前章では定数係数 2 階線形微分方程式

$$\frac{d^2 x}{dt^2} + p\frac{dx}{dt} + qx = r(t)$$

の解について考察した．本章では p, q も t の関数 $p(t), q(t)$ である
場合の変数係数 2 階線形微分方程式

$$\frac{d^2 x}{dt^2} + p(t)\frac{dx}{dt} + q(t)x = r(t) \tag{4.1}$$

の解法について考察する．前章と同様に，まず**斉次方程式** (homo-
geneous equation)

$$\frac{d^2 x}{dt^2} + p(t)\frac{dx}{dt} + q(t)x = 0 \tag{4.2}$$

を考える．

4.1 変数係数 2 階斉次線形微分方程式の解の性質

斉次方程式 (4.2) の解に対する次の性質は方程式が線形であることから導か
れる．証明は簡単であるので，章末問題 4.1 を見よ．

(1) $x_1(t)$ を (4.2) の解とすると，任意の定数 c に対して $x(t) = cx_1(t)$ も (4.2)
の解である．

(2) $x_1(t), x_2(t)$ を (4.2) の解とすると，$x(t) = x_1(t) \pm x_2(t)$ も (4.2) の解で
ある．

(3) $x_1(t), x_2(t)$ を (4.2) の解とすると，その 1 次結合 $x(t) = c_1 x_1(t) + c_2 x_2(t)$ も (4.2) の解である．ここで c_1, c_2 は任意の定数である．

恒等的には 0 とはならない (4.2) の解 $x_1(t)$ が既知であるとき，$x_1(t)$ とは 1 次独立な解 $x(t)$ を求めよう．定数係数 2 階線形微分方程式の場合と同様に**定数変化法** (method of inderminate coefficients) を試みる．新しい解を $x(t) = c(t) x_1(t)$ と仮定し，関数 $c(t)$ を決定しよう．

$$\frac{dx}{dt} = x_1 \frac{dc}{dt} + c \frac{dx_1}{dt}, \quad \frac{d^2 x}{dt^2} = x_1 \frac{d^2 c}{dt^2} + 2 \frac{dc}{dt} \frac{dx_1}{dt} + c \frac{d^2 x_1}{dt^2}$$

を (4.2) に代入すると

$$x_1 \frac{d^2 c}{dt^2} + \left[2 \frac{dx_1}{dt} + p(t) x_1 \right] \frac{dc}{dt} + \left[\frac{d^2 x_1}{dt^2} + p(t) \frac{dx_1}{dt} + q(t) x_1 \right] c = 0$$

$x_1(t)$ は (4.2) の解であるので，上式で最後の項は 0 である．これより，$dc/dt = z$ とおくと，z に関する 1 階線形微分方程式

$$x_1 \frac{dz}{dt} + \left[2 \frac{dx_1}{dt} + p(t) x_1 \right] z = 0 \tag{4.3}$$

が得られる．2.3 節の 1 階線形微分方程式の解法を用いて，(4.3) の解 $z(t)$ を求めよう．$x_1(t)$ は恒等的には 0 とはならないので，(4.3) は次のように変形できる．

$$\frac{dz}{dt} + \left[\frac{2}{x_1} \frac{dx_1}{dt} + p(t) \right] z = \frac{dz}{dt} + \left[2 \frac{d}{dt} (\ln x_1) + p(t) \right] z = 0$$

したがって，(4.3) の解 $z(t)$ は，

$$z(t) = \frac{b}{x_1^2} \exp\left[- \int p(t) dt \right] \tag{4.4}$$

となる．ここで b は任意定数である．$dc/dt = z$ の両辺を積分して関数 $c(t)$ を決定し，新しい解 $x(t) = c(t) x_1(t)$ を

$$x(t) = a x_1(t) + b x_1(t) \int \left\{ \frac{1}{x_1^2(t)} \exp\left[- \int p(t) dt \right] \right\} dt \tag{4.5}$$

と求めることができる．ここでa, bは任意の定数である．(4.5)で$a = 0$, $b = 1$ とした関数を$x_2(t)$とすると，

$$x_2(t) = x_1(t) \int \left\{ \frac{1}{x_1^2(t)} \exp\left[-\int p(t)dt\right] \right\} dt \tag{4.6}$$

このようにして得られた解$x_1(t), x_2(t)$は$x_1(t)/x_2(t) \neq$ 定数であるので，1次 独立な関数であり，**基本解** (fundamental solution) である．(4.5)は2つの任 意定数a, bを含み，(4.2)の一般解である．

定数変化法を用いて微分方程式の階数を低下させるこのような方法を**ダラン ベールの階数低下法** (d'Alembert's method of reduction of order) という．3 階以上の微分方程式に関してもこの方法は有効である．

〇**例 4.1** 次の方程式の1つの解がt^2であることを確かめて，ダランベールの 階数低下法でその一般解を求めよう．

$$\frac{d^2x}{dt^2} - \frac{2}{t^2}x = 0$$

t^2が解であることは明らかである．$x(t) = c(t)t^2$とおくと，方程式$t^2(d^2c/dt^2) + 4t(dc/dt) = 0$が得られ，$dc/dt = z$とおくと$z$に関する1階線形微分方 程式$t(dz/dt) + 4z = 0$が求められ，その解は$z(t) = bt^{-4}$と求められる． $dc/dt = bt^{-4}$を積分して$c(t) = -b/(3t^3) + a$となる．したがって，一般解 $x(t) = c(t)t^2 = -b/(3t) + at^2 = c_1 t^{-1} + c_2 t^2$が得られる ($c_1 = -b/3$, $c_2 = a$)．

4.2 変数係数2階非斉次線形微分方程式の解の性質

関数$p(t), q(t)$が定数p, qである定数係数2階非斉次線形微分方程式(3.1)の 場合と同様に，変数係数2階非斉次線形微分方程式(4.1)の一般解$x(t)$は，斉 次方程式(4.2)の一般解$X(t)$に非斉次方程式の特解$x_0(t)$を加えたもので与え られる．変数係数2階非斉次線形微分方程式(4.1)の特解は，3.2.1項と同様に 定数変化法で求めることができる．

〇**例 4.2** 次の非斉次方程式の一般解を求めよう．

$$\frac{d^2x}{dt^2} - \frac{2}{t^2}x = 1$$

この方程式は例 4.1 の斉次方程式に非斉次項 $r = 1$ を加えた方程式である. 斉次方程式の一般解 $X(t)$ はその基本解 $\phi_1(t) = t^{-1}$, $\phi_2(t) = t^2$ を用いて, $X(t) = c_1 t^{-1} + c_2 t^2$ であることは例 4.1 で示されている. 特解を定数変化法で求めよう. $x_0(t) = c_1(t)t^{-1} + c_2(t)t^2$ として, 関数 $c_1(t), c_2(t)$ が非斉次方程式を満たすように決定する. 基本解に対するロンスキアンは $W(\phi_1(t), \phi_2(t)) = 2t(1/t) - t^2(-1/t^2) = 3$ であることに注意して, (3.12) より,

$$c_1'(t) = \frac{-t^2}{3}, \quad c_2'(t) = \frac{1/t}{3} = \frac{1}{3t}$$

が得られる. 両辺を t で積分して,

$$c_1(t) = \frac{-t^3}{9} + d_1, \quad c_2(t) = \frac{1}{3}\ln|t| + d_2$$

となる. d_1, d_2 は任意定数. したがって, 非斉次微分方程式の特解は $x_0(t) = c_1(t)\phi_1(t) + c_2(t)\phi_2(t) = (-t^3/9 + d_1)(1/t) + [(1/3)\ln|t| + d_2]t^2 = -t^2/9 + d_1/t + (t^2/3)\ln|t| + d_2 t^2$ となる. 関数 $-t^2/9 + d_1/t + d_2 t^2$ は斉次方程式の一般解 $X(t) = c_1 t^{-1} + c_2 t^2$ に含まれているので, 非斉次微分方程式の特解 $x_0(t) = (t^2/3)\ln|t|$ が得られ, 非斉次微分方程式の一般解は $x(t) = x_0(t) + X(t) = c_1 t^{-1} + c_2 t^2 + (t^2/3)\ln|t|$ となる.

4.2.1 オイラーの微分方程式

p, q を定数, $r(t)$ を t の関数とした

$$t^2\frac{d^2x}{dt^2} + pt\frac{dx}{dt} + qx = r(t) \tag{4.7}$$

は**オイラーの微分方程式** (Euler's differential equation) と呼ばれる. 初めに, オイラーの微分方程式に対する斉次方程式

$$t^2\frac{d^2x}{dt^2} + pt\frac{dx}{dt} + qx = 0 \tag{4.8}$$

を考えよう.まず独立変数 t を $t = e^s$ で s に変換すると, $s = \ln t$ に注意して

$$\frac{dx}{dt} = \frac{dx}{ds}\frac{ds}{dt} = \frac{1}{t}\frac{dx}{ds}, \quad \frac{d^2x}{dt^2} = \frac{1}{t^2}\left(\frac{d^2x}{ds^2} - \frac{dx}{ds}\right)$$

となるので, (4.7), (4.8) はそれぞれ定数係数の2階線形微分方程式

$$\frac{d^2x}{ds^2} + (p-1)\frac{dx}{ds} + qx = r(e^s) \tag{4.9}$$

$$\frac{d^2x}{ds^2} + (p-1)\frac{dx}{ds} + qx = 0 \tag{4.10}$$

となる.3.1節より,斉次方程式 (4.10) の基本解は,その特性方程式 $\lambda^2 + (p-1)\lambda + q = 0$ の解を用いて表現できる.

(1) $D = (p-1)^2 - 4q > 0$ のときの基本解 $e^{\lambda_1 s},\ e^{\lambda_2 s}$
$\quad(\lambda_1 = [-(p-1)+\sqrt{(p-1)^2 - 4q}]/2,\ \lambda_2 = [-(p-1)-\sqrt{(p-1)^2 - 4q}]/2)$

(2) $D = (p-1)^2 - 4q = 0$ のときの基本解 $e^{-(p-1)s/2},\ se^{-(p-1)s/2}$

(3) $D = (p-1)^2 - 4q < 0$ のときの基本解 $e^{\mu s}\cos\nu s,\ e^{\mu s}\sin\nu s$
$\quad(\mu = -(p-1)/2,\ \nu = \sqrt{-(p-1)^2 + 4q}/2)$

したがって,オイラーの微分方程式に対する斉次方程式 (4.8) の基本解は, $t = e^s$ に注意すると

(1) $D = (p-1)^2 - 4q > 0$ のときの基本解 $t^{\lambda_1},\ t^{\lambda_2}$

(2) $D = (p-1)^2 - 4q = 0$ のときの基本解 $t^{-(p-1)/2},\ (\ln t)t^{-(p-1)/2}$

(3) $D = (p-1)^2 - 4q < 0$ のときの基本解 $t^{\mu}\cos(\nu\ln t),\ t^{\mu}\sin(\nu\ln t)$

となる.斉次方程式 (4.8) の一般解は上の基本解の1次結合で与えられる.

○**例4.3**　次の斉次方程式の一般解を求めよう.

$$t^2\frac{d^2x}{dt^2} - 3t\frac{dx}{dt} + 3x = 0$$

対応する斉次方程式 (4.10) は

$$\frac{d^2x}{ds^2} - 4\frac{dx}{ds} + 3x = 0$$

となり，特性方程式 $\lambda^2 - 4\lambda + 3 = 0$ の解 $\lambda = 1, 3$ を得る．したがって，一般解は $x = c_1 e^{3s} + c_2 e^s = c_1 t^3 + c_2 t$.

○**例 4.4**　次の非斉次方程式の一般解を求めよう．

$$t^2 \frac{d^2 x}{dt^2} - 3t \frac{dx}{dt} + 3x = 2t$$

対応する非斉次方程式 (4.9) は

$$\frac{d^2 x}{ds^2} - 4 \frac{dx}{ds} + 3x = 2e^s$$

となり，斉次方程式の基本解 e^s が右辺に含まれていることを考慮して，特解を ase^s（a は未定係数）と推定して非斉次方程式に代入すると $a = -1$ が得られる．したがって，一般解は $x = c_1 e^{3s} + c_2 e^s - se^s = c_1 t^3 + c_2 t - t \ln t$.

4.2.2　リッカチ方程式と 2 階線形微分方程式

2.5 節で考察したリッカチ方程式 (2.22)

$$\frac{dx}{dt} = p(t)x^2 + q(t)x + r(t)$$

を考えよう．ここで $p(t), q(t), r(t)$ は t の与えられた関数である．本節ではリッカチ方程式が 2 階の線形方程式に帰着されることを示す．

新しい変数 $u(t)$ を次のように導入する．

$$x = P(t) \frac{u'(t)}{u(t)} \tag{4.11}$$

ここで関数 $P(t)$ はのちほど選ぶ．両辺を t で微分すると

$$\frac{dx}{dt} = P \left(\frac{u''}{u} - \frac{u'^2}{u^2} \right) + P' \frac{u'}{u}$$

となり，リッカチ方程式 (2.22) に代入すると，

$$P \frac{u''}{u} - (pP + 1)P \frac{u'^2}{u^2} + (P' - qP) \frac{u'}{u} - r = 0$$

が得られる. $P(t) = -1/p(t)$ と選ぶと第 2 項が消えて, 次の 2 階の線形方程式に変形される.

$$\frac{d^2 u}{dt^2} - \left(\frac{p'}{p} + q\right)\frac{du}{dt} + pru = 0 \qquad (4.12)$$

第 4 章の章末問題

問 4.1　4.1 節に挙げた変数係数 2 階斉次線形微分方程式の解の性質 (1)–(3) を証明せよ.

問 4.2　変数係数 2 階斉次線形微分方程式

$$\frac{d^2 x}{dt^2} - \frac{3}{t}\frac{dx}{dt} + \frac{3}{t^2}x = 0$$

について, t が解であることを確かめて, その一般解を求めよ.

問 4.3　変数係数 2 階非斉次線形微分方程式

$$\frac{d^2 x}{dt^2} - \frac{3}{t}\frac{dx}{dt} + \frac{3}{t^2}x = t^2$$

について, 問 4.2 の結果を用いてその一般解を求めよ.

問 4.4　次の微分方程式の一般解を求めよ.
(1) $t^2\frac{d^2 x}{dt^2} - t\frac{dx}{dt} - 3x = 0$　　(2) $t^2\frac{d^2 x}{dt^2} - 4t\frac{dx}{dt} + 6x = 2t$
(3) $t^2\frac{d^2 x}{dt^2} - t\frac{dx}{dt} + x = 0$　　(4) $t^2\frac{d^2 x}{dt^2} - t\frac{dx}{dt} + 5x = 0$
(5) $t^2\frac{d^2 x}{dt^2} - 2x = 0$

第 **5** 章

連立 1 階線形微分方程式

前章までは，従属変数が 1 つの微分方程式を考えてきた．本章では，この制限を取り除いて，複数の従属変数に関する連立微分方程式系（たとえば (1.3)）の解法を考えよう．特に連立 1 階線形微分方程式を取り上げる．初めに，n 個の従属変数をもつ連立 1 階線形微分方程式は，n 階線形微分方程式の一般化であることが示される．したがって，3 章で学んだ 2 階線形微分方程式の解法が本章の連立 1 階線形微分方程式の解法に対するヒントになることに注意しよう．

5.1 連立 1 階線形微分方程式と高階微分方程式

3 章の注 3.7 で与えた定数係数 n 階斉次線形微分方程式

$$\frac{d^n x}{dt^n} + a_1 \frac{d^{n-1} x}{dt^{n-1}} + \cdots + a_{n-1} \frac{dx}{dt} + a_n x = 0 \quad (a_1, a_2, \ldots, a_n \text{ は定数})$$

を一般化して，係数 $a_1, a_2, \ldots, a_n$ と f が t の関数である，次の変数係数 n 階非斉次線形微分方程式

$$\frac{d^n x}{dt^n} + a_1(t) \frac{d^{n-1} x}{dt^{n-1}} + \cdots + a_{n-1}(t) \frac{dx}{dt} + a_n(t) x = f(t) \qquad (5.1)$$

を考えよう．この方程式は次のように，同値な連立 1 階微分方程式系に書き換えることができる．n 個の新しい変数 $x_1, x_2, \ldots, x_n$ を次のように定義しよう．

$$x_1 = x, \ x_2 = \frac{dx}{dt}, \ \ldots, \ x_n = \frac{d^{n-1} x}{dt^{n-1}}$$

このとき，

$$\frac{dx_1}{dt} = \frac{dx}{dt} = x_2,$$

$$\frac{dx_2}{dt} = \frac{d^2x}{dt^2} = x_3,$$

$$\vdots$$

$$\frac{dx_n}{dt} = \frac{d^nx}{dt^n} = -[a_1(t)x_n + a_2(t)x_{n-1} + \cdots + a_n(t)x_1] + f(t)$$

となる．ここで，最後の方程式は微分方程式 (5.1) から導かれることに注意しよう．行列を用いてこの連立 1 階微分方程式系は

$$\frac{d\boldsymbol{x}}{dt} = A(t)\boldsymbol{x} + \boldsymbol{f}(t) \tag{5.2}$$

と書き換えられる．ここで，$\boldsymbol{x}(t) = (x_1(t), x_2(t), \ldots, x_n(t))^\top$, $\boldsymbol{f}(t) = (0, 0, \ldots, f(t))^\top$ であり，

$$A(t) = \begin{pmatrix} 0 & 1 & 0 & \cdots & 0 \\ 0 & 0 & 1 & \cdots & 0 \\ \vdots & \vdots & \vdots & \ddots & \vdots \\ 0 & 0 & 0 & \cdots & 1 \\ -a_n(t) & -a_{n-1}(t) & -a_{n-2}(t) & \cdots & -a_1(t) \end{pmatrix}$$

である．この行列 $A(t)$ は微分方程式 (5.1) の**随伴行列** (adjoint matrix) と呼ばれる．

○**例 5.1**　微分方程式

$$\frac{d^2x}{dt^2} + 4t\frac{dx}{dt} - 3t^2x = \cos t$$

をベクトル表示 (5.2) で表すと，

$$\boldsymbol{x} = (x_1, x_2)^\top, \quad A(t) = \begin{pmatrix} 0 & 1 \\ 3t^2 & -4t \end{pmatrix}, \quad \boldsymbol{f}(t) = \begin{pmatrix} 0 \\ \cos t \end{pmatrix}$$

となる．

逆に，n元の一般的な連立1階微分方程式系 (5.2) を n 階微分方程式 (5.1) に書き換えることを試みよう．(5.2) で $n \times n$ 行列 A と $n \times 1$ ベクトル $\boldsymbol{f}(t)$ が

$$
A = \begin{pmatrix} a_{11} & a_{12} & \cdots & a_{1n} \\ a_{21} & a_{22} & \cdots & a_{2n} \\ \vdots & \vdots & \ddots & \vdots \\ a_{n1} & a_{n2} & \cdots & a_{nn} \end{pmatrix}, \quad \boldsymbol{f}(t) = \begin{pmatrix} 0 \\ 0 \\ \vdots \\ 0 \end{pmatrix}
$$

であるとしよう．$n = 2$ の簡単な場合

$$
\frac{dx_1}{dt} = a_{11}x_1 + a_{12}x_2 \tag{5.3}
$$
$$
\frac{dx_2}{dt} = a_{21}x_1 + a_{22}x_2
$$

で，x_2 に関する定数係数2階線形微分方程式を求めよう．第2式の両辺を t で微分すると

$$
\frac{d^2 x_2}{dt^2} = a_{21}\frac{dx_1}{dt} + a_{22}\frac{dx_2}{dt}
$$

が得られる．$a_{21} \neq 0$ であれば，(5.3) の第2式から得られる $x_1 = (dx_2/dt - a_{22}x_2)/a_{21}$ を第1式右辺の x_1 に代入して dx_1/dt を x_2 と dx_2/dt で表すことができる．これを上式の dx_1/dt に代入すれば2階線形微分方程式

$$
\frac{d^2 x_2}{dt^2} - (a_{11} + a_{22})\frac{dx_2}{dt} + (a_{11}a_{22} - a_{12}a_{21})x_2 = 0
$$

が得られる．同様に $a_{12} \neq 0$ であれば，x_1 に関する定数係数2階線形微分方程式が得られる．逆に，$a_{12} = a_{21} = 0$ であれば，(5.3) は2つの独立な定数係数1階微分方程式となり，(5.3) を定数係数2階線形微分方程式で表すことができない．この例が示すように，連立1階微分方程式系は高階微分方程式と同値ではなく，前者の方が後者と比べてより一般的であることがわかる．

5.2　2元斉次型連立1階微分方程式系

本節では，2元斉次型連立1階微分方程式系 (5.3) の一般解を求める方法を考察しよう．

5.2.1　2元連立方程式

(5.3) で

$$A = \begin{pmatrix} a_{11} & a_{12} \\ a_{21} & a_{22} \end{pmatrix} = \begin{pmatrix} 0 & 1 \\ 1 & 0 \end{pmatrix}$$

とした2元連立方程式

$$\frac{dx_1}{dt} = x_2, \quad \frac{dx_2}{dt} = x_1 \tag{5.4}$$

の一般解を求めよう. 第1式の両辺を t で微分して, 右辺に第2式を代入すれば, x_1 に関する2階線形微分方程式

$$\frac{d^2 x_1}{dt^2} - x_1 = 0$$

が得られる. 3.1節に従って, 特性方程式 $\lambda^2 - 1 = 0$ から, 2つの基本解 e^t, e^{-t} が求められ, 一般解 $x_1(t) = c_1 e^t + c_2 e^{-t}$ が得られる. この一般解を (5.4) の第1式に代入すると $x_2(t) = dx_1(t)/dt = c_1 e^t - c_2 e^{-t}$ となる. 得られた $x_1(t), x_2(t)$ をベクトル形式に書くと,

$$\boldsymbol{x}(t) = \begin{pmatrix} x_1(t) \\ x_2(t) \end{pmatrix} = \begin{pmatrix} c_1 e^t + c_2 e^{-t} \\ c_1 e^t - c_2 e^{-t} \end{pmatrix} = c_1 \begin{pmatrix} e^t \\ e^t \end{pmatrix} + c_2 \begin{pmatrix} e^{-t} \\ -e^{-t} \end{pmatrix}$$

となる. 上式で

$$\boldsymbol{f}(t) = \begin{pmatrix} e^t \\ e^t \end{pmatrix}, \quad \boldsymbol{g}(t) = \begin{pmatrix} e^{-t} \\ -e^{-t} \end{pmatrix} \tag{5.5}$$

とおけば, (5.4) の一般解は $\boldsymbol{f}(t), \boldsymbol{g}(t)$ の1次結合

$$\boldsymbol{x}(t) = c_1 \boldsymbol{f}(t) + c_2 \boldsymbol{g}(t) \tag{5.6}$$

と表すことができる. $\boldsymbol{f}(t), \boldsymbol{g}(t)$ はそれぞれ (5.4) の解であることは簡単に確かめられる (問5.1を見よ).

○**例5.2**　微分方程式

$$\frac{dx_1}{dt} = x_2, \quad \frac{dx_2}{dt} = -x_1 \tag{5.7}$$

の一般解を求めよう．第 1 式の両辺を t で微分して，右辺に第 2 式を代入すれば，x_1 に関する 2 階線形微分方程式

$$\frac{d^2 x_1}{dt^2} + x_1 = 0$$

が得られる．特性方程式 $\lambda^2 + 1 = 0$ から，2 つの基本解 $\sin t, \cos t$ が求められ，2 階線形微分方程式に対する一般解 $x_1(t) = c_1 \sin t + c_2 \cos t$ が得られる．第 1 式に代入すると $x_2(t) = dx_1(t)/dt = c_1 \cos t - c_2 \sin t$ となる．したがって，(5.7) の一般解は，(5.6) で関数 $\boldsymbol{f}(t), \boldsymbol{g}(t)$ を

$$\boldsymbol{f}(t) = \begin{pmatrix} \sin t \\ \cos t \end{pmatrix}, \quad \boldsymbol{g}(t) = \begin{pmatrix} \cos t \\ -\sin t \end{pmatrix} \tag{5.8}$$

と定めればよい．

5.2.2　2 元連立方程式：レゾルベント行列

微分方程式 (5.4) に初期条件 $x_1(t_0) = x_{10}$, $x_2(t_0) = x_{20}$ (x_{10}, x_{20} は定数) を付加した**初期値問題** (initial value problem) を考えよう．(5.5), (5.6) で $t = t_0$ とすれば，

$$\boldsymbol{x}(t_0) = c_1 \begin{pmatrix} e^{t_0} \\ e^{t_0} \end{pmatrix} + c_2 \begin{pmatrix} e^{-t_0} \\ -e^{-t_0} \end{pmatrix} = \begin{pmatrix} c_1 e^{t_0} + c_2 e^{-t_0} \\ c_1 e^{t_0} - c_2 e^{-t_0} \end{pmatrix} = \begin{pmatrix} x_{10} \\ x_{20} \end{pmatrix}$$

から，定数 c_1, c_2 を求めると $c_1 = (x_{10} + x_{20})e^{-t_0}/2$, $c_2 = (x_{10} - x_{20})e^{t_0}/2$ となる．したがって，(5.5), (5.6) から初期条件を満たす解は

$$\begin{aligned}
\boldsymbol{x}(t) &= c_1 \boldsymbol{f}(t) + c_2 \boldsymbol{g}(t) \\
&= \frac{x_{10}}{2} \begin{pmatrix} e^{t-t_0} + e^{-t+t_0} \\ e^{t-t_0} - e^{-t+t_0} \end{pmatrix} + \frac{x_{20}}{2} \begin{pmatrix} e^{t-t_0} - e^{-t+t_0} \\ e^{t-t_0} + e^{-t+t_0} \end{pmatrix} \\
&= \begin{pmatrix} \cosh(t - t_0) & \sinh(t - t_0) \\ \sinh(t - t_0) & \cosh(t - t_0) \end{pmatrix} \begin{pmatrix} x_{10} \\ x_{20} \end{pmatrix}
\end{aligned} \tag{5.9}$$

と求められる. (5.9) で**双曲線関数** (hyperbolic function) $\sinh x = (e^x - e^{-x})/2$, $\cosh x = (e^x + e^{-x})/2$ を用いた. (5.9) の行列

$$M(t, t_0) = \begin{pmatrix} \cosh(t - t_0) & \sinh(t - t_0) \\ \sinh(t - t_0) & \cosh(t - t_0) \end{pmatrix} \tag{5.10}$$

は**レゾルベント行列** (resolvent matrix) または**解核行列** (resolvent matrix) と呼ばれる. 時刻 t における解ベクトル $\boldsymbol{x}(t)$ を, ある写像による初期値 $(x_{10}, x_{20})^\top$ の像とみなすと, その写像は1次変換となるので, 行列表現できる. その際の表現行列がレゾルベント行列である. したがって, 初期値問題はレゾルベント行列を求める問題に帰着できる.

2元連立方程式では解ベクトル $\boldsymbol{x}(t)$ は2成分であるので, 解ベクトルの全体は2次元実空間 (**解空間** (space of solution) と呼ばれる) となる. 解ベクトル $\boldsymbol{x}(t)$ は解空間の1点に対応する. この点は平面上の1つの曲線に対応し, この曲線は**解軌道** (trajectory) と呼ばれる.

微分方程式 (5.4) で初期条件 $x_1(0) = x_{10}$, $x_2(0) = x_{20}$ $(x_{10}, x_{20}$ は定数$)$ を満たす解軌道を x_1, x_2 平面に描いてみよう. ここで $t_0 = 0$ とする.

$$x_1(t) = x_{10} \cosh t + x_{20} \sinh t, \quad x_2(t) = x_{10} \sinh t + x_{20} \cosh t$$

より,

$$\begin{aligned} x_1^2 - x_2^2 &= (x_{10} \cosh t + x_{20} \sinh t)^2 - (x_{10} \sinh t + x_{20} \cosh t)^2 \\ &= (x_{10}^2 - x_{20}^2)(\cosh^2 t - \sinh^2 t) = x_{10}^2 - x_{20}^2 \end{aligned} \tag{5.11}$$

が得られる. したがって, 解軌道は初期条件を満たす点 $(x_1, x_2) = (x_{10}, x_{20})$ を通る直角双曲線 $(x_{10} = x_{20}$ ならば原点を通る直線$)$ となることがわかる.

一般的な連立1階線形微分方程式 (5.3) を考えよう.

$$A = \begin{pmatrix} a_{11} & a_{12} \\ a_{21} & a_{22} \end{pmatrix}, \quad \boldsymbol{x} = \begin{pmatrix} x_1 \\ x_2 \end{pmatrix}$$

とおくと, (5.3) は

$$\frac{d\boldsymbol{x}}{dt} = A\boldsymbol{x} \tag{5.12}$$

と表される．関数 $\boldsymbol{f} = (f_1, f_2)^\top$, $\boldsymbol{g} = (g_1, g_2)^\top$ が (5.12) の解であるとする．すなわち，$\boldsymbol{f}, \boldsymbol{g}$ は

$$\frac{df_1}{dt} = a_{11}f_1 + a_{12}f_2, \quad \frac{dg_1}{dt} = a_{11}g_1 + a_{12}g_2 \tag{5.13}$$

$$\frac{df_2}{dt} = a_{21}f_1 + a_{22}f_2, \quad \frac{dg_2}{dt} = a_{21}g_1 + a_{22}g_2$$

を満たすとする．行列式

$$\Delta(\boldsymbol{f}, \boldsymbol{g}) = \begin{vmatrix} f_1 & g_1 \\ f_2 & g_2 \end{vmatrix} = f_1 g_2 - f_2 g_1 \tag{5.14}$$

を定義する．この行列式を t で微分すると

$$\frac{d}{dt}\Delta(\boldsymbol{f}, \boldsymbol{g}) = \begin{vmatrix} f_1' & g_1' \\ f_2 & g_2 \end{vmatrix} + \begin{vmatrix} f_1 & g_1 \\ f_2' & g_2' \end{vmatrix}$$

となり，右辺の各項は (5.13) より

$$\begin{vmatrix} f_1' & g_1' \\ f_2 & g_2 \end{vmatrix} = a_{11} \begin{vmatrix} f_1 & g_1 \\ f_2 & g_2 \end{vmatrix} = a_{11}\Delta(\boldsymbol{f}, \boldsymbol{g}), \quad \begin{vmatrix} f_1 & g_1 \\ f_2' & g_2' \end{vmatrix} = a_{22} \begin{vmatrix} f_1 & g_1 \\ f_2 & g_2 \end{vmatrix} = a_{22}\Delta(\boldsymbol{f}, \boldsymbol{g})$$

と書けるので，行列式 $\Delta(\boldsymbol{f}, \boldsymbol{g})$ に関する線形微分方程式

$$\frac{d}{dt}\Delta(\boldsymbol{f}, \boldsymbol{g}) = (a_{11} + a_{22})\Delta(\boldsymbol{f}, \boldsymbol{g}) \tag{5.15}$$

が得られ，その解

$$\Delta(\boldsymbol{f}, \boldsymbol{g})(t) = \Delta(\boldsymbol{f}, \boldsymbol{g})(t_0) \exp[\int_{t_0}^{t} (a_{11} + a_{22})dt] \tag{5.16}$$

が求められる．(5.16) において右辺の指数関数は 0 とならないので，行列式 $\Delta(\boldsymbol{f}, \boldsymbol{g})(t)$ はすべての t について 0 とならないか，常に 0 であるかのいずれかである．3 章で考察した 1 変数の 2 階線形微分方程式と同様に，2 つの解 $\boldsymbol{f}, \boldsymbol{g}$ が **1 次従属** (linearly dependent) となるための必要十分条件は $\Delta(\boldsymbol{f}, \boldsymbol{g}) = 0$ であ

り，**1次独立** (linearly independent) であるための必要十分条件は $\Delta(\boldsymbol{f}, \boldsymbol{g}) \neq 0$ であることを示そう．

2つの2次元ベクトル値関数 $\boldsymbol{f}, \boldsymbol{g}$ が，同時に0とならない定数の組 c_1, c_2 に対して，等式

$$c_1 \boldsymbol{f}(t) + c_2 \boldsymbol{g}(t) = 0 \tag{5.17}$$

を恒等的に満たすとき，$\boldsymbol{f}, \boldsymbol{g}$ は**1次従属** (linearly dependent) であるという．また，1次従属でないとき**1次独立** (linearly independent) であるという．つまり，$c_1 = c_2 = 0$ のときだけ (5.17) が成り立つような t が存在する場合，$\boldsymbol{f}, \boldsymbol{g}$ は**1次独立** (linearly independent) であるという．(5.17) を成分表示すると

$$\begin{pmatrix} c_1 f_1(t) + c_2 g_1(t) \\ c_1 f_2(t) + c_2 g_2(t) \end{pmatrix} = \begin{pmatrix} f_1(t) & g_1(t) \\ f_2(t) & g_2(t) \end{pmatrix} \begin{pmatrix} c_1 \\ c_2 \end{pmatrix} = \begin{pmatrix} 0 \\ 0 \end{pmatrix}$$

となる．$\boldsymbol{f}, \boldsymbol{g}$ が1次独立なら，上式の解が $(c_1, c_2)^\top = (0, 0)^\top$ となるような t_0 が存在する．このとき，

$$\Delta(\boldsymbol{f}, \boldsymbol{g})(t_0) = \begin{vmatrix} f_1(t_0) & g_1(t_0) \\ f_2(t_0) & g_2(t_0) \end{vmatrix} = f_1(t_0) g_2(t_0) - f_2(t_0) g_1(t_0) \neq 0$$

であるので，すべての t において $\Delta(\boldsymbol{f}, \boldsymbol{g})(t) \neq 0$ であるから，$\Delta(\boldsymbol{f}, \boldsymbol{g}) \neq 0$ が示される．逆に，$\Delta(\boldsymbol{f}, \boldsymbol{g}) \neq 0$ のとき，すべての t において $\Delta(\boldsymbol{f}, \boldsymbol{g})(t) \neq 0$ であるから，上式の解は $(c_1, c_2)^\top = (0, 0)^\top$ であり，$\boldsymbol{f}, \boldsymbol{g}$ は1次独立である．したがって，$\boldsymbol{f}, \boldsymbol{g}$ が1次独立であるための必要十分条件は $\Delta(\boldsymbol{f}, \boldsymbol{g}) \neq 0$ であることが示された．

微分方程式 (5.13) の2つの解 $\boldsymbol{f}, \boldsymbol{g}$ が1次独立のとき，$\boldsymbol{f}$ と $\boldsymbol{g}$ を**基本解** (fundamental solution) または**基本ベクトル** (fundamental vector) という．関数 (5.5) は方程式 (5.4) の基本解である．また，関数 (5.8) は方程式 (5.7) の基本解である．3章で考察した1変数の2階線形微分方程式と同様に，(5.12) の一般解は基本解の1次結合で表され，初期値問題の解の一意性も保証される．

(5.12) の2つの解を $\phi_i(t) = (\phi_{i1}(t), \phi_{i2}(t))^\top$ $(i = 1, 2)$ とする．さらに，$\phi_1(t), \phi_2(t)$ は $t = t_0$ で初期条件

$$\phi_1(t_0) = (1, 0)^\top, \quad \phi_2(t_0) = (0, 1)^\top \tag{5.18}$$

を満たすとする．$\Delta(\phi_1, \phi_2)(t_0) = 1$ に注意すると，$\Delta(\phi_1, \phi_2) \neq 0$ であるから，$\phi_1(t), \phi_2(t)$ は 1 次独立であることがわかる．したがって，初期条件 (5.18) を満たす解は (5.12) の基本解である．さらに，(5.18) を満たす (5.12) の基本解 $\phi_1(t), \phi_2(t)$ を並べた

$$M(t, t_0) = \begin{pmatrix} \phi_{11}(t) & \phi_{21}(t) \\ \phi_{12}(t) & \phi_{22}(t) \end{pmatrix} \tag{5.19}$$

は (5.12) の**レゾルベント行列** (resolvent matrix) であることが示される（問 5.4 参照）．

5.2.3　2 元連立方程式：固有値・固有ベクトル

これまで，連立微分方程式を成分に分解し，変数 x_1 または x_2 単独の高階微分方程式に直して解を求めてきた．本項では (5.12) で行列 A が定数行列である場合に，ベクトル形式のままで行列の理論（固有値と固有ベクトル）を用いて簡単に解を求める方法を考えよう．

定数係数をもつ 2 元連立線形微分方程式の初期値問題

$$\frac{d}{dt}\begin{pmatrix} x_1 \\ x_2 \end{pmatrix} = \begin{pmatrix} a_{11} & a_{12} \\ a_{21} & a_{22} \end{pmatrix}\begin{pmatrix} x_1 \\ x_2 \end{pmatrix}, \quad \begin{pmatrix} x_1(0) \\ x_2(0) \end{pmatrix} = \begin{pmatrix} x_{10} \\ x_{20} \end{pmatrix} \tag{5.20}$$

を考えよう．ここで $a_{11}, a_{12}, a_{21}, a_{22}, x_{10}, x_{20}$ は与えられた定数である．

初期条件が $x_{10} = x_{20} = 0$ であるならば，$\boldsymbol{x}(t) = (x_1(t), x_2(t))^\top = (0, 0)^\top$ は (5.20) の解である．この解は独立変数 t が変化しても不変である．このような点 $(0, 0)^\top$ は**平衡点** (equilibrium point) と呼ばれる．初期値 (x_{10}, x_{20}) が平衡点 $(0, 0)$ と異なる場合の (5.20) の解を求めよう．解が指数関数で表されると仮定して，$\boldsymbol{x}(t) = (f_1 e^{\lambda t}, f_2 e^{\lambda t})^\top$ とする．ここで f_1, f_2, λ は次のように決定される定数である．この $\boldsymbol{x}(t)$ を方程式 (5.20) に代入し，$e^{\lambda t} \neq 0$ に注意すると

$$\lambda \begin{pmatrix} f_1 \\ f_2 \end{pmatrix} = A \begin{pmatrix} f_1 \\ f_2 \end{pmatrix}, \quad A = \begin{pmatrix} a_{11} & a_{12} \\ a_{21} & a_{22} \end{pmatrix}$$

が得られる．したがって，λ を行列 A の固有値，$(f_1, f_2)^\top$ を対応する固有ベクトルに選ぶと，$\boldsymbol{x}(t)$ は (5.20) の解となる．すなわち，λ は 2 次方程式

$$|A - \lambda I| = \begin{vmatrix} a_{11} - \lambda & a_{12} \\ a_{21} & a_{22} - \lambda \end{vmatrix}$$
$$= \lambda^2 - (a_{11} + a_{22})\lambda + a_{11}a_{22} - a_{12}a_{21}$$
$$= \lambda^2 - \mathrm{tr}(A)\lambda + \det(A) = 0 \tag{5.21}$$

の解である. 2次方程式 (5.21) の解 λ（行列 A の固有値）は (i) 異なる2実数，(ii)（実数の）重解，(iii) 共役複素数の3通りに分けられる.

(i) 行列 A の固有値が異なる実数 $\lambda_1 < \lambda_2$ の場合：
c_1, c_2 を定数，$\boldsymbol{v}_i = (v_{i1}, v_{i2})^\top$ を λ_i に対応する固有ベクトルとすると，$e^{\lambda_1 t}\boldsymbol{v}_1, e^{\lambda_2 t}\boldsymbol{v}_2$ は基本解となり，一般解 $\boldsymbol{x}(t)$ は

$$\boldsymbol{x}(t) = c_1 e^{\lambda_1 t}\boldsymbol{v}_1 + c_2 e^{\lambda_2 t}\boldsymbol{v}_2 \tag{5.22}$$
$$= \begin{pmatrix} c_1 v_{11} e^{\lambda_1 t} + c_2 v_{21} e^{\lambda_2 t} \\ c_1 v_{12} e^{\lambda_1 t} + c_2 v_{22} e^{\lambda_2 t} \end{pmatrix}$$

と表される.

(i-1) $\lambda_1 < 0 < \lambda_2$ のとき.
初期値を固有値 $\lambda_2 > 0$ に対応する固有ベクトル $\boldsymbol{v}_2 = (v_{21}, v_{22})^\top$ 上にとる（$c_1 = 0, c_2 = 1$）と，解は $\boldsymbol{x}(t) = e^{\lambda_2 t}\boldsymbol{v}_2$ となる. 解は常に固有ベクトル $\boldsymbol{v}_2$ のスカラー倍であり，t を増加させると解は平衡点 $(0,0)^\top$ から離れていく. また固有ベクトル $\boldsymbol{v}_1 = (v_{11}, v_{12})^\top$ を初期値にとる（$c_1 = 1,\ c_2 = 0$）と，解は $\boldsymbol{x}(t) = e^{\lambda_1 t}\boldsymbol{v}_1$ となり，解は常に固有ベクトル $\boldsymbol{v}_1$ のスカラー倍であり，t を増加させると平衡点 $(0,0)^\top$ に収束する. 一般的に，$c_1 c_2 \neq 0$ となる初期値を選ぶと，負の固有値に対応する固有ベクトル $\boldsymbol{v}_1$ に沿って解軌道は平衡点に近づき，正の固有値に対応する固有ベクトル $\boldsymbol{v}_2$ に沿って解軌道は平衡点から遠ざかる（図 5.1 参照）. このような平衡点を**サドル（鞍点）**（saddle）と呼ぶ.

〇**例 5.3** 微分方程式 (5.4) を考えよう. 行列 A の固有値は $\lambda_1 = -1,\ \lambda_2 = 1$ となる. 対応する固有ベクトルは，それぞれ $\boldsymbol{v}_1 = (1, -1)^\top,\ \boldsymbol{v}_2 = (1, 1)^\top$ であり，平衡点はサドル（鞍点）である.

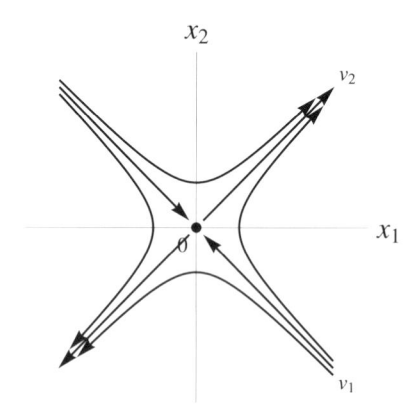

図 5.1　(5.4) の解軌道．原点はサドル（鞍点）である．(5.11) で示されたように，解軌道は直角双曲線 $x_1^2 - x_2^2 = $ 定数となり，負の固有値に対応する固有ベクトル $\boldsymbol{v}_1 = (1, -1)^\top$ に沿って原点に近づいた後，正の固有値に対応する固有ベクトル $\boldsymbol{v}_2 = (1, 1)^\top$ に沿って原点から遠ざかっていく．

(i-2) $0 < \lambda_1 < \lambda_2$ または $\lambda_1 < \lambda_2 < 0$ のとき．

λ_1, λ_2 ともに正である前者では，$t \to \infty$ で $\left| c_i e^{\lambda_i t} \boldsymbol{v}_i \right| \to \infty$ $(i = 1, 2)$ であるので，(5.22) より，t を増加させると解 $\boldsymbol{x}(t)$ は平衡点から離れていく．λ_1, λ_2 ともに負である後者では，$t \to \infty$ で $\left| c_i e^{\lambda_i t} \boldsymbol{v}_i \right| \to 0$ $(i = 1, 2)$ となるので，t を増加させると解 $\boldsymbol{x}(t)$ は平衡点に収束する．平衡点 $(0,0)$ は，前者の場合**不安定結節点（不安定ノード）**(unstable node)，後者は**安定結節点（安定ノード）**(stable node) と呼ばれる（図 5.2 参照）．

○ 例 5.4　微分方程式

$$\frac{d}{dt} \begin{pmatrix} x_1 \\ x_2 \end{pmatrix} = \begin{pmatrix} 4 & 2 \\ 1 & 5 \end{pmatrix} \begin{pmatrix} x_1 \\ x_2 \end{pmatrix}, \quad A = \begin{pmatrix} 4 & 2 \\ 1 & 5 \end{pmatrix} \tag{5.23}$$

の一般解を求めよう．固有方程式

$$\begin{vmatrix} -\lambda + 4 & 2 \\ 1 & -\lambda + 5 \end{vmatrix} = \lambda^2 - 9\lambda + 18 = (\lambda - 3)(\lambda - 6) = 0 \tag{5.24}$$

より，固有値が $\lambda = 3, 6$ と求められる．これはケース (i-2) にあたり，平衡

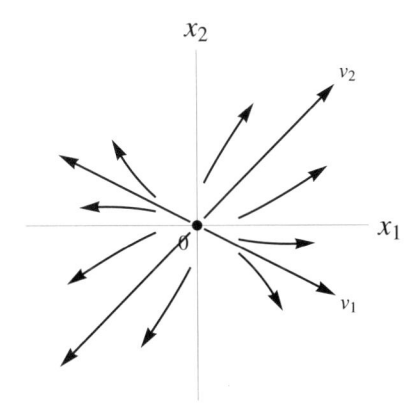

図 5.2 (5.23) の解軌道．原点は不安定ノードである．固有値がともに正の実数であるので，対応する固有ベクトル $v_1 = (2, -1)^\top$, $v_2 = (1, 1)^\top$ に沿って，解軌道は原点から遠ざかっていく．

点 $(0, 0)^\top$ は不安定ノードである（図 5.2 参照）．$\lambda_1 = 3$ に対する固有ベクトル $v_1 = (2, -1)^\top$, $\lambda_2 = 6$ に対する固有ベクトル $v_2 = (1, 1)^\top$ が得られる．(5.22) より，一般解 $x(t)$ はこれら 2 つの解ベクトルの 1 次結合で与えられ，

$$x(t) = c_1 e^{3t} \begin{pmatrix} 2 \\ -1 \end{pmatrix} + c_2 e^{6t} \begin{pmatrix} 1 \\ 1 \end{pmatrix} = \begin{pmatrix} 2c_1 e^{3t} + c_2 e^{6t} \\ -c_1 e^{3t} + c_2 e^{6t} \end{pmatrix}$$

となる（c_1, c_2 は任意定数）．$t = t_0 = 0$ で (5.18) を満たす基本解 ϕ_1, ϕ_2 を求めると，

$$\phi_1(0) = \begin{pmatrix} 2c_1 + c_2 \\ -c_1 + c_2 \end{pmatrix} = \begin{pmatrix} 1 \\ 0 \end{pmatrix}, \quad \phi_2(0) = \begin{pmatrix} 2c_1 + c_2 \\ -c_1 + c_2 \end{pmatrix} = \begin{pmatrix} 0 \\ 1 \end{pmatrix}$$

より，前者は $c_1 = c_2 = 1/3$, 後者は $c_1 = -1/3$, $c_2 = 2/3$ となり，基本解

$$\phi_1(t) = \frac{1}{3} \begin{pmatrix} 2e^{3t} + e^{6t} \\ -e^{3t} + e^{6t} \end{pmatrix}, \quad \phi_2(t) = \frac{1}{3} \begin{pmatrix} -2e^{3t} + 2e^{6t} \\ e^{3t} + 2e^{6t} \end{pmatrix}$$

が求められる．レゾルベント行列 $M(t, 0)$ は

$$M(t, 0) = \frac{1}{3} \begin{pmatrix} 2e^{3t} + e^{6t} & -2e^{3t} + 2e^{6t} \\ -e^{3t} + e^{6t} & e^{3t} + 2e^{6t} \end{pmatrix}$$

となる.

(ii) 行列 A の固有値が等しい実数 $\lambda_1 = \lambda_2$ の場合:
微分方程式

$$\frac{d}{dt}\begin{pmatrix} x_1 \\ x_2 \end{pmatrix} = \begin{pmatrix} \lambda & 0 \\ 0 & \lambda \end{pmatrix}\begin{pmatrix} x_1 \\ x_2 \end{pmatrix}, \quad A = \begin{pmatrix} \lambda & 0 \\ 0 & \lambda \end{pmatrix}$$

の一般解を求めよう. A は重複する固有値 λ をもつ. 零ベクトルでない任意の
ベクトルが λ に対する固有ベクトルになるので, 一般解は $\boldsymbol{x} = e^{\lambda t}\boldsymbol{v}$ となる.
ここで $\boldsymbol{v}$ は任意のベクトルである. A の固有値が重複するとき, いつもこのよ
うに一般解が求まるとは限らない.
　次の例を考えよう.

○ **例 5.5**　微分方程式

$$\frac{d}{dt}\begin{pmatrix} x_1 \\ x_2 \end{pmatrix} = \begin{pmatrix} 0 & 1 \\ -1 & 2 \end{pmatrix}\begin{pmatrix} x_1 \\ x_2 \end{pmatrix}, \quad A = \begin{pmatrix} 0 & 1 \\ -1 & 2 \end{pmatrix} \tag{5.25}$$

の一般解を求めよう. 例 5.4 と同様に, 指数関数で表される解 $\boldsymbol{x}(t) = e^{\lambda t}(f_1, f_2)^\top$
を想定して, (5.25) に代入すると

$$\begin{pmatrix} 0 & 1 \\ -1 & 2 \end{pmatrix}\begin{pmatrix} f_1 \\ f_2 \end{pmatrix} = \lambda \begin{pmatrix} f_1 \\ f_2 \end{pmatrix}$$

が得られる. 上式の右辺を左辺に移行して

$$\begin{pmatrix} -\lambda & 1 \\ -1 & -\lambda+2 \end{pmatrix}\begin{pmatrix} f_1 \\ f_2 \end{pmatrix} = \begin{pmatrix} 0 \\ 0 \end{pmatrix} \tag{5.26}$$

となるので, 固有方程式

$$\begin{vmatrix} -\lambda & 1 \\ -1 & -\lambda+2 \end{vmatrix} = (\lambda-1)^2 = 0$$

が得られ，$\lambda = 1$ となる（固有値が2重解）．$\lambda = 1$ に対する固有ベクトルは $\boldsymbol{v} = (1,1)^\top$ とその定数倍以外には存在しない．このように固有値が重複し，固有空間の次元が1になる場合には，1つの基本解 $e^t \boldsymbol{v}$ しか得られない．3章の定数係数2階斉次線形方程式で扱った，特性方程式が重解をもつ場合に行った定数変化法でもう1つの基本解を決定しよう．すなわち，関数

$$\boldsymbol{x}(t) = e^t \boldsymbol{f}(t) \tag{5.27}$$

が (5.25) の解になるように関数 $\boldsymbol{f}(t) = (f_1(t), f_2(t))^\top$ を決定しよう．(5.27) を (5.25) に代入すると

$$\frac{d\boldsymbol{x}}{dt} = e^t \Big(\boldsymbol{f} + \frac{d\boldsymbol{f}}{dt} \Big) = e^t A \boldsymbol{f}, \quad \frac{d\boldsymbol{f}}{dt} = (A - I)\boldsymbol{f}$$

より

$$\frac{df_1}{dt} = -f_1 + f_2, \quad \frac{df_2}{dt} = -f_1 + f_2 \tag{5.28}$$

が得られる．ここで I は単位行列である．(5.28) の辺々を引くと，$df_1/dt - df_2/dt = 0$ が得られ，$f_2(t) = f_1(t) + c_1$（c_1 は定数）となる．これを (5.28) の第1式に代入すると，$df_1/dt = c_1$ となり，$f_1(t) = c_1 t + c_2$（c_2 は定数）が求められ，$f_2(t) = c_1 t + c_1 + c_2$ となる．$e^t(1,1)^\top$，$e^t(t, t+1)^\top$ は基本解となり，(5.25) の一般解

$$\boldsymbol{x}(t) = c_2 e^t \begin{pmatrix} 1 \\ 1 \end{pmatrix} + c_1 e^t \begin{pmatrix} t \\ t+1 \end{pmatrix} \tag{5.29}$$

が得られる．

　以上から，重根となる固有値が正であれば解は $t \to \infty$ で平衡点から離れていき，固有値が負であれば解は $t \to \infty$ で平衡点に収束することがわかる．

　$t = t_0 = 0$ で (5.18) を満たす基本解 $\boldsymbol{\phi}_1, \boldsymbol{\phi}_2$ を求めると，

$$\boldsymbol{\phi}_1(0) = \begin{pmatrix} c_2 \\ c_2 + c_1 \end{pmatrix} = \begin{pmatrix} 1 \\ 0 \end{pmatrix}, \quad \boldsymbol{\phi}_2(0) = \begin{pmatrix} c_2 \\ c_2 + c_1 \end{pmatrix} = \begin{pmatrix} 0 \\ 1 \end{pmatrix}$$

より，前者は $c_1 = -1$，$c_2 = 1$，後者は $c_1 = 1$，$c_2 = 0$ となり，基本解

$$\boldsymbol{\phi}_1(t) = \begin{pmatrix} e^t - te^t \\ e^t - (t+1)e^t \end{pmatrix} = \begin{pmatrix} e^t - te^t \\ -te^t \end{pmatrix}, \quad \boldsymbol{\phi}_2(t) = \begin{pmatrix} te^t \\ (t+1)e^t \end{pmatrix}$$

が求められる．レゾルベント行列 $M(t,0)$ は

$$M(t,0) = \begin{pmatrix} (1-t)e^t & te^t \\ -te^t & (1+t)e^t \end{pmatrix} = e^t \begin{pmatrix} 1-t & t \\ -t & 1+t \end{pmatrix}$$

となる．

　固有値が実数である以上のケース (i)(ii) に対する固有値・固有ベクトルを利用したベクトル形式による定数係数2元連立方程式の解法をまとめると以下のようになる．(5.20) の解を

$$\boldsymbol{x}(t) = e^{\lambda t} \begin{pmatrix} f_1 \\ f_2 \end{pmatrix} = e^{\lambda t} \boldsymbol{f} \tag{5.30}$$

とおく．λ を行列 A の固有値，すなわち，固有方程式

$$|A - \lambda I| = 0 \tag{5.31}$$

の解に選ぶ（I は単位行列）．さらに，λ に対応する固有ベクトル $\boldsymbol{f}$

$$(A - \lambda I)\boldsymbol{f} = \begin{pmatrix} 0 \\ 0 \end{pmatrix} \tag{5.32}$$

を求める．固有値が重複し，固有空間の次元が1の場合は，ベクトル $\boldsymbol{f}$ は

$$\boldsymbol{f} = \boldsymbol{g}t + \boldsymbol{h} \tag{5.33}$$

$$(A - \lambda I)\boldsymbol{g} = \begin{pmatrix} 0 \\ 0 \end{pmatrix}, \quad (A - \lambda I)\boldsymbol{h} = \boldsymbol{g} \tag{5.34}$$

から決められる（問5.7参照）．（ただし $\boldsymbol{g}, \boldsymbol{h}$ は定数ベクトル．）ベクトル $\boldsymbol{h}$ のことを固有値 λ に対する**一般化固有ベクトル** (generalized eigenvector) という．

(iii) 行列 A の固有値が共役複素数 $(\lambda = \alpha \pm i\beta)$ の場合：

(i) の結果は，3章で考察した1変数の2階線形微分方程式の場合と同様に，固有値 λ が複素数の場合にも成立する．行列 A が複素数の固有値 λ_1，λ_2 をもち，それらに対する固有ベクトルが $\boldsymbol{v}_1$，$\boldsymbol{v}_2$ であるなら，(5.20) の複素数値の一般解は，c_1, c_2 を任意の複素数として $\boldsymbol{z}(t) = c_1 e^{\lambda_1 t}\boldsymbol{v}_1 + c_2 e^{\lambda_2 t}\boldsymbol{v}_2$ となる．行列 A の各成分は実数であるから，固有値は共役な複素数であり，固有ベクトル $\boldsymbol{v}_1$ の各成分は $\boldsymbol{v}_2$ の対応する成分の共役な複素数である．$\lambda_1 = \alpha + i\beta$，$\lambda_2 = \alpha - i\beta$，$c_1 = a_1 + ib_1$，$c_2 = a_2 + ib_2$ (α, β, a_1, a_2, b_1, b_2 は実数)，$\boldsymbol{v}_1 = \boldsymbol{p} + i\boldsymbol{q}$，$\boldsymbol{v}_2 = \boldsymbol{p} - i\boldsymbol{q}$ ($\boldsymbol{p}, \boldsymbol{q}$ は実ベクトル) とすると，(5.20) の複素数値の一般解は

$$
\begin{aligned}
\boldsymbol{z}(t) =& (a_1 + ib_1)e^{(\alpha+i\beta)t}(\boldsymbol{p} + i\boldsymbol{q}) + (a_2 + ib_2)e^{(\alpha-i\beta)t}(\boldsymbol{p} - i\boldsymbol{q}) \\
=& e^{\alpha t}[(a_1 + a_2)((\cos\beta t)\boldsymbol{p} - (\sin\beta t)\boldsymbol{q}) \\
& + (-b_1 + b_2)((\sin\beta t)\boldsymbol{p} + (\cos\beta t)\boldsymbol{q})] \\
& + ie^{\alpha t}[(a_1 - a_2)((\sin\beta t)\boldsymbol{p} + (\cos\beta t)\boldsymbol{q}) \\
& + (b_1 + b_2)((\cos\beta t)\boldsymbol{p} - (\sin\beta t)\boldsymbol{q})]
\end{aligned}
$$

となり，$a_1 = a_2$，$b_1 = -b_2$ のとき虚部が0となる．よって，$C_1 = 2a_1$，$C_2 = -2b_1$，$\boldsymbol{\phi}_1(t) = e^{\alpha t}[(\cos\beta t)\boldsymbol{p} - (\sin\beta t)\boldsymbol{q}]$，$\boldsymbol{\phi}_2(t) = e^{\alpha t}[(\sin\beta t)\boldsymbol{p} + (\cos\beta t)\boldsymbol{q}]$ とすると，(5.20) の（実数値の）一般解は，

$$
\boldsymbol{x}(t) = C_1\boldsymbol{\phi}_1(t) + C_2\boldsymbol{\phi}_2(t)
$$

となる．$\boldsymbol{\phi}_1$，$\boldsymbol{\phi}_2$ はそれぞれ $e^{\lambda_1 t}\boldsymbol{v}_1$ の実部と虚部であることが確認できる．

この場合，(5.20) の解は以下のように与えられる（証明は問 5.8 参照）．

■ **定理 5.1** 行列 A の固有値が複素数 $\lambda = \alpha \pm i\beta$ ($\beta \neq 0$) であるとき，初期条件 $\boldsymbol{x}(0) = \boldsymbol{x}_0$ を満たす (5.20) の解は

$$
\boldsymbol{x}(t) = e^{\alpha t}\left[\cos(\beta t)\boldsymbol{x}_0 + \frac{1}{\beta}\sin(\beta t)(A - \alpha I)\boldsymbol{x}_0\right] \tag{5.35}
$$

で与えられる．

○ 例 5.6　微分方程式

$$\frac{d}{dt}\begin{pmatrix} x_1 \\ x_2 \end{pmatrix} = \begin{pmatrix} 0.1 & 2 \\ -1 & 0.1 \end{pmatrix}\begin{pmatrix} x_1 \\ x_2 \end{pmatrix}, \quad A = \begin{pmatrix} 0.1 & 2 \\ -1 & 0.1 \end{pmatrix} \tag{5.36}$$

の初期値問題を考えよう. 固有方程式は $(\lambda - 0.1)^2 + 2 = \lambda^2 - 0.2\lambda + 2.01 = 0$ となるので, 行列 A の固有値 $\lambda = 0.1 \pm i\sqrt{2}$ が得られる. したがって, (5.35) より初期条件 $\boldsymbol{x}(0) = \boldsymbol{x}_0$ を満たす (5.36) の解は

$$\boldsymbol{x}(t) = e^{0.1t}\left[\cos(\sqrt{2}t)\boldsymbol{x}_0 + \frac{1}{\sqrt{2}}\sin(\sqrt{2}t)\begin{pmatrix} 0 & 2 \\ -1 & 0 \end{pmatrix}\boldsymbol{x}_0\right]$$

となる. 初期条件を $\boldsymbol{x}_0 = (1,0)^\top$ とすると, 解

$$\boldsymbol{x}(t) = \begin{pmatrix} x_1(t) \\ x_2(t) \end{pmatrix} = e^{0.1t}\begin{pmatrix} \cos(\sqrt{2}t) \\ -\frac{1}{\sqrt{2}}\sin(\sqrt{2}t) \end{pmatrix}$$

から, 関係式 $x_1^2(t) + 2x_2^2(t) = e^{0.2t} \to \infty \ (t \to \infty)$ が得られる. 解は平衡点 $(0,0)^\top$ の周りを時計回りに回転しながら平衡点から遠ざかっていく. このような平衡点は**不安定渦状点（不安定スパイラル）** (unstable spiral) と呼ばれる (図 5.3).

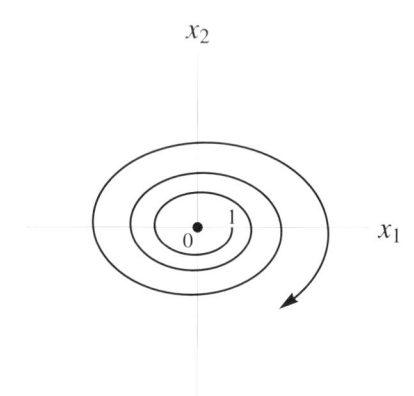

図 5.3　(5.36) で初期条件 $\boldsymbol{x}_0 = (1,0)^\top$ とする解軌道. 原点は不安定渦状点（不安定スパイラル）である.

○ 例 5.7　微分方程式

$$\frac{d}{dt}\begin{pmatrix} x_1 \\ x_2 \end{pmatrix} = \begin{pmatrix} -0.1 & 2 \\ -1 & -0.1 \end{pmatrix} \begin{pmatrix} x_1 \\ x_2 \end{pmatrix}, \quad A = \begin{pmatrix} -0.1 & 2 \\ -1 & -0.1 \end{pmatrix} \tag{5.37}$$

の初期値問題を考えよう．固有方程式は $(\lambda+0.1)^2+2 = \lambda^2+0.2\lambda+2.01 = 0$ となるので，行列 A の固有値 $\lambda = -0.1 \pm i\sqrt{2}$ が得られる．したがって，(5.35) より初期条件 $\boldsymbol{x}(0) = \boldsymbol{x}_0$ を満たす (5.37) の解は

$$\boldsymbol{x}(t) = e^{-0.1t}\left[\cos(\sqrt{2}t)\boldsymbol{x}_0 + \frac{1}{\sqrt{2}}\sin(\sqrt{2}t)\begin{pmatrix} 0 & 2 \\ -1 & 0 \end{pmatrix}\boldsymbol{x}_0\right]$$

となる．初期条件を $\boldsymbol{x}_0 = (1,0)^\top$ とすると，解

$$\boldsymbol{x}(t) = \begin{pmatrix} x_1(t) \\ x_2(t) \end{pmatrix} = e^{-0.1t}\begin{pmatrix} \cos(\sqrt{2}t) \\ -\frac{1}{\sqrt{2}}\sin(\sqrt{2}t) \end{pmatrix}$$

から，関係式 $x_1^2(t) + 2x_2^2(t) = e^{-0.2t} \to 0$ $(t \to \infty)$ が得られる．解は平衡点 $(0,0)^\top$ の周りを時計回りに回転しながら平衡点に収束していく．このような平衡点は**安定渦状点（安定スパイラル）**(stable spiral) と呼ばれる（図 5.4）.

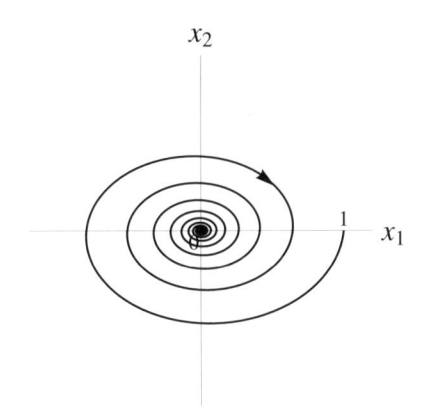

図 5.4　(5.37) の初期条件を $\boldsymbol{x}_0 = (1,0)^\top$ とする解軌道．原点は安定渦状点（安定スパイラル）である．

○**例5.8**　微分方程式

$$\frac{d}{dt}\begin{pmatrix} x_1 \\ x_2 \end{pmatrix} = \begin{pmatrix} 0 & 2 \\ -1 & 0 \end{pmatrix}\begin{pmatrix} x_1 \\ x_2 \end{pmatrix}, \quad A = \begin{pmatrix} 0 & 2 \\ -1 & 0 \end{pmatrix} \tag{5.38}$$

の初期値問題を考えよう. 固有方程式は $\lambda^2 + 2 = 0$ となるので, 行列 A の固有値 $\lambda = \pm i\sqrt{2}$ が得られる. したがって, (5.35) より初期条件 $\boldsymbol{x}(0) = \boldsymbol{x}_0$ を満たす (5.38) の解は

$$\boldsymbol{x}(t) = \cos(\sqrt{2}t)\boldsymbol{x}_0 + \frac{1}{\sqrt{2}}\sin(\sqrt{2}t)\begin{pmatrix} 0 & 2 \\ -1 & 0 \end{pmatrix}\boldsymbol{x}_0$$

となる. $\boldsymbol{x}_0 = (1,0)^\top$ とすると, 解

$$\boldsymbol{x}(t) = \begin{pmatrix} x_1(t) \\ x_2(t) \end{pmatrix} = \begin{pmatrix} \cos(\sqrt{2}t) \\ -\frac{1}{\sqrt{2}}\sin(\sqrt{2}t) \end{pmatrix}$$

から, 関係式 $x_1^2(t) + 2x_2^2(t) = 1$ が得られる. 解は平衡点 $(0,0)^\top$ を中心とした楕円上を時計回りに回転する. このような平衡点は**渦心点 (センター)** (center) と呼ばれる (図5.5).

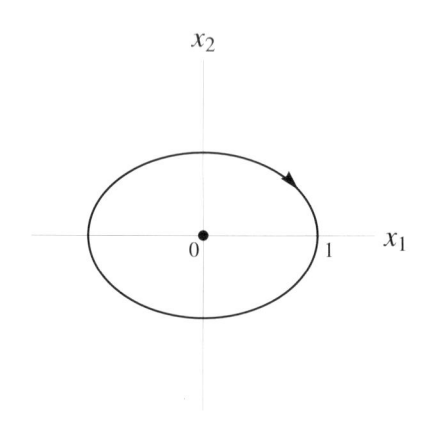

図5.5　(5.38) の初期条件を $\boldsymbol{x}_0 = (1,0)^\top$ とする解軌道. 原点は渦心点 (センター) である.

5.2.4 n元連立方程式

前節で考察した2元連立微分方程式系の解法は，一般的な n 元連立1階微分方程式系に対する初期値問題

$$\frac{d\boldsymbol{x}}{dt} = A\boldsymbol{x}, \quad \boldsymbol{x}(0) = \boldsymbol{x}_0 \tag{5.39}$$

に適用することができる．ここで，$\boldsymbol{x}(t) = (x_1(t), x_2(t), \ldots, x_n(t))^\top$ であり，

$$A = \begin{pmatrix} a_{11} & a_{12} & \cdots & a_{1n} \\ a_{21} & a_{22} & \cdots & a_{2n} \\ \vdots & \vdots & \ddots & \vdots \\ a_{n1} & a_{n2} & \cdots & a_{nn} \end{pmatrix}$$

である．(5.39) の解 $\boldsymbol{x}(t)$ は $e^{At}\boldsymbol{x}_0$ と表せる（問 5.10 参照）．ここで行列 e^{At} は

$$e^{At} = I + A\frac{t}{1!} + A^2\frac{t^2}{2!} + \cdots + A^k\frac{t^k}{k!} + \cdots \tag{5.40}$$

で与えられる．(5.39) の解 $\boldsymbol{x}(t)$ の成分 $x_i(t)$ $(i = 1, 2, \ldots, n)$ は，次の関数の1次結合で与えられる．

(i) $e^{\lambda t}$：λ が A の実固有値であるとき，

(ii) $e^{\alpha t}\cos\beta t$, $e^{\alpha t}\sin\beta t$：λ が A の複素固有値 $\alpha \pm i\beta$ $(\alpha, \beta$ は実数) であるとき，

(iii) $t^j e^{\lambda t}$ $(0 \le j < m)$：λ が A の重複度 m の実固有値であるとき，

(iv) $t^j e^{\alpha t}\cos\beta t$, $t^j e^{\alpha t}\sin\beta t$ $(0 \le j < m)$：$\alpha \pm i\beta$ $(\alpha, \beta$ は実数) が A の重複度 m の固有値であるとき．

(ii) で与えられた関数は $e^{(\alpha+i\beta)t} = e^{\alpha t}(\cos\beta t + i\sin\beta t)$ （オイラーの公式 (3.7) 参照）の実部と虚部であることに注意しよう．

行列 A が複素固有値をもつ場合に解が振動することに注意しよう．また，解 $\boldsymbol{x}(t)$ がどのような初期条件の下でも，$t \to \infty$ で平衡点 $\boldsymbol{0}$ に収束する（$\boldsymbol{x}(t) \to \boldsymbol{0}$ となる）ための必要十分条件は，行列 A のすべての固有値の実部が負となることであることは，基本解が上で与えられた関数であることから明らかである．

A のすべての固有値の実部が負となるとき，A は**安定** (stable) であるといい，安定な行列を**安定行列** (stable matrix) という．行列 A の固有値は固有方程式 (5.31) の解であるので次の方程式の解で与えられる．

$$|\lambda I - A| = \lambda^n + a_1\lambda^{n-1} + \cdots + a_{n-1}\lambda + a_n = 0 \tag{5.41}$$

ここで，$a_i \ (i = 1, 2, \ldots, n)$ は行列 A の成分から決定される実数の定数である．次の**ラウス・フルビッツの判定条件** (Routh-Hurwitz criteria) は，行列 A が安定であるための必要十分条件を与える．

■**ラウス・フルビッツの判定条件** (Routh-Hurwitz criteria)：係数 $a_i \ (i = 1, 2, \ldots, n)$ が実定数である n 次多項式

$$P(\lambda) = \lambda^n + a_1\lambda^{n-1} + \cdots + a_{n-1}\lambda + a_n$$

に対して，係数 a_i を用いて作られる n 個の**フルビッツ行列** (Hurwitz matrix) を次のように定義する．

$$H_1 = (a_1), \ H_2 = \begin{pmatrix} a_1 & 1 \\ a_3 & a_2 \end{pmatrix}, \ H_3 = \begin{pmatrix} a_1 & 1 & 0 \\ a_3 & a_2 & a_1 \\ a_5 & a_4 & a_3 \end{pmatrix}, \ldots,$$

$$H_n = \begin{pmatrix} a_1 & 1 & 0 & 0 & \cdots & 0 \\ a_3 & a_2 & a_1 & 1 & \cdots & 0 \\ a_5 & a_4 & a_3 & a_2 & \cdots & 0 \\ a_7 & a_6 & a_5 & a_4 & \cdots & 0 \\ \vdots & \vdots & \vdots & \vdots & \ddots & \vdots \\ 0 & 0 & 0 & 0 & \cdots & a_n \end{pmatrix}$$

ここで，$H_n = (h_{ij})$ の i 行成分は次のように定められている．

(i) 対角成分は $h_{ii} = a_i$ であり，同行にはその左に 1 列目に達するまで $h_{i,i-1} = a_{i+1}$, $h_{i,i-2} = a_{i+2}$, $\ldots$ と並ぶ．ただし，$a_j = 0 \ (j > n)$ とする．

(ii) h_{ii} の右には n 列目に達するまで $h_{i,i+1} = a_{i-1}$, $h_{i,i+2} = a_{i-2}$, $\ldots$ と並ぶ．ただし，$a_0 = 1$, $a_j = 0 \ (j < 0)$ とする．

方程式 $P(\lambda) = 0$ のすべての解が負の実部をもつための必要十分条件はすべてのフルビッツ行列の行列式が正であること，すなわち

$$\det(H_j) > 0 \quad (j = 1, 2, \ldots, n)$$

が成り立つことである．この判定条件は "H_n の首座小行列式がすべて正である" と言い換えることができる．

○ **例 5.9**　$n = 2$ のとき，ラウス・フルビッツの判定条件は

$$\det(H_1) = a_1 > 0, \quad \det(H_2) = \det \begin{pmatrix} a_1 & 1 \\ 0 & a_2 \end{pmatrix} = a_1 a_2 > 0$$

から，$a_1 > 0$, $a_2 > 0$ となる．

$n = 3, 4, 5$ のとき，ラウス・フルビッツの判定条件はそれぞれ

$$n = 3 : a_1 > 0, \ a_3 > 0, \ a_1 a_2 > a_3,$$

$$n = 4 : a_1 > 0, \ a_3 > 0, \ a_4 > 0, \ a_1 a_2 a_3 > a_3^2 + a_1^2 a_4,$$

$$n = 5 : a_i > 0 \ (i = 1, 2, 3, 4, 5), \ a_1 a_2 a_3 > a_3^2 + a_1^2 a_4 - a_1 a_5,$$

$$(a_1 a_4 - a_5)(a_1 a_2 a_3 - a_3^2 - a_1^2 a_4 + a_1 a_5) > a_5(a_1 a_2 - a_3)^2$$

となる．

また，方程式 $P(\lambda) = 0$ のすべての解が負の実部をもつならば，係数は $a_i > 0$ $(i = 1, 2, \ldots, n)$ となる（問 5.11 参照）．したがって，少なくとも 1 つの係数 a_i が 0 または負である場合，行列 A の n 個の固有値の少なくとも 1 つは非負の実数か純虚数または正の実部をもつ複素固有値であることがわかる．

ラウス・フルビッツの判定条件は，行列 A のすべての固有値が複素平面の左半分に存在するための必要十分条件を与える．しかし行列の次数 n が大きい場合，一般的にフルビッツ行列の行列式を計算することが困難になる．このような場合，次の**ゲルシュゴリンの定理** (Gershgorin's theorem) が利用できる場合がある（証明は問 5.12 参照）．

■ **定理 5.2 (ゲルシュゴリンの定理)**　$A = (a_{ij})$ を $n \times n$ 行列とする. D_i を a_{ii} を中心とする半径 $r_i = \sum_{j=1, j \neq i}^{n} |a_{ij}|$ の複素平面上の円盤とする. このとき, A のすべての固有値は円盤 D_i $(i = 1, 2, \ldots, n)$ の和集合 $\bigcup_{i=1}^{n} D_i$ の内部に存在する. したがって, λ が A の固有値であるならば, $|\lambda - a_{ii}| < r_i$ が成り立つ円盤 D_i が存在する.

　この定理は実行列だけではなく, 複素行列でも成り立つ. 実行列の場合, ゲルシュゴリンの定理から, 次の簡易な系が得られる.

■ **系 5.3 (ゲルシュゴリンの定理の系)**　$A = (a_{ij})$ を $n \times n$ 実行列とする. A のすべての対角成分が

$$a_{ii} < -r_i, \quad r_i = \sum_{j=1, j \neq i}^{n} |a_{ij}|$$

であるならば, A のすべての固有値は負であるか負の実部をもつ.

　注意すべき点は, ゲルシュゴリンの定理の系は, 行列のすべての固有値が複素平面の左半分に存在するための十分条件であり必要条件ではないので, 条件を満たさない行列でも, その行列のすべての固有値が複素平面の左半分に存在する場合があることである.

○ **例 5.10**　a, b を実定数として行列

$$A = \begin{pmatrix} a & 1 \\ b & -1 \end{pmatrix}$$

を考えよう. A がゲルシュゴリンの定理の系を満たす条件は $a < -1$, $-1 < b < 1$ である. 一方, A の固有値 λ は (5.21) より, $\lambda^2 - \mathrm{tr}(A)\lambda + \det(A) = \lambda^2 - (a-1)\lambda - a - b = 0$ の解であるので, ラウス・フルビッツの判定条件 $a_1 = 1 - a > 0$, $a_2 = -a - b > 0$ より, $a < 1$, $a + b < 0$ が得られ, ゲルシュゴリンの定理の系の条件を含む.

5.3 n元非斉次型連立1階微分方程式系

本節では，非斉次型 n 元連立1階微分方程式系

$$\frac{d\boldsymbol{x}}{dt} = A\boldsymbol{x} + \boldsymbol{f}(t) \tag{5.42}$$

の解法を考えよう．ここで，$\boldsymbol{f}(t) = (f_1(t), f_2(t), \ldots, f_n(t))^\top$ であり，$\boldsymbol{x}(t), A$ は前節で定義したものと同一である．対応する斉次型 n 元連立1階微分方程式系

$$\frac{d\boldsymbol{x}}{dt} = A\boldsymbol{x} \tag{5.43}$$

に対する n 個の基本解を $\boldsymbol{\phi}_i(t) = (\phi_{i1}(t), \phi_{i2}(t), \ldots, \phi_{in}(t))^T$ $(i = 1, 2, \ldots, n)$ とする．$\boldsymbol{\phi}_i(t)$ $(i = 1, 2, \ldots, n)$ は

$$\frac{d}{dt}\boldsymbol{\phi}_i(t) = A\boldsymbol{\phi}_i(t) \tag{5.44}$$

を満たす．$\boldsymbol{x}_0(t)$ が非斉次型 n 元連立1階微分方程式系 (5.42) の解であるならば，c_i $(i = 1, 2, \ldots, n)$ を任意の定数として，(5.42) の一般解は

$$\boldsymbol{x}(t) = \sum_{i=1}^{n} c_i \boldsymbol{\phi}_i(t) + \boldsymbol{x}_0(t) \tag{5.45}$$

と求められる．$\boldsymbol{x}_0(t)$ は**特解** (particular solution) と呼ばれる．特解 $\boldsymbol{x}_0(t)$ を求め，(5.42) の一般解を求めよう．この方法は前章の変数係数2階非斉次線形微分方程式に対する解法と同じである．

5.3.1 定数変化法

特解を求めるために，斉次型方程式 (5.43) の一般解 $\boldsymbol{x}(t) = \sum_{i=1}^{n} c_i \boldsymbol{\phi}_i(t)$ で定数 c_i $(i = 1, 2, \ldots, n)$ を t の関数 $c_i(t)$ $(i = 1, 2, \ldots, n)$ として，方程式 (5.42) に代入する（**定数変化法** (method of inderminate coefficients)）と，

$$\sum_{i=1}^{n} c_i(t)\frac{d\boldsymbol{\phi}_i(t)}{dt} + \sum_{i=1}^{n} \frac{dc_i(t)}{dt}\boldsymbol{\phi}_i(t) = A\sum_{i=1}^{n} c_i(t)\boldsymbol{\phi}_i(t) + \boldsymbol{f}(t)$$

が得られる．(5.44) から上式の両辺の第1項は等しいので，

$$\sum_{i=1}^{n} \frac{dc_i(t)}{dt} \boldsymbol{\phi}_i(t) = \boldsymbol{f}(t)$$

が求められる．上式をベクトル形式で表すと

$$\begin{pmatrix} \phi_{11} & \phi_{21} & \cdots & \phi_{n1} \\ \phi_{12} & \phi_{22} & \cdots & \phi_{n2} \\ \vdots & \vdots & \ddots & \vdots \\ \phi_{1n} & \phi_{2n} & \cdots & \phi_{nn} \end{pmatrix} \begin{pmatrix} dc_1/dt \\ dc_2/dt \\ \vdots \\ dc_n/dt \end{pmatrix} = \begin{pmatrix} f_1 \\ f_2 \\ \vdots \\ f_n \end{pmatrix}$$

が得られる．ここで，n 個の関数 $\boldsymbol{\phi}_i(t) = (\phi_{i1}(t), \phi_{i2}(t), \ldots, \phi_{in}(t))^\top$ $(i = 1, 2, \ldots, n)$ は (5.43) の基本解であるので，$n = 2$ の場合と同様に，上式左辺の行列は正則であり逆行列が存在し，関数 $dc_i(t)/dt$ $(i = 1, 2, \ldots, n)$ は方程式

$$\begin{pmatrix} dc_1/dt \\ dc_2/dt \\ \vdots \\ dc_n/dt \end{pmatrix} = \begin{pmatrix} \phi_{11} & \phi_{21} & \cdots & \phi_{n1} \\ \phi_{12} & \phi_{22} & \cdots & \phi_{n2} \\ \vdots & \vdots & \ddots & \vdots \\ \phi_{1n} & \phi_{2n} & \cdots & \phi_{nn} \end{pmatrix}^{-1} \begin{pmatrix} f_1 \\ f_2 \\ \vdots \\ f_n \end{pmatrix} \tag{5.46}$$

を満たす．(5.46) は関数 $dc_i(t)/dt$ $(i = 1, 2, \ldots, n)$ に対する連立方程式であり，積分することによって $c_i(t)$ $(i = 1, 2, \ldots, n)$ が決定される．(5.46) の右辺は基本解 $\boldsymbol{\phi}_i(t)$ と $f_i(t)$ の既知の関数であることに注意しよう．

○ 例 5.11

$$\frac{d}{dt} \begin{pmatrix} x_1 \\ x_2 \end{pmatrix} = \begin{pmatrix} 4 & 2 \\ 1 & 5 \end{pmatrix} \begin{pmatrix} x_1 \\ x_2 \end{pmatrix} + \begin{pmatrix} e^t \\ -e^t \end{pmatrix}$$

の一般解を求めよう．対応する斉次型微分方程式の基本解は例 5.4 より

$$\boldsymbol{\phi}_1(t) = \begin{pmatrix} 2e^{3t} \\ -e^{3t} \end{pmatrix}, \quad \boldsymbol{\phi}_2(t) = \begin{pmatrix} e^{6t} \\ e^{6t} \end{pmatrix}$$

であるので，方程式 (5.46) は

$$
\begin{pmatrix} dc_1/dt \\ dc_2/dt \end{pmatrix} = \begin{pmatrix} 2e^{3t} & e^{6t} \\ -e^{3t} & e^{6t} \end{pmatrix}^{-1} \begin{pmatrix} e^t \\ -e^t \end{pmatrix}
$$

$$
= \frac{1}{3e^{9t}} \begin{pmatrix} e^{6t} & -e^{6t} \\ e^{3t} & 2e^{3t} \end{pmatrix} \begin{pmatrix} e^t \\ -e^t \end{pmatrix} = \begin{pmatrix} 2e^{-2t}/3 \\ -e^{-5t}/3 \end{pmatrix}
$$

となる．両辺積分して

$$
c_1(t) = -\frac{1}{3}e^{-2t} + d_1, \quad c_2(t) = \frac{1}{15}e^{-5t} + d_2 \tag{5.47}
$$

が得られる．ここで d_1, d_2 は積分定数である．したがって，特解

$$
\boldsymbol{x}_0(t) = c_1(t)\boldsymbol{\phi}_1(t) + c_2(t)\boldsymbol{\phi}_2(t) = \begin{pmatrix} -3e^t/5 + 2d_1e^{3t} + d_2e^{6t} \\ 2e^t/5 - d_1e^{3t} + d_2e^{6t} \end{pmatrix}
$$

が求まり，一般解は c_1, c_2 を任意定数として

$$
\boldsymbol{x}(t) = c_1\boldsymbol{\phi}_1(t) + c_2\boldsymbol{\phi}_2(t) + \boldsymbol{x}_0(t) = \begin{pmatrix} 2(c_1 + d_1)e^{3t} + (c_2 + d_2)e^{6t} - 3e^t/5 \\ -(c_1 + d_1)e^{3t} + (c_2 + d_2)e^{6t} + 2e^t/5 \end{pmatrix}
$$

となる．上式で $c_1 + d_1$，$c_2 + d_2$ は任意の定数であるので，それらを新たに c_1, c_2 とおくことができる．したがって，(5.47) で積分定数 d_1, d_2 を 0 とおいてよいことがわかる．

5.3.2　代入法

　非斉次型連立 1 階微分方程式系 (5.42) の特解を求めるために，非斉次項 $\boldsymbol{f}(t)$ の関数形から特解 $\boldsymbol{x}_0(t)$ の関数形を推定し，方程式に未定係数を付けた推定関数 $\boldsymbol{x}_0(t)$ を代入し特解を求める．この方法を**代入法**という．

〇**例 5.12**　例 5.11 の非斉次型微分方程式の非斉次項は指数関数 e^t で与えられているので，特解を $\boldsymbol{x}_0(t) = (ae^t, be^t)^{\top}$ と推定して，定数 a, b が矛盾なく決定

できるかどうか試してみよう．方程式に推定関数を代入すると

$$\begin{pmatrix} a \\ b \end{pmatrix} e^t = \begin{pmatrix} 4 & 2 \\ 1 & 5 \end{pmatrix} \begin{pmatrix} a \\ b \end{pmatrix} e^t + \begin{pmatrix} e^t \\ -e^t \end{pmatrix}$$

となり，

$$a = 4a + 2b + 1, \quad b = a + 5b - 1$$

が得られ，$a = -3/5$, $b = 2/5$ と決定でき，特解 $\boldsymbol{x}_0(t) = (-3e^t/5, 2e^t/5)^\top$ が得られる．

5.4　n 元連立1階線形微分方程式系の一般解

本節では，n 元連立1階線形微分方程式系

$$\frac{d\boldsymbol{x}}{dt} = A\boldsymbol{x} \tag{5.48}$$

の一般解について述べ，一般解を用いて解の振る舞いについて考察する．$n = 2$ のときには，一般解の形は行列 A の固有値が，(i) 異なる2つの実数となる場合，(ii) 重複する実数となる場合，(iii) 共役複素数となる場合に分類された．$n > 2$ の場合には，A は重複度が3以上の固有値をもったり，重複する共役複素数を固有値としてもったりする．そのため，以下ではまず，A が重複する固有値をもつ場合に重要な概念である一般化固有ベクトルを導入する．

5.4.1　一般化固有ベクトル

A を n 次正方行列とし，λ を（代数的）重複度が k の固有値とする．λ に対して，S を

$$S = \{\boldsymbol{v} \in \mathbb{C}^n : (A - \lambda I)^k \boldsymbol{v} = \boldsymbol{0}\}$$

と定義する．S は $\mathbb{C}^n$ の部分空間であり，固有値 λ の**一般化固有空間** (generalized eigenspace) といい，S に属する $\boldsymbol{0}$ でないベクトルを固有値 λ に対する**一般化固有ベクトル** (generalized eigenvector) という．$k = 1$ のとき S は λ の固有空間である．ベクトル $\boldsymbol{v}_1 \neq \boldsymbol{0}$, $\boldsymbol{v}_2, \ldots, \boldsymbol{v}_m$ $(m \leq k)$ を

$$A\boldsymbol{v}_1 = \lambda\boldsymbol{v}_1, \quad A\boldsymbol{v}_2 = \lambda\boldsymbol{v}_2 + \boldsymbol{v}_1, \quad \ldots, \quad A\boldsymbol{v}_m = \lambda\boldsymbol{v}_m + \boldsymbol{v}_{m-1}$$

が満たされるように定めると，v_1 は固有値 λ に対する固有ベクトルであり，$v_1, v_2, \ldots, v_m$ はすべて固有値 λ に対する一般化固有ベクトルであることがわかる．$\{v_1, v_2, \ldots, v_m\}$ をベクトル v_1 によって生成される**ジョルダン鎖** (Jordan chain) という．A の固有空間の次元を r とし，1 次独立な r 個の固有ベクトルから生成されるジョルダン鎖を集めて，$\mathbb{C}^n$ の基底にできることが知られている．

A が実行列のとき，λ が A の複素固有値であるなら，$\bar{\lambda}$ も複素固有値であり，v が λ に対する固有ベクトルであるなら，$\bar{v}$ は $\bar{\lambda}$ に対する固有ベクトルであった．定義からわかる通り，一般化固有ベクトルに対しても同様で，v が固有値 λ に対する一般化固有ベクトルであるなら，$\bar{v}$ は $\bar{\lambda}$ に対する一般化固有ベクトルである．

○**例 5.13** 次の行列の一般化固有ベクトルを求めよう．

$$A = \begin{pmatrix} 0 & 2 & 0 \\ -2 & 4 & 0 \\ 0 & 0 & 2 \end{pmatrix}$$

このとき，$|\lambda I - A| = (\lambda - 2)^3$ となり，A は重複度 3 の固有値 $\lambda = 2$ をもつ．$Av = 2v$ の解が

$$v = s \begin{pmatrix} 1 \\ 1 \\ 0 \end{pmatrix} + t \begin{pmatrix} 0 \\ 0 \\ 1 \end{pmatrix} \quad (s, t \in \mathbb{R})$$

であるから，$\lambda = 2$ に対する 1 次独立な固有ベクトルとして，$u_1 = (1, 1, 0)^\top$，$v_1 = (0, 0, 1)^\top$ が求まる．u_1, v_1 によって生成されるジョルダン鎖をそれぞれ求めよう．いま，$(A - 2I)u_2 = u_1$ を満たす u_2 を求めると，

$$u_2 = \begin{pmatrix} 0 \\ \frac{1}{2} \\ 0 \end{pmatrix} + s \begin{pmatrix} 1 \\ 1 \\ 0 \end{pmatrix} \quad (s \in \mathbb{R})$$

となるので，$u_2 = (0, \frac{1}{2}, 0)^\top$ とする．$(A - 2I)u_3 = u_2$ を満たす u_3 は存在しないので，u_1 によって生成されるジョルダン鎖は $\{u_1, u_2\}$ となる．一方，

$(A - 2I)\boldsymbol{v}_2 = \boldsymbol{v}_1$ を満たす $\boldsymbol{v}_2$ は存在しないので，$\boldsymbol{v}_1$ によって生成されるジョルダン鎖は $\{\boldsymbol{v}_1\}$ となる．$\{\boldsymbol{u}_1, \boldsymbol{u}_2, \boldsymbol{v}_1\}$ は明らかに 1 次独立である．

5.4.2　n 元連立 1 階線形微分方程式系の一般解

A の固有空間の次元を r とし，$\boldsymbol{v}_1^i$ $(i = 1, 2, \ldots, r)$ を行列 A の 1 次独立な固有ベクトルとする．さらに，それらから生成されるジョルダン鎖をそれぞれ $\{\boldsymbol{v}_1^i, \boldsymbol{v}_2^i, \ldots, \boldsymbol{v}_{k_i}^i\}$ $(i = 1, 2, \ldots, r)$ とする．また，$\boldsymbol{v}_1^i$ $(i = 1, 2, \ldots, r)$ は固有値 λ_i に対する固有ベクトルとする．このとき，

$$
\begin{cases}
\boldsymbol{\omega}_1^i(t) = \boldsymbol{v}_1^i \\[2mm]
\boldsymbol{\omega}_2^i(t) = t\boldsymbol{v}_1^i + \boldsymbol{v}_2^i \\[2mm]
\quad\vdots \\[2mm]
\boldsymbol{\omega}_{k_i}^i(t) = \dfrac{t^{k_i-1}}{(k_i-1)!}\boldsymbol{v}_1^i + \cdots + t\boldsymbol{v}_{k_i-1}^i + \boldsymbol{v}_{k_i}^i \quad (i = 1, 2, \ldots, r)
\end{cases}
$$

とすると，$\boldsymbol{\phi}_1^i(t) = e^{\lambda_i t}\boldsymbol{\omega}_1^i(t)$，$\boldsymbol{\phi}_2^i(t) = e^{\lambda_i t}\boldsymbol{\omega}_2^i(t), \ldots, \boldsymbol{\phi}_{k_i}^i(t) = e^{\lambda_i t}\boldsymbol{\omega}_{k_i}^i(t)$ は (5.48) の解である．実際，$\boldsymbol{\omega}_0^i(t) = 0$ とすると，

$$
\frac{d}{dt}\boldsymbol{\omega}_j^i(t) = \boldsymbol{\omega}_{j-1}^i(t) \quad (j = 1, 2, \ldots, k_i)
$$

$$
A\boldsymbol{\omega}_j^i(t) = \lambda_i\boldsymbol{\omega}_j^i(t) + \boldsymbol{\omega}_{j-1}^i(t) \quad (j = 1, 2, \ldots, k_i)
$$

が成り立つので，

$$
\begin{aligned}
\frac{d}{dt}\boldsymbol{\phi}_j^i(t) &= \lambda_i e^{\lambda_i t}\boldsymbol{\omega}_j^i(t) + e^{\lambda_i t}\boldsymbol{\omega}_{j-1}^i(t) \\
&= e^{\lambda_i t}(\lambda_i\boldsymbol{\omega}_j^i(t) + \boldsymbol{\omega}_{j-1}^i(t)) = A\boldsymbol{\phi}_j^i(t)
\end{aligned}
$$

が得られる．(5.48) の複素数値の一般解は $\boldsymbol{\phi}_1^i(t), \boldsymbol{\phi}_2^i(t), \ldots, \boldsymbol{\phi}_{k_i}^i(t)$ $(i = 1, 2, \ldots, r)$ の 1 次結合

$$
\boldsymbol{z}(t) = \sum_{i=1}^{r}\sum_{j=1}^{k_i} c_j^i \boldsymbol{\phi}_j^i(t) \tag{5.49}
$$

となる．ただし，c_j^i はすべて任意の複素数である．

(5.48) の（実数値の）一般解について考えよう．そこで，次の補題を示す．

■ **補題 5.4** $\{v_1, v_2, \ldots, v_n\}$ を $\mathbb{C}^n$ の基底とする．ただし，各基底ベクトルの複素共役なベクトルがすべて基底に含まれているとする．このとき，$z = c_1 v_1 + c_1 v_2 + \cdots + c_n v_n$ が実ベクトルになるための必要十分条件は，互いに複素共役なベクトルの係数が互いに複素共役であり，実ベクトルの係数が実数であることである．

証明．簡単のため，$v_1, v_2, v_3, v_4, \ldots, v_{2k-1}, v_{2k}$ を

$$v_1 = \bar{v}_2, \quad v_3 = \bar{v}_4, \quad \ldots, \quad v_{2k-1} = \bar{v}_{2k}$$

のように複素共役な複素ベクトルで $v_{2k+1}, v_{2k+2}, \ldots, v_n$ を実ベクトルとする．このとき，

$$z = c_1 v_1 + c_2 v_2 + \cdots + c_{2k-1} v_{2k-1} + c_{2k} v_{2k} + c_{2k+1} v_{2k+1} + \cdots + c_n v_n$$

$$\bar{z} = \bar{c}_1 v_2 + \bar{c}_2 v_1 + \cdots + \bar{c}_{2k-1} v_{2k} + \bar{c}_{2k} v_{2k-1} + \bar{c}_{2k+1} v_{2k+1} + \cdots + \bar{c}_n v_n$$

であるから，もし互いに複素共役なベクトルの係数が互いに複素共役であり，実ベクトルの係数が実数であるなら，$z = \bar{z}$ となり，z は実ベクトルとなる．逆に，$z = \bar{z}$ としよう．$\{v_1, v_2, \ldots, v_n\}$ は基底であるから 1 次独立であることに注意すると，上の 2 式の辺々を引いた式から，$c_1 = \bar{c}_2, \ldots, c_{2k-1} = \bar{c}_{2k}$，$c_{2k+1} = \bar{c}_{2k+1}, \ldots, c_n = \bar{c}_n$ が得られ，互いに複素共役なベクトルの係数が互いに複素共役であり，実ベクトルの係数が実数であることがわかる． $\square$

$\overline{e^{\lambda t} v} = e^{\bar{\lambda} t} \bar{v}$ に注意すると，この補題により，式 (5.49) の係数を適切に選べば，それは (5.48) の一般解になることがわかる．

5.4.3 安定部分空間と不安定部分空間

A を n 次実正方行列とし，互いに異なる固有値 $\lambda_1, \lambda_2, \ldots, \lambda_r$ をもつとする．各固有値 λ_i の（代数的）重複度を k_i とする．このとき，λ_i の一般化固有空間 S_i の次元は k_i に等しいことが知られている．S_i は次の定理の意味で (5.48) に関して**不変** (invariant) である．ただし，x を初期値とする (5.48) の解が $e^{tA} x$ であることに注意しよう．

■ **定理5.5**　$\boldsymbol{x} \in S_i$ なら，任意の t に対して $e^{tA}\boldsymbol{x} \in S_i$ が成り立つ.

証明.　一般化固有空間の定義から，$\boldsymbol{x} \in S_i$ なら $A\boldsymbol{x} \in S_i$ である．よって，

$$e^{tA}\boldsymbol{x} = \left(I + tA + \frac{t^2}{2!}A^2 + \cdots + \frac{t^k}{k!}A^k + \cdots \right)\boldsymbol{x}$$

より，任意の t に対して，$e^{tA}\boldsymbol{x} \in S_i$ であることがわかる.　　　　　□

λ_i が実数であるとき S_i は $\mathbb{R}^n$ の部分空間であるが，λ_i が複素数のとき S_i は $\mathbb{R}^n$ の部分空間ではない．しかし，次のように S_i から実ベクトルを選び出すことができる.

■ **定理5.6**　固有値 λ_i が複素数であるとき，λ_i に対するすべての一般化固有ベクトルの実部と虚部で張られる $\mathbb{R}^n$ の部分空間 V_i の次元は $2k_i$ となり，$\boldsymbol{x} \in V_i$ なら，任意の t に対して $e^{tA}\boldsymbol{x} \in V_i$ が成り立つ.

証明.　A は実行列であるから，λ_i が固有値であれば，$\bar{\lambda}_i$ も固有値であり，$\{\boldsymbol{v}_1, \boldsymbol{v}_2, \ldots, \boldsymbol{v}_{k_i}\}$ が λ_i の一般化固有空間 S_i の基底であれば，$\{\bar{\boldsymbol{v}}_1, \bar{\boldsymbol{v}}_2, \ldots, \bar{\boldsymbol{v}}_{k_i}\}$ は $\bar{\lambda}_i$ に対する一般化固有空間 $\bar{S}_i$ の基底である．補題5.4から，任意の複素数 $c_1, c_2, \ldots, c_{k_i}$ に対して

$$c_1\boldsymbol{v}_1 + \bar{c}_1\bar{\boldsymbol{v}}_1 + c_2\boldsymbol{v}_2 + \bar{c}_2\bar{\boldsymbol{v}}_2 + \cdots + c_{k_i}\boldsymbol{v}_{k_i} + \bar{c}_{k_i}\bar{\boldsymbol{v}}_{k_i}$$

は実ベクトルとなる．また，$\{\boldsymbol{v}_1, \boldsymbol{v}_2, \ldots, \boldsymbol{v}_{k_i}, \bar{\boldsymbol{v}}_1, \bar{\boldsymbol{v}}_2, \ldots, \bar{\boldsymbol{v}}_{k_i}\}$ は1次独立であるから，この1次結合が零ベクトルとなるのは，係数がすべて0のときだけである．$c_j = a_j + ib_j$，$\boldsymbol{v}_j = \boldsymbol{p}_j + i\boldsymbol{q}_j$（$a_j, b_j$ は実数，$\boldsymbol{p}_j, \boldsymbol{q}_j$ は実ベクトル）$(j = 1, 2, \ldots, k_i)$ とおくと，

$$c_j\boldsymbol{v}_j + \bar{c}_j\bar{\boldsymbol{v}}_j = 2(a_j\boldsymbol{p}_j - b_j\boldsymbol{q})$$

であるから，$\{\boldsymbol{p}_1, \boldsymbol{p}_2, \ldots, \boldsymbol{p}_{k_i}, \boldsymbol{q}_1, \boldsymbol{q}_2, \ldots, \boldsymbol{q}_{k_i}\}$ も1次独立であることがわかる．したがって，この1次独立なベクトルによって張られる空間を V_i と表せば，V_i は $\mathbb{R}^n$ の部分空間であり，その次元は $2k_i$ である．定理5.5から，$\boldsymbol{x} \in V_i$ なら，任意の t に対して $e^{tA}\boldsymbol{x} \in V_i$ である.　　　　　□

　負（正）の実部をもつ A のすべての固有値 λ_i に対するすべての一般化固有ベクトルの実部と虚部で張られる $\mathbb{R}^n$ の部分空間を E^s (E^u) とする．E^s, E^u

はそれぞれ A の**安定部分空間** (stable subspace), **不安定部分空間** (unstable subspace) と呼ばれ, これまでの議論の結果から次の定理が得られる.

■ **定理 5.7** A が純虚数を固有値にもたないとき, E^s と E^u の直和は $\mathbb{R}^n$ に等しい. また, (5.48) に関して E^s, E^u は不変であり, $\boldsymbol{x} \in E^s$ なら $e^{tA}\boldsymbol{x} \to \boldsymbol{0}$ $(t \to \infty)$, $\boldsymbol{x} \in E^u$ なら $e^{tA}\boldsymbol{x} \to \boldsymbol{0}$ $(t \to -\infty)$ となる.

〇 **例 5.14** 次の行列の安定部分空間と不安定部分空間を求めよう.

$$A = \begin{pmatrix} -1 & -1 & -2 \\ -2 & -1 & -1 \\ -1 & -2 & -1 \end{pmatrix}$$

$|\lambda I - A| = (\lambda + 4)(\lambda^2 - \lambda + 1)$ であるから, A は固有値 $\lambda = -4$, $\frac{1}{2}(1 \pm i\sqrt{3})$ をもつ. したがって, E^s, E^u の次元はそれぞれ 1, 2 である. E^s, E^u を求めよう.

$$\boldsymbol{v}_1 = \begin{pmatrix} 1 \\ 1 \\ 1 \end{pmatrix}, \quad \boldsymbol{v}_2 = \begin{pmatrix} -\frac{1}{2}(1 - i\sqrt{3}) \\ -\frac{1}{2}(1 + i\sqrt{3}) \\ 1 \end{pmatrix}$$

はそれぞれ $\lambda = -4$, $\lambda = \frac{1}{2}(1 + i\sqrt{3})$ に対する固有ベクトルであり, $\bar{\boldsymbol{v}}_2$ は $\lambda = \frac{1}{2}(1 - i\sqrt{3})$ に対する固有ベクトルである. よって,

$$E^s = \left\{ t \begin{pmatrix} 1 \\ 1 \\ 1 \end{pmatrix} : t \in \mathbb{R} \right\}, \quad E^u = \left\{ s \begin{pmatrix} -\frac{1}{2} \\ -\frac{1}{2} \\ 1 \end{pmatrix} + t \begin{pmatrix} \frac{\sqrt{3}}{2} \\ -\frac{\sqrt{3}}{2} \\ 0 \end{pmatrix} : s, t \in \mathbb{R} \right\}$$

がそれぞれ A の安定部分空間と不安定部分空間である. E^s は原点と点 $(1, 1, 1)$ を通る直線であり, E^u は平面 $x_1 + x_2 + x_3 = 0$ である.

第 5 章の章末問題

問 5.1　(5.5) で与えられる $\boldsymbol{f}(t), \boldsymbol{g}(t)$ はそれぞれ (5.4) の解であることを確かめよ.

問 5.2　例 5.2 の連立微分方程式の初期値問題に対するレゾルベント行列を求めよ. また求めた行列が原点を中心とした時計回りの角度 $t - t_0$ の回転行列であることを示せ.

問 5.3　(5.15) を導出せよ.

問 5.4　(5.19) は (5.12) のレゾルベント行列であることを示せ.

問 5.5　次の 2 元連立微分方程式を解け.

$$(1)\ \frac{d}{dt}\begin{pmatrix} x_1 \\ x_2 \end{pmatrix} = \begin{pmatrix} 4 & 1 \\ -3 & 0 \end{pmatrix}\begin{pmatrix} x_1 \\ x_2 \end{pmatrix} \qquad (2)\ \frac{d}{dt}\begin{pmatrix} x_1 \\ x_2 \end{pmatrix} = \begin{pmatrix} -1 & 1 \\ 2 & 0 \end{pmatrix}\begin{pmatrix} x_1 \\ x_2 \end{pmatrix}$$

$$(3)\ \frac{d}{dt}\begin{pmatrix} x_1 \\ x_2 \end{pmatrix} = \begin{pmatrix} 0 & 1 \\ 1 & 0 \end{pmatrix}\begin{pmatrix} x_1 \\ x_2 \end{pmatrix} \qquad (4)\ \frac{d}{dt}\begin{pmatrix} x_1 \\ x_2 \end{pmatrix} = \begin{pmatrix} 1 & 1 \\ 2 & 1 \end{pmatrix}\begin{pmatrix} x_1 \\ x_2 \end{pmatrix}$$

問 5.6　次の 2 元連立微分方程式を解け.

$$(1)\ \frac{d}{dt}\begin{pmatrix} x_1 \\ x_2 \end{pmatrix} = \begin{pmatrix} 1 & 1 \\ -1 & 3 \end{pmatrix}\begin{pmatrix} x_1 \\ x_2 \end{pmatrix} \qquad (2)\ \frac{d}{dt}\begin{pmatrix} x_1 \\ x_2 \end{pmatrix} = \begin{pmatrix} 2 & 0 \\ 1 & 2 \end{pmatrix}\begin{pmatrix} x_1 \\ x_2 \end{pmatrix}$$

問 5.7　(5.30) で $\boldsymbol{f}$ を (5.33) としたとき, $\boldsymbol{g}, \boldsymbol{h}$ が (5.34) を満たす定数ベクトルであると定めれば, (5.30) は (5.20) の解となることを示せ.

問 5.8　定理 5.1 を証明せよ.

問 5.9　次の 2 元連立微分方程式に対する初期値問題を解け. 初期条件を $\boldsymbol{x}(0) = (1, 0)^\top$ とする.

$$(1)\ \frac{d}{dt}\begin{pmatrix} x_1 \\ x_2 \end{pmatrix} = \begin{pmatrix} 1 & 1 \\ -1 & 1 \end{pmatrix}\begin{pmatrix} x_1 \\ x_2 \end{pmatrix} \qquad (2)\ \frac{d}{dt}\begin{pmatrix} x_1 \\ x_2 \end{pmatrix} = \begin{pmatrix} 0 & 2 \\ -2 & -1 \end{pmatrix}\begin{pmatrix} x_1 \\ x_2 \end{pmatrix}$$

$$(3)\ \frac{d}{dt}\begin{pmatrix} x_1 \\ x_2 \end{pmatrix} = \begin{pmatrix} -1 & 2 \\ -1 & 1 \end{pmatrix}\begin{pmatrix} x_1 \\ x_2 \end{pmatrix}$$

問 5.10　初期値問題 (5.39) の解 $\boldsymbol{x}(t)$ は $e^{At}\boldsymbol{x}_0$ と表せることを確かめよ.

問 5.11 固有方程式 $P(\lambda) = 0$ のすべての解が負の実部をもつならば, $i = 1, 2, \ldots, n$ に対して係数は $a_i > 0$ となることを確かめよ.

問 5.12 ゲルシュゴリンの定理を証明せよ.

問 5.13 次の非斉次方程式の特解を求めよ.

(1) $\dfrac{d}{dt} \begin{pmatrix} x_1 \\ x_2 \end{pmatrix} = \begin{pmatrix} 4 & 1 \\ -3 & 0 \end{pmatrix} \begin{pmatrix} x_1 \\ x_2 \end{pmatrix} + \begin{pmatrix} e^{2t} \\ 1 \end{pmatrix}$

(2) $\dfrac{d}{dt} \begin{pmatrix} x_1 \\ x_2 \end{pmatrix} = \begin{pmatrix} 3 & 1 \\ 2 & 2 \end{pmatrix} \begin{pmatrix} x_1 \\ x_2 \end{pmatrix} + \begin{pmatrix} e^{2t} \\ 2e^t \end{pmatrix}$

問 5.14 問 5.13 の非斉次方程式の特解を推定して代入法で求めよ.

第 6 章

連立 1 階非線形微分方程式

前章では複数の従属変数に関する連立 1 階線形微分方程式を考えたが, 本章では複数の従属変数に関する次の連立 1 階非線形微分方程式を考えよう.

$$\frac{d\boldsymbol{x}}{dt} = \boldsymbol{f}(\boldsymbol{x}) \tag{6.1}$$

ここで, $\boldsymbol{x} = (x_1, x_2, \ldots, x_n)^\top$, $\boldsymbol{f}(\boldsymbol{x}) = (f_1(\boldsymbol{x}), f_2(\boldsymbol{x}), \ldots, f_n(\boldsymbol{x}))^\top$ であり, 右辺の関数 $\boldsymbol{f}(\boldsymbol{x})$ が t に依存しない**自励系** (autonomous system) を考える. 対応する**初期値問題** (initial value problem) とは, 初期条件 $\boldsymbol{x}(t_0) = \boldsymbol{x}_0$ と方程式 (6.1) を同時に満足する解 $\boldsymbol{x}$ を調べる問題である. 本章では特に断らない場合は, 初期値問題に対して一意的な解が存在することを仮定する.

第 2 章では 1 変数の (非線形) 微分方程式に対して初等的に解を求める方法を考察したが, 変数が複数になると, 一般的な非線形微分方程式の解を求めることは不可能になる. 本章ではそのような場合に, $t \to \pm\infty$ における解の様子を調べるために微分方程式の**大域理論** (global theory) または**定性理論** (qualitative theory) を紹介する. 連立 1 階非線形微分方程式の解の様子を調べるために, 前章で考察した連立 1 階線形微分方程式の結果が非常に役立つことが明らかにされる. 特に, 自励系の**平衡点**の**安定性** (stability of equilibrium point) を考察する.

6.1 連立1階非線形微分方程式の軌道・平衡点・周期解・安定性

初期値問題に関する解の存在と一意性の定理として，次のものが知られている．

■ **定理 6.1** 微分方程式 (6.1) において，f の偏導関数 $\partial f/\partial x_i$ $(i = 1, 2, \ldots, n)$ が $\mathbb{R}^n$ 上の任意の点 $(x_1, x_2, \ldots, x_n)^{\top}$ で連続関数であると仮定する．このとき対応する初期値問題は，任意の初期条件 $x(t_0) = x_0 \in \mathbb{R}^n$ に対して，ただ1つの解をもつ．

1.1 節の最後に示したように，解が有界でなければ解が存在する区間の最大は有限である可能性があることに注意しよう．

微分方程式 (6.1) の解 $x(t) = (x_1(t), x_2(t), \ldots, x_n(t))^T$ は t をパラメータとして $\mathbb{R}^n$ 上の曲線を描く．この曲線は方程式系の**解軌道** (trajectory)，**軌道** (orbit) または**解曲線** (solution curve) と呼ばれる．t を時刻として，時刻 $t = t_0$ で点 x_0 に置かれた（質量が無視できるような）粒子を想定しよう．空間 $\mathbb{R}^n$ 上の任意の点 x を指定すれば関数値 $f(x)$ が決まるので，このベクトル値 $f(x)$ を点 x における粒子への風向・風速と考えれば，時刻 t が増加するにつれて粒子は $f(x)$ を接ベクトルとする曲線を描くように移動する．この曲線が解軌道である．方程式を考える空間を一般的に**相空間** (phase space) と呼び，$n = 2$ のときに**相平面** (phase plane)，$n = 1$ のときに**相直線** (phase line) と呼ぶこともある．

初期値問題の解の存在と一意性が成り立つ場合の重要な性質として，次のことが保証される．任意の2つの解軌道が共有点をもつ場合は相空間において2つの解軌道が同一であること，共有点をもたなければ分離された2つの解軌道となることである．また，方程式 (6.1) が自励系の場合，方程式の右辺の関数 f が t に陽に依存していないので，点 x での風向・風速は t に無関係に一定である．したがって，次の系が得られるのは明らかであろう．証明は問 6.1 を参照せよ．

■ **系 6.2** $i = 1, 2, \ldots, n$ に対して，f の偏導関数 $\partial f/\partial x_i$ が $\mathbb{R}^n$ 上の任意の点 $(x_1, x_2, \ldots, x_n)^{\top}$ で連続関数であると仮定する．このとき，$x_1(t), x_2(t)$ を微分方程式 (6.1) の異なる t_1, t_2 において同一の点 x_0 を出発する解とす

る．すなわち，$\boldsymbol{x}_1(t_1) = \boldsymbol{x}_0$，$\boldsymbol{x}_2(t_2) = \boldsymbol{x}_0$ とする．このとき，任意の t で $\boldsymbol{x}_2(t) = \boldsymbol{x}_1(t + t_1 - t_2)$ が成り立つ．

$t_1 < t_2$ とすると，解軌道 $\boldsymbol{x}_2(t)$ は解軌道 $\boldsymbol{x}_1(t)$ を時間差 $t_2 - t_1$ を保って追っていくことになる．したがって，初期値問題において初期時刻を $t_0 = 0$ としても一般性を失わないので，今後特に断らない限り $t_0 = 0$ とする．

一般的に非線形連立微分方程式 (6.1) の解を t の関数として明示することは不可能であるが，次のような特別な解（定数解）を求めることは可能である．

方程式 $\boldsymbol{f}(\bar{\boldsymbol{x}}) = \boldsymbol{0}$ を満たす定数 $\bar{\boldsymbol{x}}$ を微分方程式 (6.1) の**平衡点** (equilibrium point) と呼ぶ．平衡点は**不動点** (fixed point)，**定常解** (stationary solution)，**臨界点** (critical point)，**休止点** (rest point) ともいわれる．

○ **例 6.1**　第1章の例で，指数成長 (1.8), (1.10) とゴンペルツ成長 (1.11) の平衡点は $\bar{x} = 0$ であり，ロジスティック成長 (1.13) の平衡点は $\bar{x} = 0$ と $\bar{x} = K$ である．伝染病の広がりを表す (1.14) の平衡点は $\bar{x} = 0$ と $\bar{x} = N$ である．

平衡点 $\bar{\boldsymbol{x}}$ は定数であり（導関数は $\boldsymbol{0}$ となり），さらに $\boldsymbol{f}(\bar{\boldsymbol{x}}) = \boldsymbol{0}$ を満たすので，定数関数 $\bar{\boldsymbol{x}}(t) = \bar{\boldsymbol{x}}$ は初期条件を $\boldsymbol{x}(0) = \bar{\boldsymbol{x}}$ とした初期値問題の解である．また解の一意性から，この初期値問題の解は $\boldsymbol{x}(t) = \bar{\boldsymbol{x}}$ 以外には存在しない．したがって解軌道は $\boldsymbol{x}(t) = \bar{\boldsymbol{x}}$ となり，t が変化しても移動しない．

次の問題を考えよう．平衡点の近くの点で平衡点とは異なる点を初期値とする解は，$t > 0$ で平衡点の近くに留まっているか，また $t \to \infty$ で解は平衡点に漸近するであろうか（解の一意性から，この解が有限の t で平衡点に達することは不可能であることに注意しよう）．そのために，$\mathbb{R}^n$ における2点の距離を定義する．2点 $\boldsymbol{x} = (x_1, x_2, \ldots, x_n)^\top$, $\boldsymbol{y} = (y_1, y_2, \ldots, y_n)^\top$ のユークリッド距離を $|\boldsymbol{x} - \boldsymbol{y}| = \sqrt{\sum_{i=1}^n (x_i - y_i)^2}$ と記す．

(6.1) の平衡点 $\bar{\boldsymbol{x}}$ は，任意の $\epsilon > 0$ に対して，次の条件を満たす定数 $\delta > 0$ が存在するとき**安定** (stable) であるという：初期条件 $\boldsymbol{x}(0) = \boldsymbol{x}_0$ が不等式

$$|\boldsymbol{x}_0 - \bar{\boldsymbol{x}}| < \delta \tag{6.2}$$

を満たす任意の解 $\boldsymbol{x}(t)$ が，すべての $t > 0$ に対して不等式

$$|\boldsymbol{x}(t) - \bar{\boldsymbol{x}}| < \epsilon \tag{6.3}$$

を満たす.また平衡点が安定でないときに平衡点は**不安定** (unstable) であるという.

平衡点が安定である場合に,平衡点の漸近安定性は次のように定義される.(6.1) の平衡点 $\bar{x}$ が安定であり,さらにある定数 $\gamma > 0$ が存在して,初期条件 $x(0) = x_0$ が不等式

$$|x_0 - \bar{x}| < \gamma \tag{6.4}$$

を満たすような任意の解 $x(t)$ について

$$\lim_{t \to \infty} |x(t) - \bar{x}| = 0 \tag{6.5}$$

が成り立つとき,平衡点 $\bar{x}$ は**漸近安定** (asymptotically stable) であるという.平衡点 $\bar{x}$ の近傍における解の性質であること強調するために,**局所漸近安定** (locally asymptotically stable) ともいわれる.

✔ **注 6.1** 安定性の定義に関して,次の点に注意しよう.

(1) 平衡点 $\bar{x}$ は,次のような条件が満たされるときに安定といわれる.**どのように小さな** $\epsilon > 0$ に対しても,$\epsilon > 0$ に関係する（$\epsilon > 0$ より小さいか等しい）定数 $\delta > 0$ をうまく選ぶことができ,初期値 x_0 と平衡点 $\bar{x}$ が (6.2) を満たすユークリッド距離内に x_0 を選べば,そのような初期条件を満たす**すべての解** $x(t)$ と平衡点 $\bar{x}$ が任意の $t > 0$ において不等式 (6.3) を満たす.

(2) 大事な点は,平衡点と解との距離をどのように小さく指定しても（任意の $\epsilon > 0$）,初期値の選択範囲を条件 (6.2) に制限すれば,解と平衡点との距離が任意の $t > 0$ において $\epsilon > 0$ より小さくできるということである.

(3) また,初期値と平衡点との距離を制限する定数 $\delta > 0$ をいくら小さく選んでも,初期値 (6.2) を満たす解と平衡点の距離が不等式 (6.3) をある時刻 $t > 0$ で満たさないような解が 1 つでもあれば,（その他の (6.2) を満たす解が (6.3) をすべての時刻 $t > 0$ で満たしていても）平衡点は不安定である.

(4) 平衡点の漸近安定性は平衡点の安定性を必要条件としていることに注意しよう.したがって,解が $t \to \infty$ で $x(t) \to \bar{x}$ となっても,$t > 0$ のある時刻で解が平衡点の近傍を離れてしまう場合は,平衡点は漸近安定ではない（したがって,安定でもない）.

(5) 平衡点の（漸近）安定性は,平衡点近傍での解の挙動に関して定義されている.

解が不等式 (6.5) を満たすような初期値 x_0 の集合を平衡点の**吸引域** (basin of attraction) と呼ぶ．この吸引域が $\mathbb{R}^n$ 全体，または微分方程式 (6.1) を考察している領域全体と一致する場合は，漸近安定な平衡点は**大域漸近安定** (globally asymptotically stable) であるといわれる．また，考察している領域が $\Omega \subset \mathbb{R}^n$ であるとき，それを明記して Ω で大域漸近安定ともいう．

微分方程式 (6.1) で $n = 1$ の相直線を考えよう．この場合，解の一意性が成り立っていれば，解は相直線上を右か左に進み方向転換しない．また平衡点を出発する解は動かないので，平衡点の安定性は容易に判定できる．

〇**例 6.2**　指数成長 (1.8) では，$dx/dt = \alpha x > 0$ $(x > 0)$ であるので，初期値が $x_0 > 0$ を満たせば，解は常に相直線上を右に進むので平衡点 $\bar{x} = 0$ は不安定である．放射性物質の崩壊過程を表す方程式 (1.10) では，$dx/dt = -\beta x < 0$ $(x > 0)$ であるので，初期値が $x_0 > 0$ を満たせば解は常に相直線上を左に進み，$x_0 < 0$ を満たせば解は常に相直線上を右に進むので，平衡点 $\bar{x} = 0$ は大域漸近安定である．ゴンペルツ成長 (1.11) でも，$dx/dt > 0$ $(x > 0)$ であるので，平衡点 $\bar{x} = 0$ は不安定である．ロジスティック成長 (1.13) に関しては，平衡点 $\bar{x} = 0$ は不安定で，平衡点 $\bar{x} = K$ は $(0, \infty)$ で大域漸近安定である．伝染病の広がりを表す (1.14) の平衡点 $\bar{x} = 0$ は $[0, N)$ で大域漸近安定であり，平衡点 $\bar{x} = N$ は不安定である．

もう1つの特別な解は**周期解** (periodic solution) である．定数解でない解 $\boldsymbol{x}(t)$ で，任意の t に対して $\boldsymbol{x}(t + T) = \boldsymbol{x}(t)$ が成り立つ正の定数 T が存在するような微分方程式 (6.1) の解を**周期解**という．このとき，任意の自然数 n に対して $\boldsymbol{x}(t + nT) = \boldsymbol{x}(t)$ が成り立つ．$T > 0$ のうちで最小のものを解の**周期** (period) という．

一般的に周期解は有界で連続で，周期解の存在区間は $(-\infty, \infty)$ である．

〇**例 6.3**　例 5.2 で考察した連立1階微分方程式の解は (5.8) を用いて (5.6) で与えられ，周期 2π の周期解である．

$n = 1$ のとき (6.1) は，解の一意性から周期解をもつことが不可能であることは容易にわかる．なぜなら，$n = 1$ の微分方程式の解は，一般的に t に関して

単調な関数であり，振動しないからである.

平衡点に関する安定性と同様に，周期解に関しても（漸近）安定性や不安定性を定義できる．相平面 $(n = 2)$ で周期解は閉曲線となる．初期値を周期解上にとれば解は周期解上にとどまる．閉曲線近傍の点で閉曲線の内側と外側にある点を初期値とする任意の解が t の増加に伴って閉曲線に漸近するとき，周期解は漸近安定であるという．また，閉曲線近傍の内側の点を初期値とする任意の解は閉曲線に漸近するが，外側からの解は閉曲線から離れる場合もある．例 6.3 の周期解は一般に初期値に応じて異なる周期解となるので，安定であるが漸近安定ではない．またこの方程式系の平衡点 $(0, 0)$ も安定であるが漸近安定ではない（このような平衡点は**中立安定** (neutrally stable) といわれる）.

6.2 線形近似

方程式 (6.1) の右辺の関数 $\boldsymbol{f}(\boldsymbol{x})$ が線形関数 $A\boldsymbol{x}$ に"近ければ"，(6.1) の解と斉次型 n 元連立方程式系 (5.43) の解はそれほど異なることはないであろうと期待できる．関数 $\boldsymbol{f}(\boldsymbol{x})$ を平衡点 $\bar{\boldsymbol{x}}$ の周りでテーラー展開すると

$$\boldsymbol{f}(\boldsymbol{x}) = \boldsymbol{f}(\bar{\boldsymbol{x}}) + \frac{\partial \boldsymbol{f}}{\partial \boldsymbol{x}}(\bar{\boldsymbol{x}})(\boldsymbol{x} - \bar{\boldsymbol{x}}) + o(|\boldsymbol{x} - \bar{\boldsymbol{x}}|) \quad (\boldsymbol{x} \to \bar{\boldsymbol{x}}) \qquad (6.6)$$

が得られる．ここで $(\partial \boldsymbol{f}/\partial \boldsymbol{x})(\bar{\boldsymbol{x}})$ は $\boldsymbol{f}(\boldsymbol{x})$ の各成分に対する変数 $x_1, x_2, \ldots, x_n$ に関する $\bar{\boldsymbol{x}}$ における偏微分係数から作られる行列（$\bar{\boldsymbol{x}}$ における $\boldsymbol{f}$ の**ヤコビ行列** (Jacobian matrix) と呼ばれる），すなわち

$$\frac{\partial \boldsymbol{f}}{\partial \boldsymbol{x}}(\bar{\boldsymbol{x}}) = \begin{pmatrix} \frac{\partial f_1}{\partial x_1}(\bar{\boldsymbol{x}}) & \frac{\partial f_1}{\partial x_2}(\bar{\boldsymbol{x}}) & \cdots & \frac{\partial f_1}{\partial x_n}(\bar{\boldsymbol{x}}) \\ \frac{\partial f_2}{\partial x_1}(\bar{\boldsymbol{x}}) & \frac{\partial f_2}{\partial x_2}(\bar{\boldsymbol{x}}) & \cdots & \frac{\partial f_2}{\partial x_n}(\bar{\boldsymbol{x}}) \\ \vdots & \vdots & \ddots & \vdots \\ \frac{\partial f_n}{\partial x_1}(\bar{\boldsymbol{x}}) & \frac{\partial f_n}{\partial x_2}(\bar{\boldsymbol{x}}) & \cdots & \frac{\partial f_n}{\partial x_n}(\bar{\boldsymbol{x}}) \end{pmatrix} \qquad (6.7)$$

である．ヤコビ行列を

$$A = \frac{\partial \boldsymbol{f}}{\partial \boldsymbol{x}}(\bar{\boldsymbol{x}}) \qquad (6.8)$$

と記し，$\bar{\boldsymbol{x}}$ が平衡点であるので $\boldsymbol{f}(\bar{\boldsymbol{x}}) = \boldsymbol{0}$ に注意すると，(6.6) は

$$\boldsymbol{f}(\boldsymbol{x}) = A(\boldsymbol{x} - \bar{\boldsymbol{x}}) + o(|\boldsymbol{x} - \bar{\boldsymbol{x}}|) \quad (\boldsymbol{x} \to \bar{\boldsymbol{x}})$$

となり，座標の移動 $\boldsymbol{y} = \boldsymbol{x} - \bar{\boldsymbol{x}}$ を行えば，微分方程式 (6.1) は

$$\frac{d\boldsymbol{y}}{dt} = A\boldsymbol{y} + o(|\boldsymbol{y}|) \quad (\boldsymbol{y} \to \boldsymbol{0}) \tag{6.9}$$

と書き換えることができる．行列 A は $\boldsymbol{f}$ の $\bar{\boldsymbol{x}}$ における**線形化行列** (linearized matrix) と呼ばれ，

$$\frac{d\boldsymbol{y}}{dt} = A\boldsymbol{y} \tag{6.10}$$

は (6.1) の $\bar{\boldsymbol{x}}$ における**線形化方程式系** (linearized system) といわれる．方程式系 (6.10) は第 5 章で考察した斉次型 n 元連立方程式系であり，その解の求め方はすでに知っている．方程式 (6.1) と (6.9) は同じ方程式を表しているが，(6.9) で高次の項を無視した線形化方程式系 (6.10) に関する情報は方程式 (6.1) の解に対してどのような情報をもたらすであろうか．これについては次の**ハートマン・グロブマンの定理** (Hartman-Grobman theorem) が知られている．平衡点 $\bar{\boldsymbol{x}}$ に対する方程式 (6.1) のヤコビ行列で，そのすべての固有値の実部が 0 でない場合，平衡点 $\bar{\boldsymbol{x}}$ は**双曲型平衡点** (hyperbolic equilibrium) と呼ばれる．

■ **定理 6.3（ハートマン・グロブマンの定理）**　$\bar{\boldsymbol{x}}$ を (6.1) の双曲型平衡点とする．このとき，$\bar{\boldsymbol{x}}$ の近傍 U と同相写像 $\boldsymbol{h} : U \to \boldsymbol{h}(U)$ が存在し，$\boldsymbol{x}(0) \in U$ ならば $\boldsymbol{y}(t) = \boldsymbol{h}(\boldsymbol{x}(t))$ が $\boldsymbol{x}(t) \in U$ である限り成り立つ．ここで，$\boldsymbol{x}(t)$ は (6.1) の解，$\boldsymbol{y}(t)$ は $\boldsymbol{y}(0) = \boldsymbol{h}(\boldsymbol{x}(0))$ を満たす線形化方程式系 (6.10) の解である．また同相写像とは，連続かつ全単射で連続な逆写像をもつ写像のことである．

　$\bar{\boldsymbol{x}}$ は (6.1) の双曲型平衡点であるから，線形化行列 A は正則である．したがって，線形化方程式系 (6.10) の平衡点は原点のみである．$\boldsymbol{x}(0) = \bar{\boldsymbol{x}}$ とすると恒等的に $\boldsymbol{y}(t) = \boldsymbol{h}(\bar{\boldsymbol{x}})$ が成り立つので $\boldsymbol{h}(\bar{\boldsymbol{x}})$ は原点であり，$\boldsymbol{h}$ の連続性から $\boldsymbol{h}(U)$ が原点の近傍であることに注意しよう．

　この定理により，(6.1) の双曲型平衡点の近傍における解軌道と (6.10) の原点の近傍における解軌道は同一視できることが保証される．ハートマン・グロブマンの定理は (6.1) の非双曲型平衡点の近傍における解軌道と (6.10) の原点の近傍における解軌道の関連については何も保証していないことに注意しよう．この場合，平衡点近傍での解軌道は関数 $\boldsymbol{f}(\boldsymbol{x})$ のテーラー展開の高次の項に依存している．

■ **定理6.4** (6.1) が平衡点 $\bar{x}$ をもち，f は C^1 級とする．ヤコビ行列 $A = (\partial f/\partial x)(\bar{x})$ の固有値の実部の最大値を $\lambda_{\max}$ とすると，$\lambda_{\max} < 0$ ならば $\bar{x}$ は漸近安定であり，$\lambda_{\max} > 0$ ならば $\bar{x}$ は不安定である．

✔ **注6.2** $n = 1$ では，線形化行列は $A = a_{11}(\bar{x}) = f'(\bar{x})$ と表すことができるので，$f'(\bar{x}) < 0$ ならば $\bar{x}$ は漸近安定であり，$f'(\bar{x}) > 0$ ならば $\bar{x}$ は不安定である．線形化方程式が $dy/dt = a_{11}(\bar{x})y$ となり，解が $y(t) = y(t_0)e^{f'(\bar{x})t}$ と求められることに注意しよう．

○**例6.4** 微分方程式

$$\frac{dx}{dt} = rx\Big(1 - \frac{x}{K}\Big)(x - L) \tag{6.11}$$

は**アリー効果** (Allee effect) を有する個体群成長モデルを表す．ここで，α, K は正の定数，L は $|L| < K$ を満たす定数である．x は生物種の個体数を表すとすると，例1.6で与えられたロジスティック成長モデル (1.13) では，成長率 $(1/x)(dx/dt) = r(1 - x/K)$ は $x = 0$ で最大になる（個体数が少ないほど成長率は大きい）．アリーは個体群が込み合いすぎる場合と同様にまばらすぎる場合も成長に悪影響が及び，個体群の増殖や生存に対する最適密度が存在することを指摘した．アリー効果を有する個体群成長モデル (6.11) では，成長率 $(1/x)(dx/dt) = r(1 - x/K)(x - L)$ は $x = (K + L)/2 > 0$ で最大になる．$0 < L < K$ の場合は強意のアリー効果と呼ばれ，個体数が小さい $(0 < x < L)$ ときは成長率 $(1/x)(dx/dt)$ は負となる．また $-K < L < 0$ の場合は弱意のアリー効果と呼ばれ，$0 < x < K$ に対しては成長率 $(1/x)(dx/dt)$ はロジスティック成長モデルと同様に正であるが，成長率は $x = 0$ ではなく $x = (K + L)/2 > 0$ で最大となる．

強意のアリー効果を有するアリーモデル (6.11) を考えよう．右辺を0とすると，平衡点が $\bar{x} = 0, L, K$ の3点存在する．(6.11) の右辺を $f(x)$ とすると，平衡点 $\bar{x}$ でのヤコビ行列は

$$a_{11}(\bar{x}) = \frac{df}{dx}(\bar{x}) = r\Big[\Big(1 - \frac{\bar{x}}{K}\Big)(\bar{x} - L) - \frac{\bar{x}}{K}(\bar{x} - L) + \bar{x}\Big(1 - \frac{\bar{x}}{K}\Big)\Big]$$

となり，$a_{11}(0) = -rL < 0$，$a_{11}(L) = rL(1 - L/K) > 0$，$a_{11}(K) = -r(K - L) < 0$ である．したがって，3つの平衡点はすべて双曲型であり，平

衡点 $\bar{x} = 0, K$ は漸近安定，平衡点 $\bar{x} = L$ は不安定であることがわかる．ロジスティック成長モデル (1.13) では平衡点 $\bar{x} = K$ が $(0, \infty)$ で大域的漸近安定であったこと（例 2.3 を見よ）との違いに注意しよう．弱意のアリー効果をもつ場合はロジスティック成長モデルと同様に平衡点は 2 つ $(\bar{x} = 0, K)$ となり，$\bar{x} = 0$ は不安定，$\bar{x} = K$ は漸近安定（実は $(0, \infty)$ で大域的漸近安定）である（問 6.2 参照）．

6.2.1　線形化方程式：2次元

線形化方程式 (6.10) で，$n = 2$ とし，$a_{ij}\ (i, j = 1, 2)$ を実数の定数としてヤコビ行列 A が

$$A = \begin{pmatrix} a_{11} & a_{12} \\ a_{21} & a_{22} \end{pmatrix}$$

と与えられているとしよう．方程式 (6.10) の解を 5.2.3 項の方法で求めよう．ヤコビ行列 A に対する固有方程式は

$$\begin{vmatrix} -\lambda + a_{11} & a_{12} \\ a_{21} & -\lambda + a_{22} \end{vmatrix} = \lambda^2 - (a_{11} + a_{22})\lambda + a_{11}a_{22} - a_{12}a_{21}$$

$$= \lambda^2 - \mathrm{tr}(A)\lambda + \det(A) = 0$$

となる．ここで，$\mathrm{tr}(A), \det(A)$ は行列 A のトレースと行列式である．

まず，平衡点 $\boldsymbol{x}$ が非双曲型（固有方程式の解 λ の実部が 0）である場合を考えよう．次の 2 つのケースがある．

(i)　$\det(A) = 0$：固有方程式の解は 0 と $\mathrm{tr}(A)$．

(ii)　$\det(A) > 0$ かつ $\mathrm{tr}(A) = 0$：固有方程式の解は純虚数 $\pm i\sqrt{\det(A)}$．

以上の場合は，ハートマン・グロブマンの定理は使えない．非双曲型の平衡点をもつ線形化方程式に対して，微小な摂動が加えられると解の様子がどのように変化するかを以下の具体的な例でみてみよう．

〇**例 6.5**　(i) 線形化方程式 (6.10) で，ϵ は 0 ではなく絶対値が十分に小さいとして

$$A = \begin{pmatrix} 1 & 2 \\ 2 & 4 \end{pmatrix}, \quad \bar{A} = \begin{pmatrix} 1+\epsilon & 2 \\ 2 & 4 \end{pmatrix}$$

とする．$\det(A) = 0$, $\det(\bar{A}) = 4\epsilon \neq 0$ に注意しよう．A に対する線形化方程式 (6.10) の平衡点 $\bar{y} = (0,0)^\top$ は非双曲型 (i) である．この線形化方程式は $\bar{y} = (0,0)^\top$ だけではなく，直線 $y_1 + 2y_2 = 0$ 上のすべての点が平衡点となる．この場合，$dy_2/dt = 2dy_1/dt$ が満たされるので，初期条件 $y_1(0) = y_{10}$, $y_2(0) = y_{20}$ を満たす解は $2y_1(t) - y_2(t) = 2y_{10} - y_{20}$ を満たす．したがって，解は点 $y_0 = (y_{10}, y_{20})^\top$ を通り，平衡点の集合を表す直線 $y_1 + 2y_2 = 0$ と直交する直線上を，平衡点の集合から遠ざかる方向に進む（図 6.1）．行列 A の成分に微小な変化を加えて A を $\bar{A}$（ϵ：微小）に変更した方程式は，唯一の平衡点 $\bar{y} = (0,0)^\top$ しかもたないことに注意しよう．$\mathrm{tr}(\bar{A}) = 5 + \epsilon > 0$, $\det(\bar{A}) = 4\epsilon$, $[\mathrm{tr}(\bar{A})]^2 - 4\det(\bar{A}) = (\epsilon + 3)^2 + 16 > 0$ であるので，あとで分類するように，$\epsilon < 0$ のときこの平衡点 $\bar{y} = (0,0)^\top$ は**サドル（鞍点）**(saddle)，$\epsilon > 0$ のとき $\bar{y} = (0,0)^\top$ は**不安定ノード** (unstable node) となる．このように $\det(A) = 0$ の線形化方程式に微小摂動が加えられると解の様子が変わってしまう．

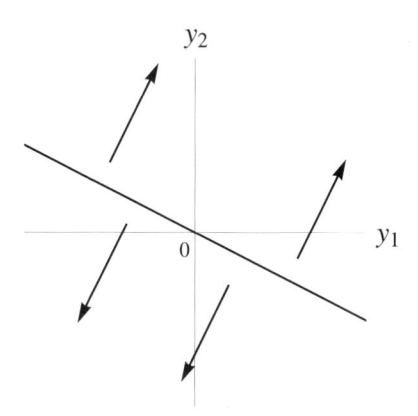

図 6.1 線形化方程式 (6.10) で平衡点が非双曲型（固有方程式の解が 0 をもつ場合）の解軌道の例．直線 $y_1 + 2y_2 = 0$ 上のすべての点が平衡点である．

(ii) 線形化方程式 (6.10) で，$\epsilon \neq 0$ として

$$A = \begin{pmatrix} 0 & 1 \\ -1 & 0 \end{pmatrix}, \quad \bar{A} = \begin{pmatrix} \epsilon & 1 \\ -1 & 0 \end{pmatrix}$$

とする．$\det(A) = 1$, $\mathrm{tr}(A) = 0$, $\det(\bar{A}) = 1$, $\mathrm{tr}(\bar{A}) = \epsilon \neq 0$ に注意しよう．A に対する線形化方程式 (6.10) は唯一の平衡点 $\bar{\boldsymbol{y}} = (0,0)^\top$（非双曲型）をもち，ケース (ii) に対応している．この線形化方程式 (6.10) は $dy_1/dt = y_2$, $dy_2/dt = -y_1$ なので，初期条件 $y_1(0) = y_{10}$, $y_2(0) = y_{20}$ を満たす解は原点を中心とする円を時計回りに回転する周期解 $y_1^2(t) + y_2^2(t) = y_{10}^2 + y_{20}^2$ となる（図 6.2 の左図）．平衡点 $\bar{\boldsymbol{y}} = (0,0)^\top$ は**センター** (center) となる．一方，$\bar{A}$ に対する線形化方程式 (6.10) については，$\epsilon > 0$ のとき平衡点 $\bar{\boldsymbol{y}} = (0,0)^\top$ は**不安定スパイラル** (unstable spiral)（図 6.2 の右図），$\epsilon < 0$ のとき平衡点 $\bar{\boldsymbol{y}} = (0,0)^\top$ は**安定スパイラル** (stable spiral) となり，周期解が消滅する（以下の双曲型平衡点 (v) を見よ）．このように $\det(A) > 0$, $\mathrm{tr}(A) = 0$ の線形化方程式に微小摂動が加えられても解の様子が変わってしまう．

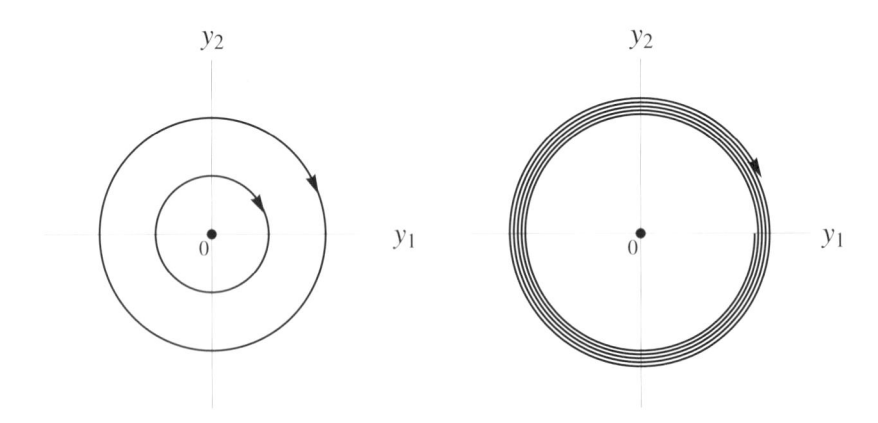

図 6.2　線形化方程式 (6.10) で平衡点が非双曲型（固有方程式の解が純虚数をもつ場合）の解軌道の例．左図：平衡点 $\bar{\boldsymbol{y}} = (0,0)^\top$ はセンターで，初期値を $y_1(0) = y_{10}$, $y_2(0) = y_{20}$ とすると解軌道は原点を中心とする円を時計方向に回転する周期解 $y_1^2(t) + y_2^2(t) = y_{10}^2 + y_{20}^2$ となる．右図：$\epsilon = 0.01$ とした $\bar{A}$ に対する線形化方程式 (6.10) では，平衡点 $\bar{\boldsymbol{y}} = (0,0)^\top$ は不安定スパイラルとなり，左図の周期解が消滅し，解軌道は時計回りに回転しながら平衡点 $\bar{\boldsymbol{y}} = (0,0)^\top$ から離れていく．

以上の例で示されたように，非双曲型平衡点をもつ場合は，ヤコビ行列の成分を微小量変化させた場合に解の様子が大きく変わってしまう（**構造不安定** (structurally unstable)）.

次に，双曲型平衡点（固有方程式の解 λ の実部が正か負）に関して平衡点 $(0,0)^\top$ の性質を分類しよう.

(iii) $\det(A) < 0$：固有方程式の解は正と負の実数 $\lambda_1 < 0 < \lambda_2$ $\cdots$ **サドル（鞍点）** (saddle).

(iv) $[\mathrm{tr}(A)]^2 - 4\det(A) > 0$：固有方程式の解は相異なる実数 λ_1, λ_2.

(iv-1) $\mathrm{tr}(A) < 0$ かつ $\det(A) > 0$：固有方程式の解は 2 つの負の実数 $(\lambda_1, \lambda_2 < 0)$ $\cdots$ **安定ノード** (stable node).

(iv-2) $\mathrm{tr}(A) > 0$ かつ $\det(A) > 0$：固有方程式の解は 2 つの正の実数 $(\lambda_1, \lambda_2 > 0)$ $\cdots$ **不安定ノード** (unstable node).

(v) $[\mathrm{tr}(A)]^2 - 4\det(A) < 0$：固有方程式の解は共役複素数 $\lambda = \alpha \pm i\beta$ $(\alpha, \beta：実数)$.

(v-1) $\mathrm{tr}(A) < 0$：固有方程式の解は実部が負の共役複素数 $(\alpha < 0)$ $\cdots$ **安定スパイラル** (stable spiral).

(v-2) $\mathrm{tr}(A) > 0$：固有方程式の解は実部が正の共役複素数 $(\alpha > 0)$ $\cdots$ **不安定スパイラル** (unstable spiral).

(vi) $[\mathrm{tr}(A)]^2 - 4\det(A) = 0$：固有方程式の解は 2 重解（実数）$\lambda_1 = \lambda_2$.

(vi-1) $\mathrm{tr}(A) < 0$：固有方程式の解は負の実数 $(\lambda < 0)$.

(vi-2) $\mathrm{tr}(A) > 0$：固有方程式の解は正の実数 $(\lambda > 0)$.

以上の場合を $\mathrm{tr}(A)$-$\det(A)$ 平面に表すと図 6.3 が得られる.

○**例 6.6** 方程式

$$\frac{dx_1}{dt} = x_1(a - bx_1 - cx_2)$$

$$\frac{dx_2}{dt} = x_2(d - ex_1 - fx_2) \tag{6.12}$$

を考えよう．ここで a, b, c, d, e, f はすべて正の定数である．個体群生態学において，(6.12) は**ロトカ・ヴォルテラ競争方程式** (Lotka-Volterra competition model) と呼ばれる．x_1, x_2 は（同一の資源を争うことなどで競争関係

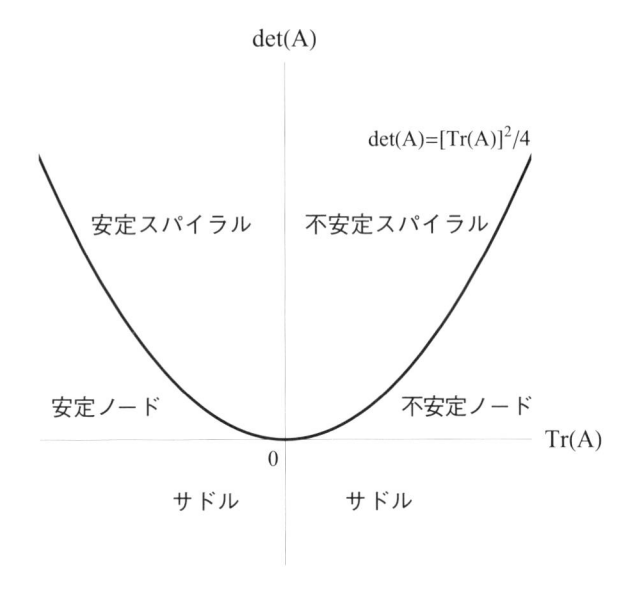

図 6.3　平衡点の安定性判別図

にある) 2 種の生物種個体数を表している. 第 1 式の右辺から, x_1 の成長率 $(1/x_1)(dx_1/dt)$ は競争種 x_2 の存在により減少する $(-cx_2)$ ことがわかる. 同様に, x_2 の成長率も x_1 から負の影響 $(-ex_1)$ を受ける. x_1, x_2 は生物種個体数を表しているので, (6.12) の解の様子を非負の空間 $\mathbb{R}_+^2 = \{(x_1, x_2) \in \mathbb{R}^2 \mid x_i \geq 0 \ (i = 1, 2)\}$ で考察しよう.

　方程式 (6.12) で初期条件 $(x_1(0), x_2(0)) = (x_{10}, 0) \ (x_{10} > 0)$ を付加した (時刻 $t = 0$ で, 種 x_1 だけが存在している状況) 初期値問題を考えよう. 解の一意性から $x_2(t) = 0 \ (t > 0)$ であることが容易に確認できる $(x_2(t) = 0 \ (t > 0)$ が方程式 (6.12) の第 2 式と条件 $x_2(0) = 0$ を満たす) ので, 初期時刻に存在しなかった種 x_2 はそれ以降出現することはない (ロトカ・ヴォルテラ競争方程式は外部からの種の流入を考慮していない). したがって, 方程式 (6.12) の第 1 式から x_1 に対する初期値問題 $dx_1/dt = x_1(a - bx_1) = ax_1(1 - x_1/K_1)$, $x_{10} > 0 \ (K_1 = a/b)$ が得られる. これはロジスティック成長 (1.13) であるので, $t \to \infty$ で $x_1(t) \to K_1 = a/b$ となる. 競争相手 x_2 が存在しなければ, 種 x_1 は任意の初期条件 $x_{10} > 0$ のもと, その環境収容力 $K_1 = a/b$ で生き残ることができる. 同様に, $t = 0$ で x_1 が存在しなければ $(x_{10} = 0)$, 種 x_2 は任意の初期条件 $x_{20} > 0$ のもと, その環境収容力 $K_2 = d/f$ で生き残ることができ

る．初期時刻に両者が存在して $((x_1(0), x_2(0)) = (x_{10}, x_{20}) > 0)$ 競争を続ける場合，どのような結果になるかを線形化方程式を用いて調べていこう．方程式 (6.12) は

$$\frac{dx_1}{dt} = x_1(a - bx_1 - cx_2) = ax_1(1 - \frac{x_1}{K_1} - \alpha_{12}\frac{x_2}{K_2})$$

$$\frac{dx_2}{dt} = x_2(d - ex_1 - fx_2) = dx_2(1 - \alpha_{21}\frac{x_1}{K_1} - \frac{x_2}{K_2})$$

と書き直せる．ここで $\alpha_{12} = cd/(af)$ は種 x_2 の種 x_1 への競争圧力，$\alpha_{21} = ae/(bd)$ は種 x_1 の種 x_2 への競争圧力の大きさを表している．

非負の平衡点 $E_0 = (0,0)^\top, E_1 = (a/b, 0)^\top, E_2 = (0, d/f)^\top$ は常に存在する．さらに，正の平衡点 $E_+ = (x_1^*, x_2^*)^\top$

$$x_1^* = \frac{af - cd}{bf - ce} > 0, \quad x_2^* = \frac{bd - ae}{bf - ce} > 0 \tag{6.13}$$

が存在することがある．

(6.12) の平衡点 $\bar{E} = (\bar{x}_1, \bar{x}_2)^\top$ におけるヤコビ行列は

$$A(\bar{E}) = \begin{pmatrix} a - b\bar{x}_1 - c\bar{x}_2 - b\bar{x}_1 & -c\bar{x}_1 \\ -e\bar{x}_2 & d - e\bar{x}_1 - f\bar{x}_2 - f\bar{x}_2 \end{pmatrix}$$

となる．

(1) 平衡点 $E_0 = (0,0)^\top$ に関しては

$$A(E_0) = \begin{pmatrix} a & 0 \\ 0 & d \end{pmatrix}$$

より，$a \neq d$ の場合ケース (iv-2) となり，E_0 は不安定ノードである．また $a = d$ の場合，ケース (vi-2) となる．

(2) 平衡点 $E_1 = (a/b, 0)^\top$ に関しては

$$A(E_1) = \begin{pmatrix} -a & -ca/b \\ 0 & d - ea/b \end{pmatrix}$$

より，$a/b > d/e$ ならばケース (iv-1) となり，E_1 は安定ノードである．また $a/b < d/e$ ならばケース (iii) となり，E_1 はサドルである．平衡点 $E_2 = (0, d/f)^\top$ に関しても同様に $a/c < d/f$ ならば安定ノード，$a/c > d/f$ ならサドルとなる（問 6.4 参照）．

(3) 正の平衡点 $E_+ = (x_1^*, x_2^*)^\top$ に関しては

$$A(E_+) = \begin{pmatrix} -bx_1^* & -cx_1^* \\ -ex_2^* & -fx_2^* \end{pmatrix}$$

となる．したがって，常に $\mathrm{tr}(A(E_+)) < 0$ である．

(3-1) $bf > ce$ であるならば，$\det(A(E_+)) = (bf - ce)x_1^* x_2^* > 0$, $[\mathrm{tr}(A(E_+))]^2 - 4\det(A(E_+)) = (bx_1^* - fx_2^*)^2 + 4cex_1^* x_2^* > 0$ であるのでケース (iv-1) となり，E_+ は安定ノードである．$bf > ce$ の場合，(6.13) から正の平衡点が存在する条件は $af - cd > 0$, $bd - ae > 0$ となるので，次の条件が得られる．

$$\frac{b}{e} > \frac{a}{d} > \frac{c}{f}$$

(3-2) $bf < ce$ であるならば，$\det(A(E_+)) < 0$ であるのでケース (iii) となり，E_+ はサドルである．(3-1) と同様に，正の平衡点の存在条件は

$$\frac{b}{e} < \frac{a}{d} < \frac{c}{f}$$

である．

以上より，ロトカ・ヴォルテラ2種競争方程式に関して，次のことがわかる．

(i) 平衡点 E_0 は常に不安定ノード．

(ii) 正の平衡点 E_+ が存在しないとき，E_1 か E_2 の一方が安定ノードで他方はサドルである．

(iii) 正の平衡点 E_+ が存在するとき，$bf > ce$ ならば E_+ は安定ノードで E_1 と E_2 はともにサドルである．また $bf < ce$ ならば E_+ はサドルで E_1 と E_2 はともに安定ノードである（図 6.4，問 6.5 参照）．

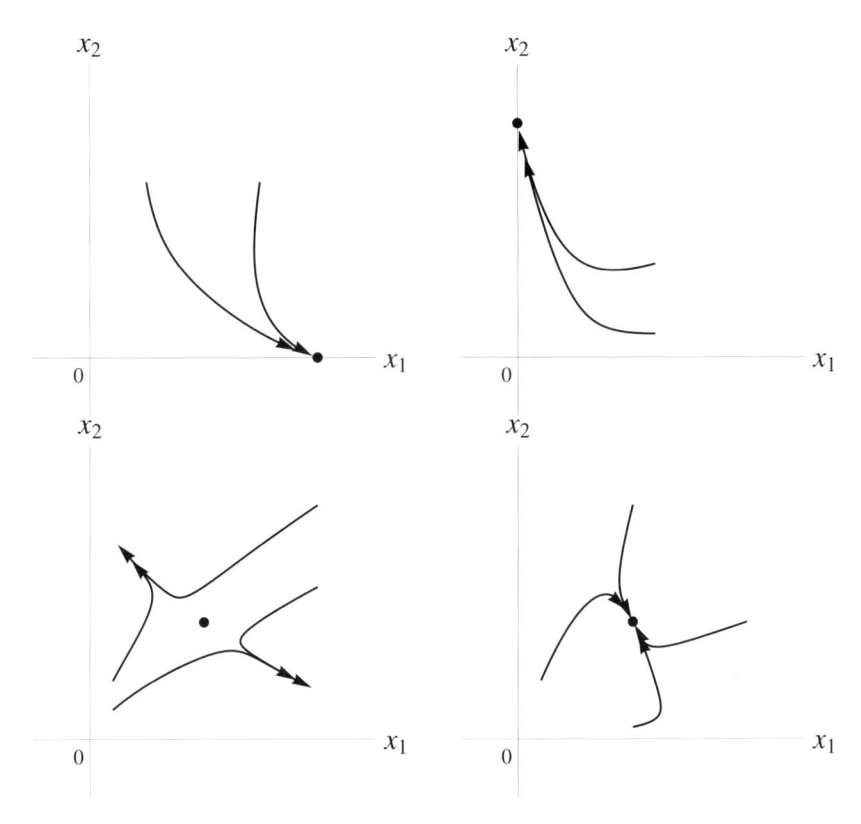

図 **6.4** ロトカ・ヴォルテラ競争方程式 (6.12) の解軌道. 左上図：平衡点 E_1 は安定
ノード $(a = 2,\ b = 1,\ c = 0.6,\ d = 1,\ e = 1.5,\ f = 1.(x_1(0), x_2(0)) = (0.5, 1.5), (1.5, 1.5))$. 右上図：平衡点 E_2 は安定ノード $(a = 0.5,\ b = 1,\ c = 1,\ d = 2,\ e = 1.5,\ f = 1.(x_1(0), x_2(0)) = (1.2, 0.8), (1.2, 0.2))$. 左下
図：平衡点 E_+ はサドル $(a = 3,\ b = 1,\ c = 2,\ d = 2,\ e = 1,\ f = 1.(x_1(0), x_2(0)) = (2, 2), (2, 1.3), (0.2, 0.5), (0.2, 0.25))$. 右下図：平衡点
E_+ は安定ノード $(a = 2,\ b = 1.5,\ c = 0.5,\ d = 2,\ e = 1,\ f = 1.\ (x_1(0), x_2(0)) = (1, 2), (2, 1), (0.2, 0.5), (1, 0.1))$.

○例 6.7 方程式

$$\frac{dx_1}{dt} = x_1(a - bx_1 - cx_2)$$

$$\frac{dx_2}{dt} = x_2(-d + ex_1 - fx_2) \tag{6.14}$$

を考えよう. ここで a, c, d, e はすべて正の定数, b, f は非負の定数である. 個体群生態学において, (6.14) は**ロトカ・ヴォルテラ捕食者・被食者方程式** (Lotka-Volterra predator-prey model) と呼ばれ, x_1 は被食者の個体数, x_2 は捕食者の個体数を表す. ロトカ・ヴォルテラ競争方程式と同様に被食者 x_1 の成長率は捕食者 x_2 の存在により減少 $(-cx_2)$ するが, ロトカ・ヴォルテラ競争方程式との違いは x_2 の成長率は x_1 から正の影響を受ける $(+ex_1)$ 点である. また, 競争方程式同様に, $b > 0$ の場合, 捕食者が存在しなければ被食者は $t \to \infty$ で $x_1(t) \to K_1 = a/b$ となるが, 被食者が存在しないとき $(x_1 = 0)$ 捕食者は $t \to \infty$ で $x_2(t) \to 0$ となることに注意しよう. 捕食者は被食者なしでは生き残れないが, 被食者が存在するとき $(x_1 > 0)$ 捕食者は被食者と共存できるであろうか?

初めに $b > 0$ である場合を考える. (6.14) に対して, 非負の平衡点 $E_0 = (0,0)^\top, E_1 = (a/b, 0)^\top$ は常に存在する. 競争方程式で常に存在した平衡点 E_2 が存在しないことに注意しよう (捕食者は被食者なしでは生き残れない). さらに, 正の平衡点 $E_+ = (x_1^*, x_2^*)^\top$

$$x_1^* = \frac{af + cd}{bf + ce} > 0, \quad x_2^* = \frac{ae - bd}{bf + ce} > 0 \tag{6.15}$$

が, 条件 $K_1 = a/b > d/e$ (被食者の環境収容力が大きい) が成り立てば存在することに注意しよう.

(6.12) の平衡点 $\bar{E} = (\bar{x}_1, \bar{x}_2)^\top$ におけるヤコビ行列は

$$A(\bar{E}) = \begin{pmatrix} a - b\bar{x}_1 - c\bar{x}_2 - b\bar{x}_1 & -c\bar{x}_1 \\ e\bar{x}_2 & -d + e\bar{x}_1 - f\bar{x}_2 - f\bar{x}_2 \end{pmatrix}$$

となる.

(1) 平衡点 $E_0 = (0, 0)^\top$ に関しては

$$A(E_0) = \begin{pmatrix} a & 0 \\ 0 & -d \end{pmatrix}$$

より，ケース (iii) となり，E_0 はサドルである．

(2) 平衡点 $E_1 = (a/b, 0)^\top$ に関しては

$$A(E_1) = \begin{pmatrix} -a & -ca/b \\ 0 & -d + ea/b \end{pmatrix}$$

より，$a/b > d/e$（正の平衡点 E_+ が存在する）ならばケース (iii) となり，E_1 はサドルである．また $a/b < d/e$（正の平衡点 E_+ が存在しない）とき，$\mathrm{tr}(A(E_1)) = -a - d + ea/b < 0$, $\det(A(E_1)) = a(d - ea/b) > 0$, $[\mathrm{tr}(A(E_1))]^2 - 4\det(A(E_1)) = (a - d + ea/b)^2 \geq 0$ が成り立つことが確かめられる．したがって，$a \neq d - ea/b$ ならばケース (iv-1) となり，E_1 は安定ノードであり，$a = d - ea/b$ ならばケース (vi-1) である．

(3) 正の平衡点 $E_+ = (x_1^*, x_2^*)^\top$ に関しては

$$A(E_+) = \begin{pmatrix} -bx_1^* & -cx_1^* \\ ex_2^* & -fx_2^* \end{pmatrix}$$

となる．したがって，常に $\mathrm{tr}(A(E_+)) = -bx_1^* - fx_2^* < 0$, $\det(A(E_+)) = (bf + ce)x_1^* x_2^* > 0$ である．したがって，$[\mathrm{tr}(A(E_+))]^2 - 4\det(A(E_+)) > 0$ ならばケース (iv-1) より E_+ は安定ノードであり，$[\mathrm{tr}(A(E_+))]^2 - 4\det(A(E_+)) < 0$ ならばケース (v-1) より E_+ は安定スパイラルである．

次に $b = f = 0$ である場合を考える．このとき，平衡点 E_1 は存在せず，E_0 と正の平衡点 $E_+ = (x_1^*, x_2^*)^\top = (d/e, a/c)^\top$ が常に存在する．E_0 は同様にサドルである．正の平衡点 $E_+ = (d/e, a/c)^\top$ に関しては

$$A(E_+) = \begin{pmatrix} 0 & -cd/e \\ ea/c & 0 \end{pmatrix}$$

となる．したがって，ケース (ii) $\det(A(E_+)) = ad > 0$, $\mathrm{tr}(A(E_+)) = 0$ とな

り，固有方程式の解は純虚数 $\pm i\sqrt{ad}$ であり，正の平衡点 E_+ は非双曲型であり，ハーマン・グロブマンの定理を使うことができない．この場合の解の様子は第 8 章を参照せよ（図 6.5 を参照）．

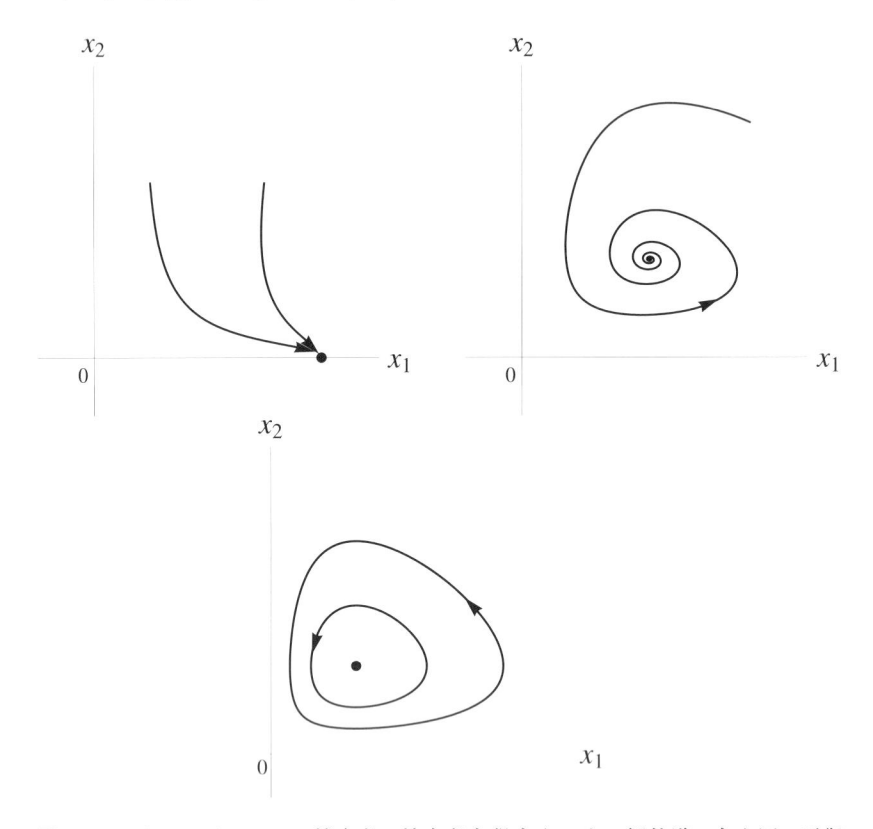

図 6.5　ロトカ・ヴォルテラ捕食者・被食者方程式 (6.14) の解軌道．左上図：平衡点 E_1 は安定ノード ($a = 2$, $b = 1$, $c = 0.5$, $d = 2$, $e = 0.8$, $f = 1.(x_1(0), x_2(0)) = (0.5, 1.5), (1.5, 1.5))$．右上図：平衡点 E_+ は安定スパイラル ($a = 2$, $b = 0.3$, $c = 2$, $d = 1.5$, $e = 1.5$, $f = 0.2.(x_1(0), x_2(0)) = (2, 2))$．下図：平衡点 E_+ はセンター ($a = 2$, $b = 0$, $c = 2$, $d = 1.5$, $e = 1.5$, $f = 0.(x_1(0), x_2(0)) = (1.5, 1.5), (2, 2))$．

6.2.2 相平面解析

微分方程式 (6.1) で $n = 2$ とした微分方程式

$$\frac{dx_1}{dt} = f_1(x_1, x_2), \quad \frac{dx_2}{dt} = f_2(x_1, x_2) \tag{6.16}$$

の解軌道の様子を相平面 (x_1, x_2) で考えよう. 関数 f_1, f_2 は 1 階偏導関数が連続として, 初期値問題の解は存在して一意的であるとする. したがって, 相平面上の 1 点 $(x_{10}, x_{20})^\top$ を $t = 0$ で出発する解軌道はただ 1 つ存在し自分自身と交差することはない. 6.1 節で考察した $n = 1$ の相直線上での解軌道(左右への移動)との違いは, $n = 2$ の相平面では解軌道は上下左右に動く点である. すなわち, 解軌道 $x_1(t), x_2(t)$ は t をパラメータとする平面上のパラメータ曲線となる.

相平面上の任意の点 (x_1, x_2) で,

$$\frac{dx_2}{dx_1} = \frac{f_2(x_1, x_2)}{f_1(x_1, x_2)}$$

は相平面 (x_1, x_2) における解軌道の傾きを表しており, 右辺の接ベクトル $(f_1(x_1, x_2), f_2(x_1, x_2))^\top$ が解軌道の方向を与えている. $f_1(\bar{x}_1, \bar{x}_2) = f_2(\bar{x}_1, \bar{x}_2) = 0$ を満たす平衡点 $(\bar{x}_1, \bar{x}_2)$ を除いて, 接ベクトルが一意に決定される. このようなベクトル場は**方向場** (direction field) と呼ばれる. 解軌道は方向場によって定められた風(相平面上の点 (x_1, x_2) を指定すると, その点における風力・風向が定められる)に沿って移動する粒子の動きである. 相平面 (x_1, x_2) 全体で方向場を求めて解軌道が決定されるのであるが, 次の 2 つの接ベクトルが特に重要である.

■ **定義 6.5** 微分方程式 (6.16) に対して, x_1 **ヌルクライン** (x_1-nullcline) とは, $f_1(x_1, x_2) = 0$ を満たす相平面 (x_1, x_2) 上のすべての点の集合をいう. 同様に, x_2 **ヌルクライン** (x_2-nullcline) とは, $f_2(x_1, x_2) = 0$ を満たす相平面 (x_1, x_2) 上のすべての点の集合をいう.

x_1 ヌルクライン上では接ベクトルが $(0, f_2(x_1, x_2))^\top$ であるので, 解軌道の接線の傾きは x_2 軸に平行で, 解軌道は $f_2(x_1, x_2) > 0$ であれば上向きに, $f_2(x_1, x_2) < 0$ であれば下向きに移動する. 同様に x_2 ヌルクライン上では接ベ

クトルが $(f_1(x_1, x_2), 0)^\top$ であるので，解軌道の接線の傾きは x_1 軸に平行で，解軌道は $f_1(x_1, x_2) > 0$ であれば右向きに，$f_1(x_1, x_2) < 0$ であれば左向きに移動する．また x_1 ヌルクラインと x_2 ヌルクラインの交点が接ベクトルの変化しない平衡点である．

○ **例 6.8**　例 6.6 で取り上げたロトカ・ヴォルテラ競争方程式 (6.12) を相平面で考察しよう．変数 (x_1, x_2) は競争する生物の個体数を表しているので，考察する相平面は (x_1, x_2) 平面の第 1 象限 $\mathbb{R}^2_+ = \{(x_1, x_2) \in \mathbb{R}^2 \mid x_1 \geq 0,\ x_2 \geq 0\}$ とする．(6.12) より，x_1 ヌルクラインは $x_1(a - bx_1 - cx_2) = 0$ で与えられ，x_2 軸と線分 $a - bx_1 - cx_2 = 0$ である．したがって，(x_1, x_2) 平面の第 1 象限において $a - bx_1 - cx_2 > 0$ を満たす領域（図 6.6 の領域 I）では $dx_1/dt > 0$ より解軌道は右向き，$a - bx_1 - cx_2 < 0$ を満たす領域（図 6.6 の領域 II）では $dx_1/dt < 0$ より左向きに移動する．また線分上 $a - bx_1 - cx_2 = 0$ では上下方向の移動となる．x_2 ヌルクラインは $x_2(d - ex_1 - fx_2) = 0$ で与えられ，x_1 軸と線分 $d - ex_1 - fx_2 = 0$ である．したがって，(x_1, x_2) 平面の第 1 象限の $d - ex_1 - fx_2 > 0$ を満たす領域（図 6.6 の領域 III）では $dx_2/dt > 0$ より解軌道は上向き，$d - ex_1 - fx_2 < 0$ を満たす領域（図 6.6 の領域 IV）では $dx_2/dt < 0$ より下向きに移動する．また線分上 $d - ex_1 - fx_2 = 0$ では左右方向の移動となる．

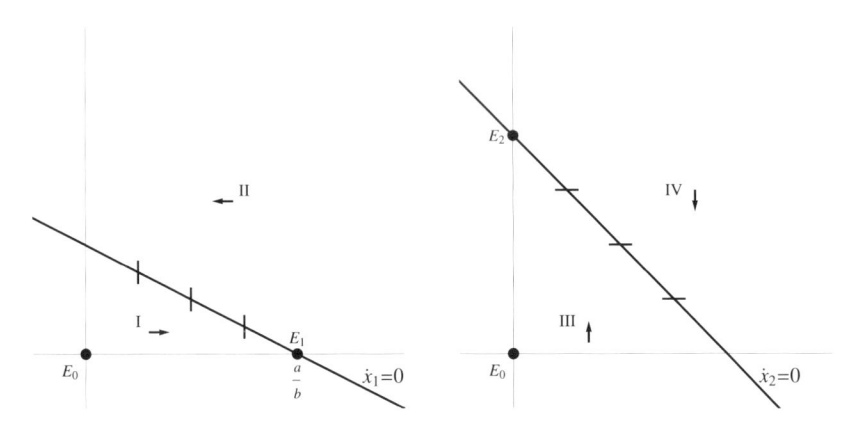

図 6.6　ロトカ・ヴォルテラ競争方程式 (6.12) の相平面における方向場．左図：x_1 ヌルクライン．右図：x_2 ヌルクライン．

平衡点は x_1 軸と x_2 軸との交点 $E_0 = (0,0)^\top$, 線分 $a - bx_1 - cx_2 = 0$ と x_1 軸との交点 $E_1 = (a/b, 0)^\top$, 線分 $d - ex_1 - fx_2 = 0$ と x_2 軸との交点 $E_2 = (0, d/f)^\top$ が常に存在する. 正の平衡点 E_+ は 2 つの線分 $a - bx_1 - cx_2 = 0$, $d - ex_1 - fx_2 = 0$ が第 1 象限の内部で交差する場合にだけ存在する. 方向場を観察すれば, いずれの場合においても平衡点 E_0 は不安定ノードであることがわかる. 正の平衡点が存在しない場合, 第 1 象限で線分 $a - bx_1 - cx_2 = 0$ が $d - ex_1 - fx_2 = 0$ の下方にある場合 (図 6.7 の左図) は, 平衡点 E_1 はサドル, E_2 は安定ノードである. また第 1 象限で線分 $a - bx_1 - cx_2 = 0$ が $d - ex_1 - fx_2 = 0$ の上方にある場合 (図 6.7 の右図) は, 平衡点 E_1 は安定ノード, E_2 はサドルである.

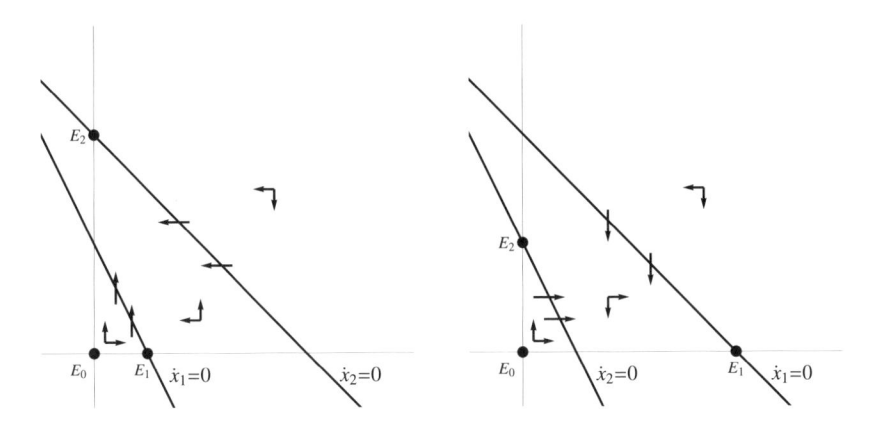

図 6.7 ロトカ・ヴォルテラ競争方程式 (6.12) の相平面における方向場 (正の平衡点が存在しない場合). 左図：x_1 ヌルクラインが x_2 ヌルクラインの下方に位置する場合は平衡点 E_1 はサドル, E_2 は安定ノード (x_1 ヌルクライン：$x_2 = -2x_1 + 1$, x_2 ヌルクライン：$x_2 = -x_1 + 2$). 右図：x_1 ヌルクラインが x_2 ヌルクラインの上方に位置する場合は平衡点 E_1 は安定ノード, E_2 はサドル (x_1 ヌルクライン：$x_2 = -x_1 + 2$, x_2 ヌルクライン：$x_2 = -2x_1 + 1$).

正の平衡点が存在する場合, 2 つの線分の傾きによって, 方向場が変わってくる. 図 6.8 の左図の場合, E_+ は安定ノードで E_1 と E_2 はともにサドルである. 図 6.8 の右図では E_+ はサドルで E_1 と E_2 はともに安定ノードである.

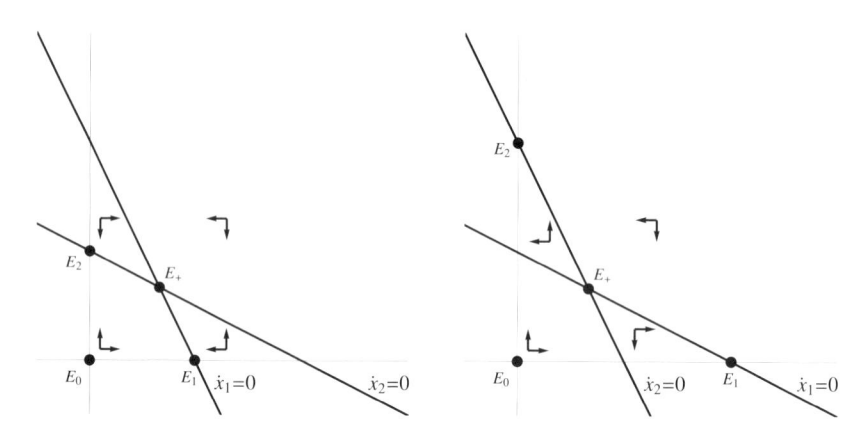

図6.8　ロトカ・ヴォルテラ競争方程式 (6.12) の相平面における方向場（正の平衡点が存在する場合）．左図：正の平衡点 E_+ が E_1 と E_2 を結ぶ線分より上方にある場合，E_+ は安定ノードで E_1 と E_2 はともにサドルである．右図：正の平衡点 E_+ が E_1 と E_2 を結ぶ線分より下方にある場合，E_+ はサドルで E_1 と E_2 はともに安定ノードである．

6.2.3　安定多様体と不安定多様体

$\bar{\boldsymbol{x}}$ を微分方程式 (6.1) の平衡点とする．次の集合 $W^s(\bar{\boldsymbol{x}})$, $W^u(\bar{\boldsymbol{x}})$ はそれぞれ平衡点 $\bar{\boldsymbol{x}}$ の**安定集合** (stable set)，**不安定集合** (unstable set) と呼ばれる．

$$W^s(\bar{\boldsymbol{x}}) = \{\boldsymbol{x}_0 \mid \boldsymbol{x}(t) \to \bar{\boldsymbol{x}} \ (t \to \infty)\}$$

$$W^u(\bar{\boldsymbol{x}}) = \{\boldsymbol{x}_0 \mid \boldsymbol{x}(t) \to \bar{\boldsymbol{x}} \ (t \to -\infty)\}$$

ここで，$\boldsymbol{x}(t)$ は $\boldsymbol{x}_0$ を初期値とする (6.1) の解を表す．安定集合，不安定集合はそれぞれ**安定多様体** (stable manifold)，**不安定多様体** (unstable manifold) とも呼ばれる．ハートマン・グロブマンの定理より，$\bar{\boldsymbol{x}}$ の線形化行列 A の固有値の実部がすべて負（正）であるなら，$\bar{\boldsymbol{x}}$ の安定多様体（不安定多様体）は $\bar{\boldsymbol{x}}$ の近傍を含むことがわかる．(6.1) の $\bar{\boldsymbol{x}}$ における線形化方程式系 (6.10) の場合，定理5.7から，原点が双曲型平衡点なら，A の安定部分空間 E^s と不安定部分空間 E^u はそれぞれ安定多様体 $W^s(\boldsymbol{0})$ と不安定多様体 $W^u(\boldsymbol{0})$ に一致する．平衡点 $\bar{\boldsymbol{x}}$ が双曲型であるなら，ハートマン・グロブマンの定理より，$\bar{\boldsymbol{x}}$ 近傍の解軌道は線形化方程式系 (6.10) の原点近傍の解軌道と定性的に同じ振る舞いをする

のであった．そのため，$\bar{x}$ 近傍の安定多様体および不安定多様体は，次の定理が示すように，(6.10) の安定多様体および不安定多様体に近い形状をとる．

■ **定理 6.6（安定多様体定理 (stable manifold theorem)）**　f が C^1 級で，$\bar{x}$ が (6.1) の双曲型平衡点であるなら，$W^s(\bar{x})$ と $W^u(\bar{x})$ は $\bar{x}$ 近傍において滑らかな多様体であり，それらの $\bar{x}$ における接空間は E^s と E^u と一致する．

　$n = 2$ の場合，$\bar{x}$ がサドルなら，$\bar{x}$ の安定多様体と不安定多様体は $\bar{x}$ 近傍で滑らかな曲線となり，$\bar{x}$ における安定多様体（不安定多様体）の接ベクトルは負（正）の実数である固有値に対する固有ベクトルとなる．

第 6 章の章末問題

問 6.1　系 6.2 を証明せよ．

問 6.2　弱意のアリー効果をもつ個体群成長モデル (6.11) の平衡点を求め，その安定性を議論せよ．

問 6.3　次の微分方程式の平衡点の安定性を線形化方程式を求めて決定せよ．
 (1) 指数成長 (1.8)　　(2) 放射性物質の崩壊過程を表す方程式 (1.10)
 (3) ロジスティック方程式 (1.13)　　(4) 伝染病の広がりを表す (1.14)

問 6.4　ロトカ・ヴォルテラ競争方程式 (6.12) の平衡点 E_2 に関して，$a/c < d/f$ ならば安定ノード，$a/c > d/f$ ならサドルとなることを示せ．

問 6.5　ロトカ・ヴォルテラ競争方程式 (6.12) で，正の平衡点 E_+ が存在する場合，競争種の競争の程度が $\alpha_{12}\alpha_{21} < 1$ の意味で弱いとき E_+ は安定ノードであること，競争の程度が $\alpha_{12}\alpha_{21} > 1$ の意味で強いとき E_+ はサドルであることを確かめよ．

問 6.6　ロトカ・ヴォルテラ競争方程式 (6.12) で正の平衡点 E_+ が存在する場合を考えよう．競争種の競争の程度が $\alpha_{12}\alpha_{21} < 1$ の意味で弱いとき E_+ は E_1 と E_2 を結ぶ線分より上方にあり，競争の程度が $\alpha_{12}\alpha_{21} > 1$ の意味で

強いとき E_+ は E_1 と E_2 を結ぶ線分より下方にあることを示せ.

問6.7　ロトカ・ヴォルテラ捕食者・被食者方程式 (6.14) で $b = 0$, $f > 0$ の場合について，例6.7と同様な議論をせよ.

問6.8　**ロトカ・ヴォルテラ共生方程式** (Lotka-Volterra symbiotic system)

$$\frac{dx_1}{dt} = x_1(a - bx_1 + cx_2), \quad \frac{dx_2}{dt} = x_2(d + ex_1 - fx_2)$$

について，その平衡点の存在と安定性を考察せよ．ここで a, b, c, d, e, f はすべて正の定数である.

問6.9　例6.8のように相平面でロトカ・ヴォルテラ捕食者・被食者方程式の方向場を求めよ.

第 7 章

基礎定理と力学系

　これまでの章では，初等解法で解を具体的に求める方法を主に解説してきた．しかし，多くの微分方程式の解は初等解法で求めることができない．そこで，本章では無限回の手続き（極限操作）により解が求まることを示し，解の基本的な性質を紹介する．また，次章以降で重要となる力学系という新しい視点を導入する．

7.1　リプシッツ連続性

$\Omega \subset \mathbb{R}^n$, $\boldsymbol{f} : \Omega \to \mathbb{R}^n$ とし，次の自励系の初期値問題について考えよう．

$$\frac{d\boldsymbol{x}}{dt} = \boldsymbol{f}(\boldsymbol{x}) \tag{7.1}$$

方程式の右辺 $\boldsymbol{f}$ が t に依存する非自励系の場合も，$s = t$ とおいて，方程式 $\frac{ds}{dt} = 1$ を追加すれば，自励系への書き換えが可能であることに注意しよう．初期値問題の初期条件は次のようにしておく．

$$\boldsymbol{x}(0) = \boldsymbol{x}_0 \in \Omega \tag{7.2}$$

系 6.2 で保証されているように，この初期条件を満たす (7.1) の解 $\boldsymbol{x}(t)$ が求まれば，初期条件 $\boldsymbol{x}(t_0) = \boldsymbol{x}_0 \in \Omega$ を満たす (7.1) の解は $\boldsymbol{x}(t - t_0)$ と表せることに注意しよう．初期値問題 (7.1), (7.2) の解とは，(7.1), (7.2) を満たす微分可能な関数 $\boldsymbol{x} = \boldsymbol{x}(t)$ のことであった．初期値問題 (7.1), (7.2) が解をもつためには，関数 $\boldsymbol{f}$ が連続であれば十分であることが知られているが（コーシー・ペアノの定理参照），例 1.1 でみたように，解が存在してもそれが 1 つ（一意）であ

るとは限らない．解の一意性まで保証するために，$\boldsymbol{f}$ が次の性質をもつ場合を
考えよう．定数 $L \geq 0$ が存在して，任意の $\boldsymbol{x}, \boldsymbol{y} \in \Omega$ に対して，

$$|\boldsymbol{f}(\boldsymbol{x}) - \boldsymbol{f}(\boldsymbol{y})| \leq L|\boldsymbol{x} - \boldsymbol{y}|$$

が成り立つ．関数 $\boldsymbol{f} : \Omega \to \mathbb{R}^n$ がこのような性質をもつとき，$\boldsymbol{f}$ は**リプシッ
ツ連続** (Lipschitz continuous) であるといい，L を**リプシッツ定数** (Lipschitz
constant) という．定義からわかるように，$\boldsymbol{f} : \Omega \to \mathbb{R}^n$ はリプシッツ連続なら
一様連続であり，もちろん連続である．

　区間 I で定義された実数値関数 $f : I \to \mathbb{R}$ が有界な導関数をもつなら，リプ
シッツ連続である．実際，導関数の有界性から，区間 I で $|f'(x)| \leq L$ となる
定数 $L \geq 0$ が存在し，f が微分可能であるから，平均値の定理により，任意の
$x, y \in I$ に対して，

$$f'(c) = \frac{f(x) - f(y)}{x - y}$$

を満たす $c \in I$ が存在するので，

$$|f(x) - f(y)| = |f'(c)||x - y| \leq L|x - y|$$

となり，f はリプシッツ連続であることがわかる．たとえば，ロジスティック
方程式 (1.13) の右辺 $f(x) = r(1 - x/K)x$ について考えよう．$f'(x)$ は連続で
あるので，任意の有界閉区間で $|f'(x)|$ は最大値をもつ．したがって，f の定義
域を有界閉区間 $[a, b]$ とすれば，$f : [a, b] \to \mathbb{R}$ はリプシッツ連続である．しか
し，たとえば，f の定義域を $[0, \infty)$ とすると，$|f'(x)|$ は $[0, \infty)$ で最大値をもた
ない．また，$x, y \in [0, \infty)$ に対して，$|f(x) - f(y)| = |r - (x + y)/K||x - y|$
であり，$|r - (x + y)/K|$ は $x, y \in [0, \infty)$ に対していくらでも大きくなるので，
$f : [0, \infty) \to \mathbb{R}$ はリプシッツ連続ではない．

　ベクトル値関数 $\boldsymbol{f}$ の"導関数"の有界性とリプシッツ連続性との関係につ
いて考えよう．そこで，n 次正方行列 A の行列ノルム $\|A\|$ を次のように定義
する．

$$\|A\| = \max_{|\boldsymbol{x}|=1} |A\boldsymbol{x}|$$

$|A\boldsymbol{x}|$ は $\boldsymbol{x}$ の連続関数であり，集合 $\{\boldsymbol{x} \in \mathbb{R}^n \mid |\boldsymbol{x}| = 1\}$ はコンパクトであるの
で，上式の右辺の最大値は存在する．また，定義から，$\boldsymbol{x} \neq \boldsymbol{0}$ なら，

$$\left| A \frac{\boldsymbol{x}}{|\boldsymbol{x}|} \right| \le \|A\|$$

であるので，任意の $\boldsymbol{x}$ に対して，$|A\boldsymbol{x}| \le \|A\||\boldsymbol{x}|$ が成り立つことに注意しよう．ベクトル値関数のヤコビ行列のノルムが有界であることが，"導関数" が有界であることに対応する．

■ **定理 7.1** $\Omega \subset \mathbb{R}^n$ を開集合，$\boldsymbol{f} : \Omega \to \mathbb{R}^n$ を（全）微分可能とする．このとき，Ω が凸集合で $\boldsymbol{f}$ のヤコビ行列のノルムが有界であるなら，$\boldsymbol{f}$ はリプシッツ連続である．

証明．$\boldsymbol{f}$ のヤコビ行列のノルムは有界であるから，Ω において

$$\left\| \frac{\partial \boldsymbol{f}}{\partial \boldsymbol{x}}(\boldsymbol{x}) \right\| \le L$$

となる定数 $L \ge 0$ が存在する．$\boldsymbol{x}, \boldsymbol{y} \in \Omega$ を任意にとり，$\boldsymbol{h}(s) = \boldsymbol{f}(s\boldsymbol{x} + (1-s)\boldsymbol{y})$ としよう．微分の連鎖則から，

$$\boldsymbol{h}'(s) = \frac{\partial \boldsymbol{f}}{\partial \boldsymbol{x}}(s\boldsymbol{x} + (1-s)\boldsymbol{y})(\boldsymbol{x} - \boldsymbol{y})$$

となることに注意すると，

$$\begin{aligned}
\boldsymbol{f}(\boldsymbol{x}) - \boldsymbol{f}(\boldsymbol{y}) &= \boldsymbol{h}(1) - \boldsymbol{h}(0) \\
&= \int_0^1 \boldsymbol{h}'(s)ds = \int_0^1 \frac{\partial \boldsymbol{f}}{\partial \boldsymbol{x}}(s\boldsymbol{x} + (1-s)\boldsymbol{y})(\boldsymbol{x} - \boldsymbol{y})ds
\end{aligned}$$

を得る．Ω は凸集合であるから，任意の $s \in [0,1]$ に対して，$s\boldsymbol{x} + (1-s)\boldsymbol{y} \in \Omega$ である．したがって，

$$|\boldsymbol{f}(\boldsymbol{x}) - \boldsymbol{f}(\boldsymbol{y})| \le \int_0^1 \left\| \frac{\partial \boldsymbol{f}}{\partial \boldsymbol{x}}(s\boldsymbol{x} + (1-s)\boldsymbol{y}) \right\| |\boldsymbol{x} - \boldsymbol{y}|ds \le L|\boldsymbol{x} - \boldsymbol{y}|$$

となり，$\boldsymbol{f}$ はリプシッツ連続であることがわかる． □

$\Omega \subset \mathbb{R}^n$ を開集合としよう．関数 $\boldsymbol{f} : \Omega \to \mathbb{R}^n$ は，Ω の任意の点 $\boldsymbol{x}$ に対して，$\boldsymbol{f}$ の定義域を U に制限した $\boldsymbol{f}|_U$ がリプシッツ連続となるような $\boldsymbol{x}$ の近傍

$U \subset \Omega$ が存在するとき，**局所リプシッツ連続** (locally Lipschitz continuous) といわれる．関数 $\boldsymbol{f} : \Omega \to \mathbb{R}^n$ が C^1 **級**または**連続微分可能** (continuously differentiable) であるとは，$\boldsymbol{f}$ の各成分 f_i $(i = 1, 2, \ldots, n)$ が偏微分可能であり，偏導関数 $\partial f_i / \partial x_j$ がすべて連続であることであったが，C^1 級関数は局所リプシッツ連続であることが，次のように示せる．$\boldsymbol{p} \in \mathbb{R}^n$ を中心とする半径 $\delta > 0$ の開球，閉球をそれぞれ

$$B_\delta(\boldsymbol{p}) = \{\boldsymbol{x} \in \mathbb{R}^n \mid |\boldsymbol{x} - \boldsymbol{p}| < \delta\}, \quad B_\delta[\boldsymbol{p}] = \{\boldsymbol{x} \in \mathbb{R}^n \mid |\boldsymbol{x} - \boldsymbol{p}| \leq \delta\}$$

とする．Ω は開集合であるから，任意の $\boldsymbol{p} \in \Omega$ に対して，$B_\delta[\boldsymbol{p}] \subset \Omega$ となる $\delta > 0$ が存在する．$\boldsymbol{f}$ が C^1 級のとき，$\|(\partial \boldsymbol{f} / \partial \boldsymbol{x})(\boldsymbol{x})\|$ は $\boldsymbol{x}$ の連続関数であるから，コンパクトな凸集合 $B_\delta[\boldsymbol{p}]$ で最大値をもつ．したがって，定理 7.1 から $\boldsymbol{f}|_{B_\delta(\boldsymbol{p})}$ はリプシッツ連続であり，$\boldsymbol{p}$ は任意だから，$\boldsymbol{f}$ は局所リプシッツ連続である．

7.2 解の存在と一意性

この節では，$\boldsymbol{f}$ がリプシッツ連続であると仮定し，**ピカールの逐次近似法** (Picard's method of successive approximation) を使い，初期値問題 (7.1), (7.2) の解を構成する．この方法は，関数 $\boldsymbol{x}(t)$ が初期値問題 (7.1), (7.2) の解であることと，$\boldsymbol{x}(t)$ が次の積分方程式を満たす連続関数であることとが同値であることがもとになる．

$$\boldsymbol{x}(t) = \boldsymbol{x}_0 + \int_0^t \boldsymbol{f}(\boldsymbol{x}(s)) ds \tag{7.3}$$

実際，関数 $\boldsymbol{x}(t)$ が初期値問題 (7.1), (7.2) の解なら，$\boldsymbol{x}(t)$ はその定義域において，積分方程式 (7.3) を満たすことがわかる．逆に，$\boldsymbol{x}(t)$ が積分方程式 (7.3) を満たす連続関数なら，$\boldsymbol{x}(0) = \boldsymbol{x}_0$ であり，さらに，(7.3) の両辺を t で微分すると，$\frac{d}{dt}\boldsymbol{x}(t) = \boldsymbol{f}(\boldsymbol{x}(t))$ となり，$\boldsymbol{x}(t)$ は初期値問題 (7.1), (7.2) の解であることがわかる．ピカールの逐次近似法では，積分方程式 (7.3) の逐次近似解を次のように定義する．

$$\boldsymbol{u}_0(t) \equiv \boldsymbol{x}_0, \quad \boldsymbol{u}_{k+1}(t) = \boldsymbol{x}_0 + \int_0^t \boldsymbol{f}(\boldsymbol{u}_k(s)) ds \quad (k = 0, 1, 2, \ldots) \tag{7.4}$$

ここで，(7.4) の左の式は関数 $u_0(t)$ が恒等的に x_0 という意味である．次の定理では，このように作った逐次近似解が $k \to \infty$ で，初期値問題 (7.1), (7.2) の解に収束することを示す．つまり，有限回の手続きだけでは求まらない解も，無限回の手続き（極限操作）を行えば求まることが示される．

■ **定理 7.2（解の存在）** $\Omega = B_\delta[x_0]$, $f : \Omega \to \mathbb{R}^n$ をリプシッツ連続とする．このとき，$|f(x)|$ は Ω で最大値 M をもち，初期値問題 (7.1), (7.2) の解は区間 $[-\delta/M, \delta/M]$ で存在する．

証明．Ω はコンパクトで，f は連続であるから，$|f(x)|$ は Ω で最大値

$$M = \max_{x \in \Omega} |f(x)|$$

をもつ．$\epsilon = \delta/M$ とし，区間 $[-\epsilon, \epsilon]$ において積分方程式 (7.3) を満たす連続関数 $x(t)$ を構成する．関数列 $u_k(t)$ $(k = 0, 1, 2, \ldots)$ を (7.4) のように定義する．数学的帰納法を用いて，任意の整数 $k \geq 0$ に対して，u_k は区間 $[-\epsilon, \epsilon]$ の連続関数で

$$\max_{-\epsilon \leq t \leq \epsilon} |u_k(t) - x_0| \leq \delta \tag{7.5}$$

が成り立つことが示せる．実際，$k = 0$ のとき，(7.5) は成り立ち，u_0 は区間 $[-\epsilon, \epsilon]$ の連続関数である．そして，ある整数 $k \geq 0$ に対して，u_k が区間 $[-\epsilon, \epsilon]$ の連続関数で (7.5) を満たすなら，$f(u_k(s))$ も区間 $[-\epsilon, \epsilon]$ の連続関数であるので，

$$u_{k+1}(t) = x_0 + \int_0^t f(u_k(s))ds$$

が区間 $[-\epsilon, \epsilon]$ の連続関数であることがわかり，

$$|u_{k+1}(t) - x_0| \leq \left| \int_0^t |f(u_k(s))|ds \right| \leq M|t| \leq \delta$$

が任意の $t \in [-\epsilon, \epsilon]$ に対して成り立つ．

上の結果から，

$$|u_1(t) - u_0(t)| = |u_1(t) - x_0| \leq M|t| \quad (-\epsilon \leq t \leq \epsilon)$$

が成り立つ. 次の不等式がある整数 $k \geq 1$ に対して成り立つと仮定しよう.

$$|\boldsymbol{u}_k(t) - \boldsymbol{u}_{k-1}(t)| \leq M \frac{L^{k-1}}{k!}|t|^k \quad (t \in [-\epsilon, \epsilon]) \tag{7.6}$$

ここで, L は $\boldsymbol{f}$ のリプシッツ定数である. (7.5) は $\boldsymbol{u}_k(t) \in B_\delta[\boldsymbol{x}_0]$ $(-\epsilon \leq t \leq \epsilon)$ を意味するので, 任意の $t \in [-\epsilon, \epsilon]$ に対して,

$$\begin{aligned}
|\boldsymbol{u}_{k+1}(t) - \boldsymbol{u}_k(t)| &\leq \left| \int_0^t |\boldsymbol{f}(\boldsymbol{u}_k(s)) - \boldsymbol{f}(\boldsymbol{u}_{k-1}(s))|ds \right| \\
&\leq L \left| \int_0^t |\boldsymbol{u}_k(s) - \boldsymbol{u}_{k-1}(s)|ds \right| \leq M \frac{L^k}{(k+1)!}|t|^{k+1}
\end{aligned}$$

が成り立ち, 数学的帰納法から, (7.6) は任意の整数 $k \geq 0$ に対して成り立つことがわかる. よって, 次の不等式が得られる.

$$\sum_{k=0}^{N-1} |\boldsymbol{u}_{k+1}(t) - \boldsymbol{u}_k(t)| \leq \frac{M}{L} \left(L\epsilon + \frac{(L\epsilon)^2}{2!} + \cdots + \frac{(L\epsilon)^N}{N!} \right) \quad (-\epsilon \leq t \leq \epsilon)$$

$\frac{M}{L} \sum_{k=1}^{\infty} \frac{(L\epsilon)^k}{k!}$ は $\sum_{k=0}^{\infty} |\boldsymbol{u}_{k+1}(t) - \boldsymbol{u}_k(t)|$ の優級数であり, $\frac{M}{L}(e^{L\epsilon} - 1)$ に収束するので, 無限級数 $\sum_{k=0}^{\infty} (\boldsymbol{u}_{k+1}(t) - \boldsymbol{u}_k(t))$ は区間 $[-\epsilon, \epsilon]$ で連続関数に一様収束する. したがって, 次の等式が成り立つことに注意すると, $\boldsymbol{u}_N(t)$ はある連続関数 $\boldsymbol{x}(t)$ に一様収束することがわかる.

$$\boldsymbol{u}_N(t) = \boldsymbol{u}_0(t) + \sum_{k=0}^{N-1} (\boldsymbol{u}_{k+1}(t) - \boldsymbol{u}_k(t))$$

項別積分定理を用いると, 式 (7.4) の第 2 式から,

$$\begin{aligned}
\boldsymbol{x}(t) &= \lim_{k \to \infty} \boldsymbol{u}_k(t) \\
&= \boldsymbol{x}_0 + \lim_{k \to \infty} \int_0^t \boldsymbol{f}(\boldsymbol{u}_k(s))ds \\
&= \boldsymbol{x}_0 + \int_0^t \lim_{k \to \infty} \boldsymbol{f}(\boldsymbol{u}_k(s))ds \\
&= \boldsymbol{x}_0 + \int_0^t \boldsymbol{f}(\boldsymbol{x}(s))ds
\end{aligned}$$

が得られ，$\boldsymbol{x}(t)$ は積分方程式 (7.3) を満たす連続関数である．つまり，$\boldsymbol{x}(t)$ は初期値問題 (7.1), (7.2) の解である． $\square$

定理 7.2 と同じ仮定のもとで，解の一意性が次の通り保証される．

■ **定理 7.3（解の一意性）** $\Omega = B_\delta[\boldsymbol{x}_0]$, $\boldsymbol{f} : \Omega \to \mathbb{R}^n$ をリプシッツ連続とする．このとき，$\boldsymbol{x}(t)$, $\boldsymbol{y}(t)$ が区間 $[-\epsilon, \epsilon]$ で定義された初期値問題 (7.1), (7.2) の解であるなら，任意の $t \in [-\epsilon, \epsilon]$ に対して，$\boldsymbol{x}(t) = \boldsymbol{y}(t)$ が成り立つ．つまり，初期値問題 (7.1), (7.2) の解は区間 $[-\epsilon, \epsilon]$ で 1 つしか存在しない．

証明．$\boldsymbol{x}(t)$ と $\boldsymbol{y}(t)$ を初期値問題 (7.1), (7.2) の区間 $[-\epsilon, \epsilon]$ で定義された解としよう．このとき，$\boldsymbol{x}(t)$ は積分方程式 (7.3) を満たし，$\boldsymbol{y}(t)$ は積分方程式

$$\boldsymbol{y}(t) = \boldsymbol{y}_0 + \int_0^t \boldsymbol{f}(\boldsymbol{y}(s))ds$$

を満たすので，$\boldsymbol{f}$ のリプシッツ定数を L とすると，

$$|\boldsymbol{x}(t) - \boldsymbol{y}(t)| \leq \left| \int_0^t |\boldsymbol{f}(\boldsymbol{x}(t)) - \boldsymbol{f}(\boldsymbol{y}(t))|ds \right|$$

$$\leq L \left| \int_0^t |\boldsymbol{x}(t) - \boldsymbol{y}(t)|ds \right| \tag{7.7}$$

が成り立つ．$|\boldsymbol{x}(t) - \boldsymbol{y}(t)|$ は連続関数であるから，区間 $[-\epsilon, \epsilon]$ で最大値

$$M = \max_{-\epsilon \leq t \leq \epsilon} |\boldsymbol{x}(t) - \boldsymbol{y}(t)|$$

をもち，(7.7) から $|\boldsymbol{x}(t) - \boldsymbol{y}(t)| \leq ML|t|$ を得る．これを (7.7) の右辺に代入すると，

$$|\boldsymbol{x}(t) - \boldsymbol{y}(t)| \leq M \frac{(L|t|)^2}{2} \quad (-\epsilon \leq t \leq \epsilon)$$

を得る．この代入を繰り返すと，任意の整数 $k \geq 0$ に対して，

$$|\boldsymbol{x}(t) - \boldsymbol{y}(t)| \leq M \frac{(L|t|)^k}{k!} \leq M \frac{(L\epsilon)^k}{k!} \quad (-\epsilon \leq t \leq \epsilon)$$

が得られる．k が十分大きいとき，ある $r \in (0, 1)$ に対して，$L\epsilon/k < r$ が成り立つので，k が十分大きいとき，$k > m$ を満たす整数 $k, m \geq 0$ に対して，

$$|\boldsymbol{x}(t) - \boldsymbol{y}(t)| \leq M r^{k-m} \frac{(L\epsilon)^m}{m!} \quad (-\epsilon \leq t \leq \epsilon)$$

が成り立つ．したがって，各 $t \in [-\epsilon, \epsilon]$ において $|\boldsymbol{x}(t) - \boldsymbol{y}(t)| \to 0 \ (k \to \infty)$ となり，解の一意性が得られる．　　　　　　　　　　　　　　　　　　　　$\square$

　Ω を開集合とし，$\boldsymbol{f} : \Omega \to \mathbb{R}^n$ を局所リプシッツ連続または C^1 級とする．このとき，$B_\delta[\boldsymbol{x}_0] \subset \Omega$ となる定数 $\delta > 0$ が存在し，$\boldsymbol{f}|_{B_\delta[\boldsymbol{x}_0]}$ はリプシッツ連続となる．そのため，定理 7.2，定理 7.3 から，$\boldsymbol{f}$ が局所リプシッツ連続または C^1 級であれば，初期値問題 (7.1), (7.2) の解の存在と一意性は保証される．

7.3　解の最大存在区間

　次の初期値問題について考えよう．

$$\frac{dx}{dt} = 1 + x^2, \quad x(0) = 0$$

例 1.2 でみたように，この解は $x(t) = \tan t$ であるので，解は区間 $(-\pi/2, \pi/2)$ でしか定義されない．方程式の右辺は $(-\infty, \infty)$ で定義された C^1 級関数であるので，定理 7.2 から，初期値問題の解がある区間 $[-\epsilon_1, \epsilon_1]$ で存在する．$x(\epsilon_1)$, $x(-\epsilon_1)$ をそれぞれ初期値として選び直して，再び定理 7.2 を用いると，区間 $[-(\epsilon_1 + \epsilon_2), \epsilon_1 + \epsilon_2]$ で解が存在することが示せる．このように解を延長していくことができるが，延長幅は徐々に狭くなることもあるので，必ずしも $(-\infty, \infty)$ に延長できるとは限らない．解の最大存在区間が $[0, \infty)$ や $(-\infty, 0]$ を含むように延長できるための条件を次の定理で与える．

■ **定理 7.4**　$\Omega \subset \mathbb{R}^n$ を開集合，$\boldsymbol{f} : \Omega \to \mathbb{R}^n$ を局所リプシッツ連続とする．また，$\boldsymbol{x}(t)$ を初期値問題 (7.1), (7.2) の解とし，その最大存在区間を (α, β) とする．このとき，(a) $\beta < \infty$ なら，任意のコンパクト集合 $K \subset \Omega$ に対して，$\boldsymbol{x}(t) \notin K$ となる $t \in [0, \beta)$ が存在し，(b) $\alpha > -\infty$ なら，任意のコンパクト集合 $K \subset \Omega$ に対して，$\boldsymbol{x}(t) \notin K$ となる $t \in (\alpha, 0]$ が存在する．

証明．　(b) は (a) と同様に示せるので，(a) を示す．コンパクト集合 $K \subset \Omega$ が存在して，任意の $t \in [0, \beta)$ に対して $\boldsymbol{x}(t) \in K$ であると仮定し矛盾を導こう．K はコンパクトで，$\boldsymbol{f}$ は連続であるから，$|\boldsymbol{f}(\boldsymbol{x})|$ は K で最大値

$$M = \max_{\boldsymbol{x} \in K} |\boldsymbol{f}(\boldsymbol{x})|$$

をもつ．まず，$\boldsymbol{x}(t)$ の左極限

$$\lim_{t \to \beta - 0} \boldsymbol{x}(t) \tag{7.8}$$

が存在することを示そう．$t_k \to \beta$ $(k \to \infty)$, $t_k \in (\alpha, \beta)$ となる数列 $t_1, t_2, t_3, \ldots$ に対して，

$$|\boldsymbol{x}(t_i) - \boldsymbol{x}(t_j)| \leq \left| \int_{t_i}^{t_j} |\boldsymbol{f}(\boldsymbol{x}(s))| ds \right| \leq M |t_i - t_j|$$

となり，点列 $x(t_1), x(t_2), x(t_3), \ldots$ はコーシー列であるので収束する．数列 $t_1, t_2, t_3, \ldots$ は任意だから，左極限 (7.8) はある点 $\boldsymbol{x}_1$ に収束する．K はコンパクトであるから，$\boldsymbol{x}_1 \in K$ である．関数 $\boldsymbol{y}(t)$ を次のように定義しよう．

$$\boldsymbol{y}(t) = \begin{cases} \boldsymbol{x}(t) & (\alpha < t < \beta) \\ \boldsymbol{x}_1 & (t = \beta) \end{cases}$$

このとき，関数 $\boldsymbol{y}(t)$ は区間 $(\alpha, \beta]$ で連続であるので，$\int_0^t \boldsymbol{f}(\boldsymbol{y}(s)) ds$ も同じ区間で連続である．したがって，

$$\boldsymbol{y}(\beta) = \boldsymbol{x}_0 + \lim_{t \to \beta - 0} \int_0^t \boldsymbol{f}(\boldsymbol{y}(s)) ds$$

$$= \boldsymbol{x}_0 + \int_0^\beta \boldsymbol{f}(\boldsymbol{y}(s)) ds$$

が成り立つので，任意の $t \in (\alpha, \beta]$ に対して，$\boldsymbol{y}(t)$ は次の積分方程式を満たす．

$$\boldsymbol{y}(t) = \boldsymbol{x}_0 + \int_0^t \boldsymbol{f}(\boldsymbol{y}(s)) ds$$

したがって，$\boldsymbol{y}(t)$ は初期値問題 (7.1), (7.2) の解である．定理 7.2 より，初期値問題

$$\frac{d\boldsymbol{x}}{dt} = \boldsymbol{f}(\boldsymbol{x}), \quad \boldsymbol{x}(\beta) = \boldsymbol{x}_1$$

の解 $\boldsymbol{z}(t)$ はある区間 $[\beta - \epsilon, \beta + \epsilon]$ で存在する．そこで，関数 $\tilde{\boldsymbol{x}}(t)$ を次のように定義しよう．

$$\tilde{\boldsymbol{x}}(t) = \begin{cases} \boldsymbol{y}(t) & (\alpha < t \leq \beta) \\ \boldsymbol{z}(t) & (\beta < t \leq \beta + \epsilon) \end{cases}$$

このとき，$\tilde{\boldsymbol{x}}(t)$ は区間 $(\alpha, \beta+\epsilon]$ で連続であり，任意の $t \in (\alpha, \beta+\epsilon]$ に対して，$\tilde{\boldsymbol{x}}(t)$ は次の積分方程式を満たす．

$$\tilde{\boldsymbol{x}}(t) = \boldsymbol{x}_0 + \int_0^t \boldsymbol{f}(\tilde{\boldsymbol{x}}(s))ds$$

これは，$\boldsymbol{x}(t)$ の最大存在区間が (α, β) であることに矛盾する．したがって，$\boldsymbol{x}(t) \notin K$ となる $t \in [0, \beta)$ が存在することがわかる．　　　　　□

　この定理から，最大存在区間が $(\alpha, \beta), \beta < \infty$ となる解は，非有界であるか，$t \to \beta - 0$ としたとき Ω の境界に近づくことがわかる（$\alpha > -\infty$ の場合も同様）．たとえば，$f(x) = -1/x \ (x > 0)$ として，次の初期値問題を考えよう．

$$\frac{dx}{dt} = f(x), \quad x(0) = \sqrt{2}$$

変数分離法で解を求めると，解は $x(t) = \sqrt{2 - 2t}$ と求まり，解の最大存在区間は $(-\infty, 1)$ となり，$t \to 1 - 0$ のとき，$x(t)$ は f の定義域 $(0, \infty)$ の境界 0 に近づくことがわかる．

　定理 7.4 の対偶をとると，次の系が得られる．

■ **系 7.5**　$\Omega \subset \mathbb{R}^n$ を開集合，$\boldsymbol{f} : \Omega \to \mathbb{R}^n$ を局所リプシッツ連続とする．また，$\boldsymbol{x}(t)$ を初期値問題 (7.1), (7.2) の解とし，その最大存在区間を (α, β) とする．このとき，(a) コンパクト集合 $K \subset \Omega$ が存在して，任意の $t \in [0, \beta)$ に対して，$\boldsymbol{x}(t) \in K$ なら，$\beta = \infty$ であり，(b) コンパクト集合 $K \subset \Omega$ が存在して，任意の $t \in (\alpha, 0]$ に対して，$\boldsymbol{x}(t) \in K$ なら，$\alpha = -\infty$ である．

　この系から，有界な解の最大存在区間は $(-\infty, \infty)$ まで延長される．ただし，非有界な解の最大存在区間が有界区間になるとは限らないことに注意しよう．たとえば，(1.8) の解は $x(t) = x(0)e^{\alpha t}$ であり，$\alpha \neq 0$ のとき，この解は非有界であるが，最大存在区間は $(-\infty, \infty)$ である．

7.4　解の初期値に対する連続性

　初期条件 $x(0) = x_0$ を満たすロジスティック方程式 (1.13) の解は次のように求まった．

$$x(t) = \frac{x_0 K}{x_0 + (K - x_0)e^{-rt}}$$

この式の右辺は t だけでなく，x_0 にも連続的に依存する．つまり，$\phi(t, x_0) = x(t)$ とすると，ϕ は (t, x_0) の連続関数である．関数 ϕ の連続性は，初期条件を少しずらしても，結果はそれほど変わらないことを意味する．多くの微分方程式は自然の法則を表すものであるから，関数 ϕ が連続になることは自然であろう．一般に，初期値問題 (7.1), (7.2) の解を $\boldsymbol{x}(t)$ とし，$\phi(t, \boldsymbol{x}_0) = \boldsymbol{x}(t)$ とすると，ϕ の連続性が次の定理により保証される．

■ **定理 7.6（解の初期値に対する連続性）** $\Omega \subset \mathbb{R}^n$ を開集合，$\boldsymbol{f} : \Omega \to \mathbb{R}^n$ を局所リプシッツ連続とする．初期値問題 (7.1), (7.2) の解を $\boldsymbol{x}(t)$ とし，$\phi(t, \boldsymbol{x}_0) = \boldsymbol{x}(t)$ と表すと，ϕ は $(t, \boldsymbol{x}_0)$ の連続関数である．

証明．Ω は開集合であり，$\boldsymbol{f}$ は局所リプシッツ連続であるから，$B_\delta[\boldsymbol{x}_0] \subset \Omega$ となる定数 $\delta > 0$ が存在し，$\boldsymbol{f}|_{B_\delta[\boldsymbol{x}_0]}$ をリプシッツ連続にできる．このとき，定理 7.2 から，初期条件 $\boldsymbol{x}(0) = \boldsymbol{x}_0$ を満たす (7.1) の解 $\boldsymbol{x}(t)$ が存在する．$\boldsymbol{y}_0$ を $B_\delta[\boldsymbol{x}_0]$ の内部の点とすれば，やはり定理 7.2 から，初期条件 $\boldsymbol{x}(0) = \boldsymbol{y}_0$ を満たす (7.1) の解 $\boldsymbol{y}(t)$ が存在する．$\boldsymbol{x}(t), \boldsymbol{y}(t)$ は連続関数であるから，$\epsilon > 0$ が存在して，任意の $t \in [-\epsilon, \epsilon]$ に対して，$\boldsymbol{x}(t), \boldsymbol{y}(t) \in B_\delta[\boldsymbol{x}_0]$ とできる．L を $\boldsymbol{f}|_{B_\delta[\boldsymbol{x}_0]}$ のリプシッツ定数とすると，任意の $t \in [-\epsilon, \epsilon]$ に対して，

$$
\begin{aligned}
|\boldsymbol{x}(t) - \boldsymbol{y}(t)| &= \left| \boldsymbol{x}_0 - \boldsymbol{y}_0 + \int_0^t (\boldsymbol{f}(\boldsymbol{x}(s)) - \boldsymbol{f}(\boldsymbol{y}(s)))ds \right| \\
&\leq |\boldsymbol{x}_0 - \boldsymbol{y}_0| + L \left| \int_0^t |\boldsymbol{x}(s) - \boldsymbol{y}(s)|ds \right| \quad (7.9)
\end{aligned}
$$

が成り立つ．$|\boldsymbol{x}(t) - \boldsymbol{y}(t)|$ は連続関数であるから，閉区間 $[-\epsilon, \epsilon]$ で最大値

$$M = \max_{-\epsilon < t < \epsilon} |\boldsymbol{x}(t) - \boldsymbol{y}(t)|$$

をもつので，$|\boldsymbol{x}(t) - \boldsymbol{y}(t)| \leq |\boldsymbol{x}_0 - \boldsymbol{y}_0| + ML|t|$ が成り立つ．これを式 (7.9) の右辺に代入すると

$$|\boldsymbol{x}(t) - \boldsymbol{y}(t)| \leq |\boldsymbol{x}_0 - \boldsymbol{y}_0|(1 + L|t|) + M\frac{(L|t|)^2}{2}$$

を得る. この代入を（定理 7.3 の証明のときと同様に）繰り返すと,

$$|\boldsymbol{x}(t) - \boldsymbol{y}(t)| \leq |\boldsymbol{x}_0 - \boldsymbol{y}_0| \sum_{j=0}^{k-1} \frac{(L|t|)^j}{j!} + M \frac{(L\epsilon)^k}{k!} \quad (k = 1, 2, 3, \ldots)$$

となり, $k \to \infty$ とすれば,

$$|\boldsymbol{x}(t) - \boldsymbol{y}(t)| \leq |\boldsymbol{x}_0 - \boldsymbol{y}_0| e^{L|t|}$$

が得られる. したがって, 任意の $t, s \in [-\epsilon, \epsilon]$ に対して,

$$\begin{aligned}
|\boldsymbol{\phi}(t, \boldsymbol{x}_0) - \boldsymbol{\phi}(s, \boldsymbol{y}_0)| &= |\boldsymbol{x}(t) - \boldsymbol{y}(s)| \\
&\leq |\boldsymbol{x}(t) - \boldsymbol{x}(s)| + |\boldsymbol{x}(s) - \boldsymbol{y}(s)| \\
&\leq |\boldsymbol{x}(t) - \boldsymbol{x}(s)| + |\boldsymbol{x}_0 - \boldsymbol{y}_0| e^{L\epsilon}
\end{aligned}$$

が成り立つので, $\boldsymbol{x}(t)$ が連続関数であることを用いれば, $(s, \boldsymbol{y}_0) \to (t, \boldsymbol{x}_0)$ のとき, $\boldsymbol{\phi}(s, \boldsymbol{y}_0) \to \boldsymbol{\phi}(t, \boldsymbol{x}_0)$ であることが示される. □

　解の最大存在区間は $(-\infty, \infty)$ になるとは限らず, 初期値に依存し有界区間になりうるのであった. したがって, 関数 ϕ の定義域は $\mathbb{R} \times \Omega$ になるとは限らず, 複雑な形状をする. たとえば, 初期条件 $x(0) = x_0$ を満たすロジスティック方程式 (1.13) の解 $x(t)$ によって定義された関数 $\phi(t, x_0) = x(t)$ についてもう一度考えよう. 解 $x(t)$ の最大存在区間 J は, 次のように x_0 に依存する.

$$\begin{aligned}
J &= (-\infty, \tfrac{1}{r} \ln \tfrac{x_0 - K}{x_0}) & &(x_0 < 0) \\
J &= (-\infty, \infty) & &(0 \leq x_0 \leq K) \\
J &= (-\tfrac{1}{r} \ln \tfrac{x_0}{x_0 - K}, \infty) & &(x_0 > K)
\end{aligned}$$

各初期値 x_0 に対して, 解の最大存在区間を図示したのが図 7.1 である. ϕ の定義域は図 7.1 の斜線部 G であり, ϕ は G で連続な関数となる.

7.5　力学系

　$\Omega \subset \mathbb{R}^n$ を開集合, $\boldsymbol{f}$ を局所リプシッツ連続とする. $\boldsymbol{x}(t)$ を初期値問題 (7.1), (7.2) の解とし, 前節と同様に, 関数 $\boldsymbol{\phi}$ を $\boldsymbol{\phi}(t, \boldsymbol{x}_0) = \boldsymbol{x}(t)$ と定義しよ

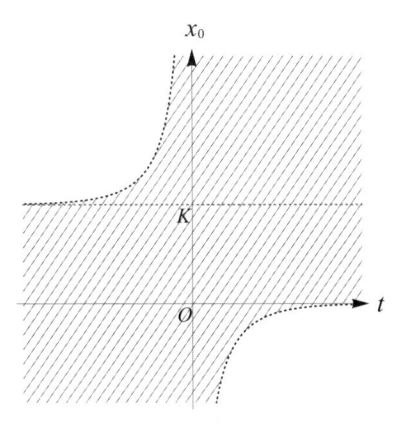

図7.1 初期条件 $x(0) = x_0$ を満たすロジスティック方程式の解の最大存在区間 J.

う．$\boldsymbol{x}(t)$ の最大存在区間は（0 を含む）開区間であるので，$(\alpha(\boldsymbol{x}_0), \beta(\boldsymbol{x}_0))$ $(-\infty \leq \alpha(\boldsymbol{x}_0) < 0 < \beta(\boldsymbol{x}_0) \leq \infty)$ と表す．最大存在区間は一般には初期値 $\boldsymbol{x}_0$ に依存することに注意しよう．各初期値 $\boldsymbol{x}_0 \in \Omega$ に対して，初期値問題 (7.1)，(7.2) の解の最大存在区間 $(\alpha(\boldsymbol{x}_0), \beta(\boldsymbol{x}_0))$ が定まるので，次の集合 $G \subset \mathbb{R} \times \Omega$ が定義できる（図7.2参照）．

$$G = \bigcup_{\boldsymbol{x} \in \Omega} (\alpha(\boldsymbol{x}), \beta(\boldsymbol{x})) \times \{\boldsymbol{x}\} \tag{7.10}$$

集合 G は ϕ の定義域であり，$\phi : G \to \Omega$ を微分方程式 (7.1) から生成された Ω

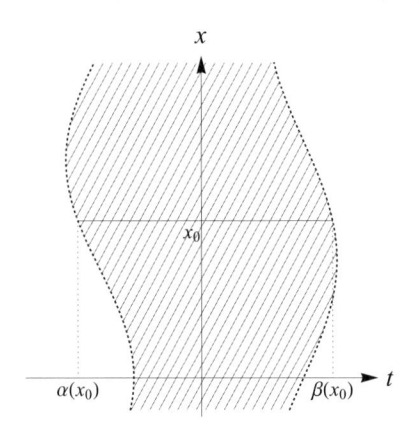

図7.2 集合 G.

上の**力学系** (dynamical system), **連続力学系** (continuous dynamical system) あるいは**流れ** (flow) という. 関数 $\phi : G \to \Omega$ は次の 3 つの性質をもつことがわかる.

(DS1) $\phi(0, \boldsymbol{x}) = \boldsymbol{x}$ $(\boldsymbol{x} \in \Omega)$.

(DS2) $\phi(t_2, \phi(t_1, \boldsymbol{x})) = \phi(t_1 + t_2, \boldsymbol{x})$ $(\boldsymbol{x} \in \Omega,\, t_1, t_1 + t_2 \in (\alpha(\boldsymbol{x}), \beta(\boldsymbol{x})))$.

(DS3) ϕ は連続である.

(DS1) は ϕ の定義から明らかであり, (DS3) は定理 7.6 から保証される. (DS2) が成り立つことは, 次のように確認できる. $\boldsymbol{x}(t)$ は初期値問題 (7.1), (7.2) の解であるから, 系 6.2 から, 次のように定義される関数 $\tilde{\boldsymbol{x}}(t)$ も $t + t_1 \in (\alpha(\boldsymbol{x}_0), \beta(\boldsymbol{x}_0))$ である限り, 同じ微分方程式の解である.

$$\tilde{\boldsymbol{x}}(t) = \boldsymbol{x}(t + t_1)$$

この解の初期値は $\tilde{\boldsymbol{x}}(0) = \boldsymbol{x}(t_1)$ であるので, 上記の等式の左辺は $\phi(t, \boldsymbol{x}(t_1)) = \phi(t, \phi(t_1, \boldsymbol{x}_0))$ のことであり, 右辺は $\phi(t + t_1, \boldsymbol{x}_0)$ のことであるから, (DS2) が成り立つことがわかる.

$G = \mathbb{R} \times \Omega$ とし, (DS1)–(DS3) を満たす関数 ϕ を Ω 上の**大域力学系** (global dynamical systems) という. しばしば, 大域力学系のことを単に力学系ということもある. 大域力学系に対応する微分方程式 (7.1) は, 任意の初期値 $\boldsymbol{x}_0 \in \Omega$ に対して, 区間 $(-\infty, \infty)$ で定義される解をもつ必要がある. 第 5 章で扱った連立 1 階線形微分方程式 (5.39) の場合には, このような大域力学系を生成する. しかし, 非線形微分方程式の場合には, 必ずしも, 大域力学系を生成するとは限らない. 実際, ロジスティック方程式 (1.13) の場合には, $\Omega = (-\infty, \infty)$ とすると区間 $(-\infty, \infty)$ で定義されない解をもち, 関数 ϕ の定義域は図 7.1 の斜線部のように $\mathbb{R}^2$ の一部でしかなかった. このように, (7.10) のような集合上で定義され, (DS1)–(DS3) を満たす関数 $\phi : G \to \Omega$ を Ω 上の**局所力学系** (local dynamical systems) といい, 大域力学系と区別することがある.

7.6　軌道

第 2 章で説明した通り, 多くの微分方程式の解は初等解法で求まらない. そのような微分方程式の性質を知るためには, 解を t の関数として表現すること

を目指すのではなく，解を相空間に描かれた曲線として捉え，その曲線の性質を追求したほうが，しばしば得るものが多い．第6章で微分方程式の軌道を定義したように，局所力学系の軌道も同様に定義される．G を (7.10) で定義された集合とし，$\Omega \subset \mathbb{R}^n$ 上の局所力学系 $\phi : G \to \Omega$ を考えよう．点 $\boldsymbol{x} \in \Omega$ を通る ϕ の軌道とは次の集合 $\gamma(\boldsymbol{x})$ のことである．

$$\gamma(\boldsymbol{x}) = \{\boldsymbol{\phi}(t, \boldsymbol{x}) \mid \alpha(\boldsymbol{x}) < t < \beta(\boldsymbol{x})\}$$

ただし，t の小さい方から大きい方へ向きが付いているとする．また，次のように定義される集合 $\gamma^+(\boldsymbol{x})$, $\gamma^-(\boldsymbol{x})$ をそれぞれ点 $\boldsymbol{x}$ を通る**正の半軌道** (positive semi-orbit)，**負の半軌道** (negative semi-orbit) という．

$$\gamma^+(\boldsymbol{x}) = \{\boldsymbol{\phi}(t, \boldsymbol{x}) \mid 0 \leq t < \beta(\boldsymbol{x})\}, \quad \gamma^-(\boldsymbol{x}) = \{\boldsymbol{\phi}(t, \boldsymbol{x}) \mid \alpha(\boldsymbol{x}) < t \leq 0\}$$

軌道の性質だけに着目するのであれば，同じ軌道をもつ別の局所力学系を調べてもよい．そこで，2つの局所力学系の軌道がすべて向きも含めて等しいとき，それらは**軌道同値** (orbitally equivalent) であるといおう．軌道同値に関して次の定理が得られる．

■ **定理 7.7** Ω を開集合，B を Ω で正の値をとる実数値関数とし，$\boldsymbol{f}$, $B\boldsymbol{f}$ を局所リプシッツ連続とする．このとき，(7.1) が生成する局所力学系と

$$\frac{d\boldsymbol{x}}{dt} = B(\boldsymbol{x})\boldsymbol{f}(\boldsymbol{x}) \tag{7.11}$$

が生成する局所力学系は軌道同値である．

証明．$\boldsymbol{f}$, $B\boldsymbol{f}$ は局所リプシッツ連続であるから，(7.1), (7.11) はそれぞれ Ω 上の局所力学系 ϕ, $\tilde{\phi}$ を生成する．$\boldsymbol{x}(t) = \phi(t, \boldsymbol{x}_0)$ とし，σ を次のように定義する．

$$\sigma(t) = \int_0^t \frac{ds}{B(\boldsymbol{x}(s))}$$

$B(\boldsymbol{x}(s))$ は正であるから，σ は増加関数となり，逆関数をもつことに注意しよう．$t = \sigma^{-1}(s)$ とし，合成関数および逆関数の微分法を用いると

$$\frac{d}{ds}\boldsymbol{x}(\sigma^{-1}(s)) = \frac{d}{dt}\boldsymbol{x}(t)\frac{d}{ds}\sigma^{-1}(s) = \boldsymbol{f}(\boldsymbol{x}(\sigma^{-1}(s)))B(\boldsymbol{x}(\sigma^{-1}(s)))$$

となり，$\tilde{\phi}(s, \boldsymbol{x}_0) = \phi(\sigma^{-1}(s), \boldsymbol{x}_0)$ が成り立つ．逆に，$\tilde{\boldsymbol{x}}(s) = \tilde{\phi}(s, \boldsymbol{x}_0)$ とし，τ を

$$\tau(s) = \int_0^s B(\tilde{\boldsymbol{x}}(t))dt$$

とすれば，τ は増加関数となり，$\phi(t, \boldsymbol{x}_0) = \tilde{\phi}(\tau^{-1}(t), \boldsymbol{x}_0)$ が成り立つ．したがって，σ, τ が増加関数であることに注意すると，局所力学系 ϕ と $\tilde{\phi}$ は軌道同値であることがわかる．　　　　　　　　　　　　　　　□

ベクトル場 $\boldsymbol{f}(\boldsymbol{x})$ と $B(\boldsymbol{x})\boldsymbol{f}(\boldsymbol{x})$ は方向が等しく，大きさが異なるだけなので，これらを右辺にもつ微分方程式 (7.1) と (7.11) は同じ軌道をもつことは直感的に明らかであろう．この定理を用いて，(7.1) が生成する局所力学系と軌道同値な大域力学系を生成する微分方程式を得ることができる．

■ **定理 7.8（ビノグラードの定理（Vinograd's theorem））** Ω を開集合，$\boldsymbol{f}$ を局所リプシッツ連続とする．このとき，関数 $\tilde{\boldsymbol{f}} : \Omega \to \mathbb{R}^n$ が存在して，

$$\frac{d\boldsymbol{x}}{dt} = \tilde{\boldsymbol{f}}(\boldsymbol{x}) \tag{7.12}$$

は (7.1) が生成する局所力学系と軌道同値な大域力学系を生成する．

証明．　(i) $\Omega = \mathbb{R}^n$ と (ii) $\Omega \neq \mathbb{R}^n$ の場合を分けて考える．

(i) Ω で正の値をとる実数値関数 B を次のように定義する．

$$B(\boldsymbol{x}) = \frac{1}{1 + |\boldsymbol{f}(\boldsymbol{x})|}$$

関数 $B\boldsymbol{f}$ は局所リプシッツ連続であるので（問 7.2 参照），$\tilde{\boldsymbol{f}}(\boldsymbol{x}) = B(\boldsymbol{x})\boldsymbol{f}(\boldsymbol{x})$ とすると，定理 7.7 から，(7.12) が生成する局所力学系は (7.1) が生成する局所力学系と軌道同値である．初期条件 $\boldsymbol{x}(0) = \boldsymbol{x}_0$ を満たす (7.12) の解を $\boldsymbol{x}(t)$ とし，その最大存在区間を (α, β) とする．$\boldsymbol{x}_0$ が平衡点のとき，$\boldsymbol{x}(t)$ の最大存在区間が $(-\infty, \infty)$ であることは明らかなので，$\boldsymbol{x}_0$ は平衡点でないとする．曲線 $\{\boldsymbol{x}(s) \mid 0 \leq s \leq t\}$ の長さ $\sigma(t)$ は，次のようになる．

$$\sigma(t) = \int_0^t \left| \frac{d\boldsymbol{x}}{dt}(s) \right| ds \leq t < \beta \quad (0 \leq t < \beta) \tag{7.13}$$

x_0 は平衡点ではないので，σ は増加関数であることに注意しよう，$\beta < \infty$ と仮定し矛盾を導こう．$\sigma(t) \to \infty$ $(t \to \beta - 0)$ なら，(7.13) に矛盾する．一方，$\sigma(t) \to s^*$ $(t \to \beta - 0)$ となる $s^* > 0$ が存在するなら，任意の $t \in [0, \beta)$ に対して，$x(t) \in B_{s^*}[x_0]$ となり，系 7.5 に矛盾する．したがって，$\beta = \infty$ となる．同様に $\alpha = -\infty$ であることも示せ，(7.12) は大域力学系を生成することがわかる．

(ii) Ω で正の値をとる実数値関数 B を次のように定義する．

$$B(x) = \frac{1}{1 + |f(x)|} \frac{d(x, \Omega^c)}{1 + d(x, \Omega^c)}$$

ここで，$\Omega^c = \mathbb{R}^n \backslash \Omega$, $d(x, \Omega^c) = \inf\{|x - y| \mid y \in \Omega^c\}$ である．関数 Bf はリプシッツ連続であるので（問 7.2 参照），$\tilde{f}(x) = B(x)f(x)$ とすると，定理 7.7 から，(7.12) が生成する局所力学系は (7.1) が生成する局所力学系と軌道同値である．$x(t)$ を初期条件 $x(0) = x_0$ を満たす (7.12) の解とし，その最大存在区間を (α, β) とする．(i) の場合と同様に，x_0 は平衡点ではないとする．曲線 $\{x(s) \mid 0 \leq s \leq t\}$ の長さ $\sigma(t)$ は，(i) の場合と同様に，(7.13) を満たす．$\beta < \infty$ と仮定し矛盾を導こう．$\sigma(t) \to \infty$ $(t \to \beta - 0)$ なら，(7.13) に矛盾する．一方，$\sigma(t) \to s^*$ $(t \to \beta)$ となる $s^* > 0$ が存在するなら，任意の $t \in [0, \beta)$ に対して，$x(t) \in B_{s^*}[x_0]$ となる．これは，正の半軌道 $\gamma^+(x_0) = \{x(t) \mid 0 \leq t < \beta\}$ が $\gamma^+(x_0) \subset B_{s^*}[x_0]$ を満たすことを意味する．もし $\mathrm{cl}(\gamma^+(x_0)) \subset \Omega$ を満たすなら，系 7.5 に矛盾する．ここで，$\mathrm{cl}(A)$ は集合 A の閉包を表す．最後に，$\mathrm{cl}(\gamma^+(x_0)) \subset \Omega$ でないとしよう．このとき，$\gamma^+(x_0) \subset \Omega$ であることに注意すると，点 $p \in \Omega^c$ と数列 $t_1, t_2, t_3, \ldots \to \beta$ が存在して，$x(t_j) \to p$ $(j \to \infty)$ となる．σ は増加関数であるから，逆関数 σ^{-1} が存在し，

$$t = \sigma^{-1}(s) = \int_0^s \left| \frac{dx}{dt}(\sigma^{-1}(\tau)) \right|^{-1} d\tau \quad (0 \leq s \leq s^*)$$

となる．また，

$$d(x(t), \Omega^c) \leq |x(t) - p| \leq s^* - s \quad (0 \leq t < \beta)$$

が成り立つので，

$$t \geq \int_0^s \frac{d\tau}{d(\boldsymbol{x}(\sigma^{-1}(\tau)), \Omega^c)} \geq \int_0^s \frac{d\tau}{s^* - \tau} \geq \ln \frac{s^*}{s^* - s}$$

であるから，$t \to \infty \ (s \to s^* - 0)$ となり，$\beta = \infty$ が示せる．$\alpha = -\infty$ であ
ることも同様に示せ，(7.12) は大域力学系を生成することがわかる．　　　　　　□

　$\Omega \subset \mathbb{R}^n$ を開集合，$\boldsymbol{f} : \Omega \to \mathbb{R}^n$ を局所リプシッツ連続または C^1 級としよ
う．定理 7.8 から，もし微分方程式 (7.1) の軌道だけに興味があるのであれば，
その微分方程式は大域力学系を生成すると仮定しても問題ない．そこで，次節
以降では，微分方程式は大域力学系を生成すると仮定し，局所力学系と大域力
学系を区別せず，単に力学系と呼ぶ．

第7章の章末問題

問 7.1　関数 $f(x) = \frac{1}{x}$ が開区間 $(0, \infty)$ でリプシッツ連続でないことを示せ．

問 7.2　$\Omega \subset \mathbb{R}^n$，関数 $\boldsymbol{f} : \Omega \to \mathbb{R}^n$ をリプシッツ連続で有界，A を $\mathbb{R}^n$ の部分集
合とし，関数 $\boldsymbol{g} : \Omega \to \mathbb{R}^n$，$h : \Omega \to \mathbb{R}$ を次のように定める．

$$\boldsymbol{g}(\boldsymbol{x}) = \frac{\boldsymbol{f}(\boldsymbol{x})}{1 + |\boldsymbol{f}(\boldsymbol{x})|}, \quad h(\boldsymbol{x}) = \frac{d(\boldsymbol{x}, A)}{1 + d(\boldsymbol{x}, A)}$$

　このとき，次の各問いに答えよ．
(1) 関数 $\boldsymbol{g}$ がリプシッツ連続であることを示せ．
(2) 関数 h がリプシッツ連続であることを示せ．
(3) 関数 $\boldsymbol{g}h$ がリプシッツ連続であることを示せ．

問 7.3　次の微分方程式に対して，(7.10) で定義された集合 G を (t, x) 平面上に
図示せよ．
(1) $\frac{dx}{dt} = x^2$
(2) $\frac{dx}{dt} = x^3$

問 7.4 次の初期値問題の解の最大存在区間を求めよ.

(1) $\frac{dx_1}{dt} = x_1^2$, $\frac{dx_2}{dt} = x_2 + \frac{1}{x_1}$, $x_1(0) = x_2(0) = 1$

(2) $\frac{dx_1}{dt} = \frac{1}{2x_1}$, $\frac{dx_2}{dt} = x_1^2$, $x_1(0) = x_2(0) = 1$

問 7.5 次の 2 つの初期値問題 (a), (b) の解を求め, (t, x) 平面上に図示し, 比較せよ. また, (b) は (a) が生成する局所力学系と軌道同値な大域力学系を生成することを確認せよ.

(a) $\frac{dx}{dt} = x^2$, $x(0) = 1$

(b) $\frac{dx}{dt} = \frac{x^2}{1+x^2}$, $x(0) = 1$

第8章

ロトカ・ヴォルテラ捕食者・被食者方程式

初等解法により解を求めることができない微分方程式も，軌道であれば，それを関数で表現したり，$t \to \pm\infty$ としたときの軌道の振る舞いを明らかにしたりできることがある．本章では，第6章に登場したロトカ・ヴォルテラ捕食者・被食者方程式を例に，保存量，極限集合，リアプノフ関数を紹介し，軌道を具体的に構成したり，長時間経過後の軌道の振る舞いを明らかにしたりする方法を紹介する．

8.1 ダンコナの疑問

第1次世界大戦後，サメなどの捕食性の魚がアドリア海で増加した．戦争によって，アドリア海における漁業活動は中断したが，この中断はなぜか，捕食性の魚のみを増加させた．このことに疑問をもったイタリアの生物学者ダンコナ (Umberto D'Ancona) は，この現象を数学的に説明可能かどうかを，のちに義父となるイタリアの数学者ヴォルテラ (Vito Volterra) に尋ねた．ヴォルテラは，サメなどの捕食者とそのエサとなる被食者の個体群動態を，非線形の連立常微分方程式で表現し，ダンコナの疑問に答えた．

y を捕食者の個体数，x を被食者の個体数とする．捕食者がいないとき，被食者の個体数は単位時間あたり $r > 0$ の割合で増加し，被食者がいないとき，捕食者の個体数は単位時間あたり $s > 0$ の割合で減少すると仮定する．両者の相互作用がなければ，x, y はそれぞれ，線形の常微分方程式 $\frac{dx}{dt} = rx$ と $\frac{dy}{dt} = -sy$ に従うであろう．しかしながら，当然，捕食者がいると被食者の増加率は減り，

被食者がいると，捕食者の増加率は増える．そこで，単純に被食者1匹あたりの増加率（被食者の増殖率）$\frac{1}{x}\frac{dx}{dt}$ は捕食者の個体数に比例して減少し，捕食者1匹あたりの増加率（捕食者の増殖率）$\frac{1}{y}\frac{dy}{dt}$ は被食者の個体数に比例して増えると仮定する．その比例定数をそれぞれ $a, b > 0$ とすると，x と y は次の非線形の連立常微分方程式に従う．

$$\begin{cases} \dfrac{dx}{dt} = x(r - ay) \\[2mm] \dfrac{dy}{dt} = y(-s + bx) \end{cases} \tag{8.1}$$

この方程式は第6章に登場した式 (6.14) において $b = f = 0$ としたものと同値である．同時代に，ヴォルテラとは独立にアメリカの統計学者ロトカ (Alfred Lotka) によっても，植物と草食動物の個体群動態や化学物質の濃度変化を記述する数理モデルとして導出されている．そのため，この方程式は**ロトカ・ヴォルテラ捕食者・被食者方程式** (Lotka-Volterra predator-prey equation) と呼ばれている．

8.2 不変集合

$\Omega \subset \mathbb{R}^n$ 上の力学系 ϕ について考える．集合 $M \subset \Omega$ が**正不変** (positive invariant) または**前方不変** (forward invariant) であるとは，任意の $t \geq 0$ に対して $\phi(t, M) \subset M$ であることをいう．M が正不変であることと，任意の $\boldsymbol{x} \in M$ に対して $\gamma^+(\boldsymbol{x}) \subset M$ であることは同値である．M が**不変** (invariant) であるとは，任意の $t \geq 0$ に対して $\phi(t, M) = M$ であることをいう．このとき，$\phi(-t, \phi(t, M)) = \phi(-t, M)$ が成り立つので，任意の $t \in \mathbb{R}$ に対して $\phi(t, M) = M$ が成り立つことがわかる．M が不変であることと，任意の $\boldsymbol{x} \in M$ に対して $\gamma(\boldsymbol{x}) \subset M$ であることは同値である．

式 (8.1) が生成する力学系において，**非負錐** (nonnegative cone)

$$\mathbb{R}_+^2 = \{(x, y)^\top \in \mathbb{R}^2 \mid x \geq 0,\ y \geq 0\}$$

およびその境界 bd $\mathbb{R}_+^2$ と内部 int $\mathbb{R}_+^2$

$$\mathrm{bd}\ \mathbb{R}_+^2 = \{(x,y)^\top \in \mathbb{R}_+^2 \mid xy = 0\}$$
$$\mathrm{int}\ \mathbb{R}_+^2 = \{(x,y)^\top \in \mathbb{R}_+^2 \mid xy \neq 0\} = \{(x,y)^\top \in \mathbb{R}^2 \mid x > 0,\ y > 0\}$$

が不変であることを確認しよう．式 (8.1) の右辺は $\mathbb{R}^2$ 上で C^1 級である．したがって，定理 7.2 および定理 7.3 より，(8.1) は任意の初期値に対して解をもち，それは一意に存在する．座標軸上に初期値をもつ解であれば，初等解法により，次のように求まる．

(a) $x(0) = y(0) = 0$ のとき，$\begin{pmatrix} x(t) \\ y(t) \end{pmatrix} = \begin{pmatrix} 0 \\ 0 \end{pmatrix}$ $\quad (-\infty < t < \infty)$

(b) $x(0) \neq 0,\ y(0) = 0$ のとき，$\begin{pmatrix} x(t) \\ y(t) \end{pmatrix} = \begin{pmatrix} x(0)e^{rt} \\ 0 \end{pmatrix}$ $\quad (-\infty < t < \infty)$

(c) $x(0) = 0,\ y(0) \neq 0$ のとき，$\begin{pmatrix} x(t) \\ y(t) \end{pmatrix} = \begin{pmatrix} 0 \\ y(0)e^{-st} \end{pmatrix}$ $\quad (-\infty < t < \infty)$

これらは，原点が平衡点であり，座標軸の正軸，負軸がそれぞれ軌道となることを示している．したがって，$\mathrm{bd}\ \mathbb{R}_+^2$ 上の点を通る軌道は，任意の時刻で $\mathrm{bd}\ \mathbb{R}_+^2$ に留まっている．つまり，$\mathrm{bd}\ \mathbb{R}_+^2$ は不変であることがわかる．解の一意性から，$\mathrm{int}\ \mathbb{R}_+^2$ 上の点を通る軌道は $\mathrm{bd}\ \mathbb{R}_+^2$ と交点をもつことはない．したがって，$\mathrm{int}\ \mathbb{R}_+^2$ と $\mathbb{R}_+^2$ が不変であることがわかる．式 (8.1) の変数 x, y は生物の個体数であるから，$\mathbb{R}_+^2$ 上の点を通る軌道だけが意味をもつ．$\mathrm{bd}\ \mathbb{R}_+^2$ の不変性は，ある時刻で個体数が 0 の生物は，任意の時刻で存在しないことを意味している．また，$\mathrm{int}\ \mathbb{R}_+^2$ の不変性は，ある時刻で個体数が正の生物は，任意の時刻で正の個体数をもつことを意味する．しかし，$t \to \pm\infty$ で，個体数が 0 に収束する可能性があることに注意せよ．上で求めた軌道 (b) から，捕食者がいないとき，被食者の個体数は無限大に発散し，(c) から，被食者がいないとき，捕食者の個体数は 0 に収束することがわかる．

8.3　保存量

式 (8.1) の x ヌルクライン，y ヌルクラインは，それぞれ次のように求まる．

$$\frac{dx}{dt} = 0 \Leftrightarrow x = 0 \text{ または } y = \frac{r}{a}, \quad \frac{dy}{dt} = 0 \Leftrightarrow y = 0 \text{ または } x = \frac{s}{b}$$

平衡点は x ヌルクラインと y ヌルクラインの交点であるから，次のように2つ求まる．

$$E_0 = \begin{pmatrix} 0 \\ 0 \end{pmatrix}, \quad E_+ = \begin{pmatrix} \frac{s}{b} \\ \frac{r}{a} \end{pmatrix}$$

点 E_0 のように，すべての生物が存在しない平衡点を**絶滅平衡点** (extinction equilibrium) といい，点 E_+ のように，すべての生物が存在する平衡点を**正平衡点** (positive equilibrium) または**共存平衡点** (coexistence equilibrium) という．方向場は図8.1のようになり，軌道は E_+ の周りを反時計回りに動くことが予想される．この予想が正しいことは，以下のように，軌道が満たすべき方程式を導くことにより示せる．式 (8.1) の第2式を第1式で割ると，未知関数 $y(x)$ に関する微分方程式

$$\frac{dy}{dx} = \frac{dy/dt}{dx/dt} = \frac{(-s+bx)y}{(r-ay)x}$$

を得る．この方程式は変数分離型にでき，初等解法により解くことができる． $dx/dt = 0$ の場合も考えるために，式 (8.1) の第1式と第2式の両辺に，それぞれ $\frac{bx-s}{x}$ と $\frac{ay-r}{y}$ をかけ，それらを足し合わせて得られる次の式を考えよう．

$$\left(b - \frac{s}{x}\right)\frac{dx}{dt} + \left(a - \frac{r}{y}\right)\frac{dy}{dt} = 0$$

両辺を t で積分すると，

$$b(x - x^* \ln x) + a(y - y^* \ln y) = C \quad (C \text{ は積分定数})$$

を得る．ただし，(x^*, y^*) は正平衡点 E_+ の座標を表す．この等式の左辺を $V(x, y)$ とし，$(x(t), y(t))^\top$ を $\mathrm{int}\,\mathbb{R}_+^2$ に初期値をもつ (8.1) の解とすると，

$$\frac{d}{dt} V(x(t), y(t)) = 0$$

が成り立つ．これは，解に沿って V の値が変化しないことを意味しており，V の等高線が軌道を表すことがわかる．このような V を (8.1) の**保存量** (constant

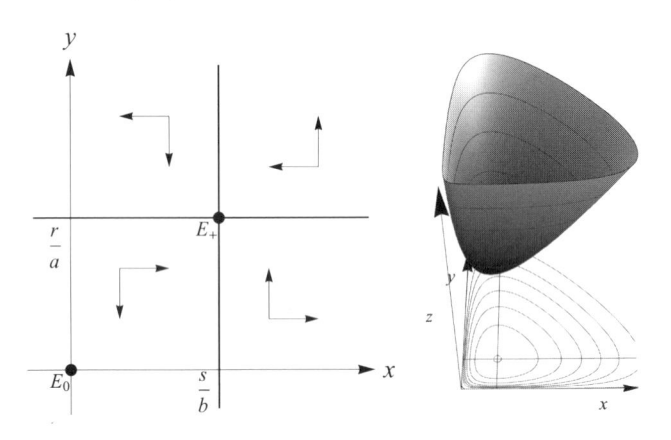

図 8.1　左図は式 (8.1) の方向場.　右図は曲面 $z = V(x, y)$ のグラフと等高線.

of motion) または**第 1 積分** (first integral) という.　曲面 $V = V(x, y)$ の概形がわかれば, 軌道の概形がわかる.　V の定義域は $\mathrm{int}\ \mathbb{R}_+^2$ である.　いま,

$$\frac{\partial V}{\partial x} = b - \frac{s}{x}, \quad \frac{\partial^2 V}{\partial x^2} = \frac{s}{x^2} > 0, \quad \frac{\partial V}{\partial y} = a - \frac{r}{y}, \quad \frac{\partial^2 V}{\partial y^2} = \frac{r}{y^2} > 0$$

であるから, V は E_+ のみで最小値をとる関数である.　また, E_+ から半直線を伸ばしたとき, V の値は単調に限りなく増加するので, V の等高線は E_+ を囲む閉曲線となる.　以上の考察から, $\mathrm{int}\ \mathbb{R}_+^2$ 上の点を通る軌道はすべて E_+ を囲む周期軌道になることがわかる（図 8.1 参照）.

平衡点 E_+ 近くの周期解の周期は, 次のように見積もることができる.　$u = x - \frac{s}{b}, v = y - \frac{r}{a}$ とおき, u, v は十分小さいとする.　このとき, 式 (8.1) は次のようになる.

$$\frac{du}{dt} = -av\left(u + \frac{s}{b}\right) \approx -\frac{as}{b}v, \quad \frac{dv}{dt} = bu\left(v + \frac{r}{a}\right) \approx \frac{br}{a}u$$

また,

$$\frac{d^2 u}{dt^2} \approx -rsu, \quad \frac{d^2 v}{dt^2} \approx -rsv$$

であるので, u, v はそれぞれ, 単振動の運動方程式を満たす.　したがって, (8.1) の E_+ 近傍の周期軌道の周期は $T \approx 2\pi/\sqrt{rs}$ と見積もることができる.

8.4 ヴォルテラの原理

int $\mathbb{R}_+^2$ 上の点を通る軌道は，すべて周期軌道であることがわかった．周期軌道の周期や振幅は初期値に依存するが，その時間平均は初期値に依存せず，E_+ に一致することが示せる．$x(t), y(t)$ を周期 T の周期解として考えよう．このとき，解は

$$\frac{d}{dt} \ln x(t) = r - ay(t)$$

を満たす．この両辺を 0 から T まで t で積分すると

$$\int_0^T \frac{d}{dt} \ln x(t) \, dt = \int_0^T (r - ay(t)) dt$$

が得られる．$x(T) = x(0)$ であることに注意すると，

$$\frac{1}{T} \int_0^T y(t) dt = \frac{r}{a}$$

となることがわかり，捕食者の個体数の時間平均は平衡点 E_+ の y 座標と一致することがわかる．同様に，$x(t)$ の時間平均は平衡点 E_+ の x 座標と一致することが示せる．

この性質から，ヴォルテラはダンコナの疑問に，次のように数学的な説明を与えた．漁業を行うことにより，捕食者と被食者はその個体数に比例して捕獲されるとする．このとき，被食者と捕食者の個体群動態は，r を $r - \Delta r\,(\Delta r > 0)$ に s を $s + \Delta s\,(\Delta s > 0)$ に置き換えた方程式に従う．そのため，漁業が行われているときには，被食者と捕食者の個体数の時間平均はそれぞれ

$$\frac{s + \Delta s}{b}, \quad \frac{r - \Delta r}{a}$$

となる．この結果から，漁業が行われなくなると，被食者である小魚の個体数が減る一方で，捕食者であるサメの個体数が増えることがわかり，戦時中にサメの漁獲割合が増えたことに，数学的な説明を与えることができる．このように，被食者と捕食者の相互作用において，両者の増加率の低下が，被食者の個体数の増加と捕食者の個体数の減少をまねくことを，**ヴォルテラの原理** (Volterra's principle) という．この法則は，殺虫剤の危険性を明確に表している．殺虫剤

は通常，害虫（被食者）だけでなくその天敵（捕食者）にも影響を与える．ヴォルテラの原理は，殺虫剤の安易な使用は，害虫の個体数の増加と，天敵の個体数の減少をまねくことを示唆している．

8.5　種内競争を考慮したロトカ・ヴォルテラ捕食者・被食者方程式

式 (8.1) においては，捕食者がいないとき，被食者は指数成長し，個体数は無限に大きくなった．この性質は現実的ではないので，捕食者がいないとき，被食者はロジスティック成長すると仮定する．具体的には，捕食者がいないとき，被食者は $\frac{dx}{dt} = rx$ ではなく，$\frac{dx}{dt} = x(r - \alpha x)$ $(\alpha > 0)$ に従うと仮定する．同様に，被食者がいないとき，捕食者は $\frac{dy}{dt} = -sy$ ではなく，$\frac{dy}{dt} = y(-s - \beta y)$ $(\beta \geq 0)$ に従うと仮定する．ただし，この仮定は被食者と捕食者の個体群動態に本質的な違いを与えないことがのちほどわかる．そのため，$\beta = 0$ の場合も含めて考察する．以上の仮定により，式 (8.1) は次のようになる．

$$
\begin{cases}
\dfrac{dx}{dt} = x(r - \alpha x - ay) \\[2mm]
\dfrac{dy}{dt} = y(-s + bx - \beta y)
\end{cases}
\tag{8.2}
$$

記号は異なるが，これは第6章に登場した (6.14) そのものである．(8.1) のときと同様に，bd $\mathbb{R}_+^2$ 上の点を通る (8.2) の軌道は，初等解法により求まり，bd $\mathbb{R}_+^2$ は5つの軌道によって構成されることがわかる．つまり，2つの平衡点

$$
E_0 = \begin{pmatrix} 0 \\ 0 \end{pmatrix}, \quad
E_1 = \begin{pmatrix} \frac{r}{\alpha} \\ 0 \end{pmatrix}
$$

と，E_0 から E_1 へ向かう x 軸上の軌道，∞ から E_1 へ向かう x 軸上の軌道，∞ から E_0 へ向かう y 軸上の軌道である．(8.1) と同様に，$\mathbb{R}_+^2$ およびその境界と内部は不変であることがわかる．

int $\mathbb{R}_+^2$ 上の点を通る軌道の概形を知るために，方向場を描こう．まず，x ヌルクライン，y ヌルクラインは，それぞれ次のように求まる．

$$
\frac{dx}{dt} = 0 \Leftrightarrow
\begin{cases}
x = 0 \quad \text{または} \\
\alpha x + ay = r
\end{cases}
, \quad
\frac{dy}{dt} \Leftrightarrow
\begin{cases}
y = 0 \quad \text{または} \\
bx - \beta y = s
\end{cases}
$$

平衡点はこれら 2 種類のヌルクラインの交点であるから，(8.2) は E_0, E_1 に加えて，次の連立 1 次方程式の解が平衡点となる（$\mathbb{R}_+^2$ の外にある平衡点は考えない）．

$$\begin{cases} \alpha x + ay = r \\ bx - \beta y = s \end{cases}$$

この連立 1 次方程式の係数行列は，正則であるから，ただ 1 つの解が求まる．それを，$E_+ = (x^*, y^*)^\top$ とする．この平衡点が，$\mathbb{R}_+^2$ に存在するための必要十分条件は $\frac{r}{\alpha} > \frac{s}{b}$ である．この条件は

$$\frac{1}{y}\frac{dy}{dt}\bigg|_{E_1} = (-s + bx - \beta y)|_{E_1} = -s + b\frac{r}{\alpha} > 0$$

と等しく，被食者の個体数が環境収容力 $\frac{r}{\alpha}$ に等しいときに，捕食者の増殖率（1 匹あたりの増加率）が正になることを意味している．この条件が成り立てば，E_+ は唯一の正平衡点として int $\mathbb{R}_+^2$ に存在し，正平衡点の有無により，方向場は異なる様相を示す（図 8.2 参照）．図 8.2 によると，正平衡点が存在しないとき，捕食者は絶滅し，被食者の個体数は環境収容力に収束しそうである．また，正平衡点が存在するとき，軌道はその周りを反時計回りに動きそうである．しかし，軌道が正平衡点に近づくのかまたは離れていくのか，そして周期軌道となるのかなどは方向場を見ただけではわからない．次節では，リアプノフ関数を導入し，軌道の漸近挙動を調べる方法を紹介する．

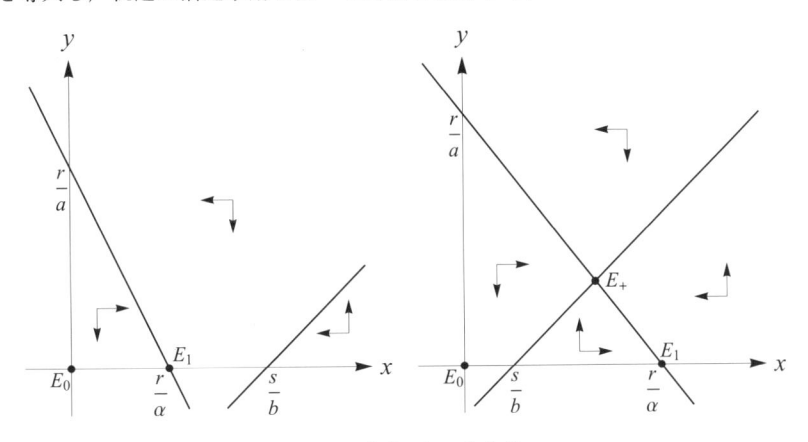

図 **8.2**　式 (8.2) の方向場.

8.6　極限集合とリアプノフ関数

$\Omega \subset \mathbb{R}^n$ 上の力学系 ϕ について考えよう．$x, y \in \Omega$ とする．y が点 x の ω **極限点** (ω-limit point) であるとは，数列 $t_1, t_2, t_3, \ldots \to \infty$ が存在し，$\phi(t_k, x) \to y \ (k \to \infty)$ であることをいう．つまり，$t \to \infty$ としたときの軌道 $\phi(t, x)$ の集積点が，x の ω 極限点である．点 x の ω 極限点全体の集合を ω **極限集合** (ω-limit set) といい，$\omega(x)$ と表す．時間の向きを逆にして，ある数列 $t_1, t_2, t_3, \ldots \to -\infty$ に対して，$\phi(t_k, x) \to y \ (k \to \infty)$ であるとき，y を x の α **極限点** (α-limit point) いう．点 x の α 極限点全体の集合を α **極限集合** (α-limit set) といい，$\alpha(x)$ と表す．式 (8.1) の場合，$(x, y)^\top \in \operatorname{int} \mathbb{R}_+^2$ の ω 極限集合と α 極限集合はともに，点 (x, y) を通る周期軌道そのものである．ω 極限集合と α 極限集合をまとめて**極限集合**という．$\omega(x)$ と $\alpha(x)$ は，次のようにも書ける（問 8.1 参照）．

$$\omega(x) = \bigcap_{t \geq 0} \operatorname{cl}(\{\phi(s, x) \mid s \geq t\}), \quad \alpha(x) = \bigcap_{t \leq 0} \operatorname{cl}(\{\phi(s, x) \mid s \leq t\}) \quad (8.3)$$

同じ軌道上の点は同じ極限集合をもつ．実際，$z \in \gamma(x)$ のとき，$z = \phi(T, x)$ となる $T \in \mathbb{R}$ が存在するので，$\phi(t_k, x) \to y \ (k \to \infty)$ なら，$\phi(t_k - T, z) = \phi(t_k, x) \to y \ (k \to \infty)$ である．そのため，点 x の極限集合ではなく，軌道 $\gamma(x)$ の極限集合ともいう．

○**例8.1**　例 5.7 で考察した微分方程式 (5.37) の任意の軌道の ω 極限集合は，原点のみからなる集合である．例 5.8 の微分方程式 (5.38) の場合，時刻 $t = t_0$ で点 $(x_{10}, x_{20})^\top$ を通る解 $(x_1(t), x_2(t))^\top$ は，$x_1^2(t) + 2x_2^2(t) = x_{10}^2 + 2x_{20}^2$ を満たすので，この解（楕円）上のすべての点が ω 極限集合であり，α 極限集合でもある．解が楕円 $x_1^2 + 2x_2^2 = x_{10}^2 + 2x_{20}^2$ 上の点を回転し続けるので，楕円上の任意の点 $(x_{1l}, x_{2l})^\top$ に対して，$x_1^2(t^*) + 2x_2^2(t^*) = x_{1l}^2 + 2x_{2l}^2$ となる t^* が存在し，$t_k = t^* + k\sqrt{2}\pi$ とすれば，$t_k \to \infty \ (k \to \infty)$ であり，$t_k = t^* - k\sqrt{2}\pi$ とすれば，$t_k \to -\infty \ (k \to \infty)$ であり，どちらの場合も，任意の k について $(x_1(t_k), x_2(t_k)) = (x_{1l}, x_{2l}) = (x_1(t^*), x_2(t^*))$ が成り立つことに注意しよう．

■ **定理 8.1** 極限集合は不変な閉集合である.

証明. 極限集合が閉集合であることは，それが閉集合の共通部分であることからわかる. $\omega(\boldsymbol{x})$ が不変であることを示すために，$\boldsymbol{y} \in \omega(\boldsymbol{x})$ とし，$t \in \mathbb{R}$ を任意にとる. このとき，数列 $t_1, t_2, t_3, \ldots \to \infty$ が存在して，$\phi(t_k, \boldsymbol{x}) \to \boldsymbol{y}$ である. ϕ の連続性から，$\phi(t_k + t, \boldsymbol{x}) = \phi(t, \phi(t_k, \boldsymbol{x})) \to \phi(t, \boldsymbol{y}) \ (k \to \infty)$ が成り立つ. これは $\phi(t, \boldsymbol{y}) \in \omega(\boldsymbol{x})$ であることを示しており，$\omega(\boldsymbol{x})$ が不変であることがわかる. α 極限集合の不変性も同様に示せる. □

極限集合は空集合になることがある. たとえば，式 (8.1) の場合，x の正軸の点の α 極限集合は，原点だけからなる集合であるが，ω 極限集合は空集合である. つまり，$\phi(t, \boldsymbol{x})$ が $t \to \infty$ で無限遠方に遠ざかるときには，ω 極限集合は空集合になる. また，ω 極限集合は空でないとき，必ずしも $\phi(t, \boldsymbol{x})$ が $t \to \infty$ で $\omega(\boldsymbol{x})$ に近づくとは限らない（問 8.5 参照）. 次の定理では，集合 $S \subset \Omega$ に対して，$d(\phi(t, \boldsymbol{x}), S) \to 0 \ (t \to \infty)$ となるとき，$t \to \infty$ で $\phi(t, \boldsymbol{x})$ が S に収束するといい，$\phi(t, \boldsymbol{x}) \to S \ (t \to \infty)$ と表す.

■ **定理 8.2** 正の半軌道 $\gamma^+(\boldsymbol{x})$ が有界なら，$\omega(\boldsymbol{x})$ は空でないコンパクトで不変な連結集合である. さらに，$\phi(t, \boldsymbol{x}) \to \omega(\boldsymbol{x}) \ (t \to \infty)$ が成り立つ.

証明. $\gamma^+(\boldsymbol{x})$ の有界性から，$\omega(\boldsymbol{x})$ は空でない有界集合である. したがって，定理 8.1 により，$\omega(\boldsymbol{x})$ はコンパクトな不変集合であることがわかる. いま，$\{d(\phi(t, \boldsymbol{x}), \omega(\boldsymbol{x})) \mid t \geq 0\}$ は有界であるから，仮に $d(\phi(t, \boldsymbol{x}), \omega(\boldsymbol{x})) \to 0 \ (t \to \infty)$ が成り立たないなら，数列 $t_1, t_2, t_3, \ldots \to \infty$ と定数 $\delta > 0$ が存在して，$d(\phi(t_k, \boldsymbol{x}), \omega(\boldsymbol{x})) > \delta \ (k = 1, 2, 3, \ldots)$ が成り立つ. これは，$\omega(\boldsymbol{x})$ に含まれない点 $\boldsymbol{x}$ の ω 極限点が存在することを意味し，矛盾である. したがって，$d(\phi(t, \boldsymbol{x}), \omega(\boldsymbol{x})) \to 0 \ (t \to \infty)$ が成り立つ. $\omega(\boldsymbol{x})$ が連結でないとすると，開集合 $U_1, U_2 \subset \mathbb{R}^n$ が存在して，$\omega(\boldsymbol{x}) \subset U_1 \cup U_2, U_1 \cap U_2 = \emptyset$,

$$U_1 \cap \omega(\boldsymbol{x}) \neq \emptyset, \quad U_2 \cap \omega(\boldsymbol{x}) \neq \emptyset \tag{8.4}$$

とできる. $\phi(t, \boldsymbol{x}) \to \omega(\boldsymbol{x}) \ (t \to \infty)$ であるから，十分大きな T に対して，$\phi([T, \infty), \boldsymbol{x}) \subset U_1 \cap U_2$ とできる. しかし，$\phi([T, \infty), \boldsymbol{x})$ は連結集合だから，$U_1 \cap \phi([T, \infty), \boldsymbol{x}) = \emptyset$ または $U_2 \cap \phi([T, \infty), \boldsymbol{x}) = \emptyset$ となり，(8.4) に矛盾する. □

この定理により，正の半軌道が有界であるとき，その ω 極限集合がわかれば，軌道の行き先がわかる．ω 極限集合を求めるには，以下に述べるリアプノフの方法が便利である．$G \subset \Omega$ とし，次の条件を満たす実数値関数 V を，G 上の**リアプノフ関数** (Lyapunov function) という．

(a) V は G で連続である．

(b) すべての $\boldsymbol{x} \in G$ に対して，$V(\boldsymbol{\phi}(t, \boldsymbol{x}))$ は t について広義単調減少である．

条件 (b) を次の条件に置き換えたものを，**狭義リアプノフ関数** (strict Lyapunov function) という．

(c) 平衡点でないすべての $\boldsymbol{x} \in G$ に対して，$V(\boldsymbol{\phi}(t, \boldsymbol{x}))$ は t について（狭義）単調減少である．

$\boldsymbol{\phi}(t, \boldsymbol{x})$ を自励系の微分方程式 (7.1) によって生成される力学系であるとしよう．関数 V が微分可能であるとし，関数 $\dot{V}$ を $\dot{V}(\boldsymbol{x}) = (\nabla V(\boldsymbol{x}))^{\top} \boldsymbol{f}(\boldsymbol{x})$ と定義する．これは，(7.1) の解に沿って V を t で微分していることに相当する．実際，合成関数の微分法により，

$$\frac{d}{dt} V(\boldsymbol{\phi}(t, \boldsymbol{x}))\bigg|_{t=0} = \sum_{i=1}^{n} \frac{\partial V}{\partial x_i}(\boldsymbol{\phi}(t, \boldsymbol{x})) f_i(\boldsymbol{\phi}(t, \boldsymbol{x}))\bigg|_{t=0} = \dot{V}(\boldsymbol{x})$$

が成り立つ．そのため，$\dot{V}(\boldsymbol{x}) < 0$ なら，$V(\boldsymbol{\phi}(t, \boldsymbol{x}))$ は $t = 0$ を含むある区間で単調減少する．つまり，式 (7.1) の解を具体的に求めなくても，$V(\boldsymbol{\phi}(t, \boldsymbol{x}))$ の t に対する増減が判別できる．

■ **定理 8.3**　V は $\mathrm{cl}(G)$ で連続な G 上のリアプノフ関数とする．このとき，$\gamma^+(\boldsymbol{x}) \subset G$ を満たす軌道の ω 極限集合上で V は一定の値をとる．

証明．　仮定より，$\omega(\boldsymbol{x}) \subset \mathrm{cl}(G)$ となる．$\boldsymbol{y}, \boldsymbol{z} \in \omega(\boldsymbol{x})$ とすると，定義から，$\boldsymbol{\phi}(s_k, \boldsymbol{x}) \to \boldsymbol{y}$，$\boldsymbol{\phi}(t_k, \boldsymbol{x}) \to \boldsymbol{z}$ $(k \to \infty)$ を満たす数列 $s_1, s_2, s_3, \ldots \to \infty$，$t_1, t_2, t_3, \ldots \to \infty$ が存在する．必要であれば部分列を取り直して，$s_1 < t_1 < s_2 < t_2 < \cdots$ が成り立つように数列をとっておく．任意の $t \geq 0$ に対して，$\boldsymbol{\phi}(t, \boldsymbol{x}) \in G$ であるので，$V(\boldsymbol{\phi}(t, \boldsymbol{x}))$ の t について単調性から，

$$V(\boldsymbol{\phi}(s_{k+1}, \boldsymbol{x})) \leq V(\boldsymbol{\phi}(t_k, \boldsymbol{x})) \leq V(\boldsymbol{\phi}(s_k, \boldsymbol{x})) \quad (k = 1, 2, 3, \ldots)$$

が成り立つ. $k \to \infty$ としたとき, V の連続性から, $V(\boldsymbol{y}) \leq V(\boldsymbol{z}) \leq V(\boldsymbol{y})$ が得られ, $V(\boldsymbol{y}) = V(\boldsymbol{z})$ が示される. □

■ **定理 8.4 (ラサールの不変原理 (LaSalle's invariance principle))** V は G 上のリアプノフ関数で, G を含む開集合で微分可能とする. このとき, $\gamma^+(\boldsymbol{x}) \subset G$ なら, $\omega(\boldsymbol{x})$ は $\{\boldsymbol{x} \in \mathrm{cl}(G) \mid \dot{V}(\boldsymbol{x}) = 0\}$ の最大の不変集合に含まれる.

証明. 定理 8.3 から, V は $\omega(\boldsymbol{x})$ 上で一定の値をとる. $\omega(\boldsymbol{x})$ は不変であるから, すべての $t \in \mathbb{R}$ と $\boldsymbol{y} \in \omega(\boldsymbol{x})$ に対して, $V(\boldsymbol{\phi}(t, \boldsymbol{y}))$ は一定の値をとる. したがって, $\omega(\boldsymbol{x})$ が不変であることから, $\omega(\boldsymbol{x})$ が $\{\boldsymbol{x} \in \mathrm{cl}(G) \mid \dot{V}(\boldsymbol{x}) = 0\}$ の最大の不変集合に含まれることがわかる. □

■ **系 8.5** V を G 上のリアプノフ関数とし, G を含む開集合で微分可能とする. このとき, $H = \{\boldsymbol{x} \in G \mid V(\boldsymbol{x}) < c\}$ が $\mathrm{cl}(H) \subset G$ を満たす有界集合なら, 任意の $\boldsymbol{x} \in H$ に対して, $\omega(\boldsymbol{x})$ は $\{\boldsymbol{x} \in \mathrm{cl}(H) \mid \dot{V}(\boldsymbol{x}) = 0\}$ の最大の不変集合 M に含まれ, $\boldsymbol{\phi}(t, \boldsymbol{x}) \to M \ (t \to \infty)$ となる.

証明. H はリアプノフ関数 V の定義域に含まれるので, H は正不変である. したがって, 任意の $\boldsymbol{x} \in H$ に対して, $\gamma^+(\boldsymbol{x}) \subset H$ が成り立ち, 定理 8.4 より, $\omega(\boldsymbol{x})$ は M に含まれることがわかる. また, H の有界性から, $\gamma^+(\boldsymbol{x})$ も有界となり, 定理 8.2 より, $\boldsymbol{\phi}(t, \boldsymbol{x}) \to M \ (t \to \infty)$ が示される. □

この系から, M が平衡点 $\boldsymbol{x}^*$ だけからなる集合 $M = \{\boldsymbol{x}^*\}$ であるなら, 任意の $\boldsymbol{x} \in H$ に対して, $\boldsymbol{\phi}(t, \boldsymbol{x}) \to \boldsymbol{x}^* \ (t \to \infty)$ が示される. このとき, 平衡点 $\boldsymbol{x}^*$ は H で**大域吸引的** (globally attractive) であるという. また, 平衡点 $\boldsymbol{x}^*$ が安定でもあるなら, $\boldsymbol{x}^*$ は漸近安定であるので, そのとき, 平衡点 $\boldsymbol{x}^*$ は H で**大域漸近安定** (globally asymptotically stable) という. 次のように, リアプノフ関数が平衡点で正定値であれば, 平衡点の安定性や漸近安定性を示すことができる.

■ **定理 8.6** $\boldsymbol{x}^*$ を平衡点とし, U を $\boldsymbol{x}^*$ を含む開集合とする. 関数 $V : U \to \mathbb{R}$ は次を満たすと仮定する.

$$V(\boldsymbol{x}^*) = 0 \text{ かつ } \boldsymbol{x} \neq \boldsymbol{x}^* \text{ に対して, } V(\boldsymbol{x}) > 0$$

このとき，V が U 上のリアプノフ関数なら $\boldsymbol{x}^*$ は安定であり，狭義リアプノフ関数なら漸近安定である.

証明．V はリアプノフ関数であると仮定する．U は $\boldsymbol{x}^*$ を含む開集合であるから，$B_r(\boldsymbol{x}^*) \subset U$ となる $r > 0$ が存在する．球面はコンパクトなので，任意の $\epsilon \in (0, r)$ に対して，

$$c = \min_{|\boldsymbol{x} - \boldsymbol{x}^*| = \epsilon} V(\boldsymbol{x})$$

が存在する．$\boldsymbol{x} \neq \boldsymbol{x}^*$ のとき $V(\boldsymbol{x}) > 0$ であるから，$c > 0$ である．また，V は $V(\boldsymbol{x}^*) = 0$ を満たし連続であるから，$|\boldsymbol{x} - \boldsymbol{x}^*| < \delta$ であるなら $V(\boldsymbol{x}) < c$ となるように，$\delta > 0$ を選ぶことができる．$\boldsymbol{x} \in B_\delta(\boldsymbol{x}^*)$ とすると，任意の $t \geq 0$ に対して $c > V(\boldsymbol{x}) \geq V(\boldsymbol{\phi}(t, \boldsymbol{x}))$ となり，これは任意の $t \geq 0$ に対して $\boldsymbol{\phi}(t, \boldsymbol{x}) \in B_\epsilon(\boldsymbol{x}^*)$ であることを示し，$\boldsymbol{x}$ が安定であることがわかる.

V は狭義リアプノフ関数であると仮定し，$\boldsymbol{x} \in B_\delta(\boldsymbol{x}^*)$ なら，$\boldsymbol{\phi}(t, \boldsymbol{x}) \to \boldsymbol{x}^*$ $(t \to \infty)$ となることを示す．$\boldsymbol{x} \in B_\delta(\boldsymbol{x}^*)$ とすると，$B_\epsilon[\boldsymbol{x}^*]$ のコンパクト性から，数列 $t_1, t_2, t_3, \ldots \to \infty$ と $\boldsymbol{y} \in B_\epsilon[\boldsymbol{x}^*]$ が存在して，$\boldsymbol{\phi}(t_k, \boldsymbol{x}) \to \boldsymbol{y}$ $(k \to \infty)$ となる．V の連続性から，$V(\boldsymbol{\phi}(t_k, \boldsymbol{x})) \to V(\boldsymbol{y})$ $(k \to \infty)$ である．また，$V(\boldsymbol{\phi}(t, \boldsymbol{x}))$ は t について単調減少するので，次の不等式が成り立つ.

$$V(\boldsymbol{\phi}(t, \boldsymbol{x})) > V(\boldsymbol{y}) \quad (t > 0) \tag{8.5}$$

もし $\boldsymbol{y} \neq \boldsymbol{x}^*$ であるなら，すべての $t > 0$ に対して，$V(\boldsymbol{y}) > V(\boldsymbol{\phi}(t, \boldsymbol{y}))$ が成り立つ．したがって，$s > 0$ を固定すると，$\boldsymbol{\phi}$ の連続性から，$\boldsymbol{z}$ が $\boldsymbol{y}$ に十分近い点であれば，$V(\boldsymbol{y}) > V(\boldsymbol{\phi}(s, \boldsymbol{z}))$ が成り立つ．いま，$\boldsymbol{\phi}(t_k, \boldsymbol{x})$ は，$k \to \infty$ としたとき，いくらでも $\boldsymbol{y}$ に近づくので，十分大きな k に対して，$V(\boldsymbol{y}) > V(\boldsymbol{\phi}(s, \boldsymbol{\phi}(t_k, \boldsymbol{x}))) = V(\boldsymbol{\phi}(s + t_k, \boldsymbol{x}))$ が成り立ち，(8.5) に矛盾する．したがって，$\boldsymbol{y} = \boldsymbol{x}^*$ が示せた． $\square$

以上のように，リアプノフ関数を見つけることができれば，式 (7.1) を解かなくても，その漸近挙動を明らかにできる．しかし，このようなリアプノフ関数を見つける決まった方法があるわけではないので，試行錯誤が必要となる．ただし，線形微分方程式

$$\frac{d\boldsymbol{x}}{dt} = A\boldsymbol{x} \tag{8.6}$$

に対しては，次のリアプノフの定理を用いると，具体的にリアプノフ関数を構成できる．

■ **定理 8.7（リアプノフの定理 (Lyapunov theorem)）** 正方行列 A が安定であるための必要十分条件は正定値対称行列 Q が存在して，$QA + A^\top Q$ が負定値対称行列になることである．

この定理から，A が安定であるとき，2 次形式 $V(\boldsymbol{x}) = \boldsymbol{x}^\top Q\boldsymbol{x}$ は (8.6) の $\mathbb{R}^n$ 上のリアプノフ関数になることがわかる．実際，

$$\dot{V}(\boldsymbol{x}) = \left(\frac{d\boldsymbol{x}}{dt}\right)^\top Q\boldsymbol{x} + \boldsymbol{x}^\top Q\frac{d\boldsymbol{x}}{dt}$$
$$= \boldsymbol{x}^\top (QA + A^\top Q)\boldsymbol{x} \le 0$$

となる．

8.7 捕食者と被食者の共存

リアプノフの方法を (8.2) に用いよう．そこで，(8.1) を解析した際に登場した保存量 $V(x,y) = b(x - x^* \ln x) + a(y - y^* \ln y)$ をリアプノフ関数の候補として用いよう．ただし，$(x^*, y^*)^\top$ は (8.2) の正平衡点に置き換える．このとき，V は $\mathrm{int}\,\mathbb{R}_+^2$ の連続関数である．いま，

$$\dot{V}(x,y) = \frac{\partial V}{\partial x}\frac{dx}{dt} + \frac{\partial V}{\partial y}\frac{dx}{dt}$$
$$= b\left(1 - \frac{x^*}{x}\right)x(r - \alpha x - ay) + a\left(1 - \frac{y^*}{y}\right)y(-s + bx - \beta y)$$

であり，$r = \alpha x^* + ay^*,\, s = bx^* - \beta y^*$ を用いて，r, s を消去すると，

$$\dot{V}(x,y) = b(x - x^*)(\alpha x^* + ay^* - \alpha x - ay)$$
$$+ a(y - y^*)(-bx^* + \beta y^* + bx - \beta y)$$
$$= -b\alpha(x - x^*)^2 - a\beta(y - y^*)^2 \le 0$$

が示せる.よって,V は int $\mathbb{R}_+^2$ 上のリアプノフ関数である.また,$H_c = \{\boldsymbol{x} \in$ int $\mathbb{R}^n \mid V(\boldsymbol{x}) < c\}$ は有界であり,int $\mathbb{R}_+^2 = \bigcup_{c>0} H_c$ であるから,系8.5 より,int $\mathbb{R}_+^2$ 上の点の ω 極限集合は $K = \{(x,y) \in$ int $\mathbb{R}^2 \mid \dot{V}(x,y) = 0\}$ の最大の不変集合に含まれる.$\beta > 0$ のときは,K は正平衡点だけからなる集合である.また,$\beta = 0$ のときは,K は直線 $x = x^*$ に含まれるが,この直線上の最大の不変集合は正平衡点である.したがって,K の最大の不変集合 M は正平衡点だけからなる集合であるので,int $\mathbb{R}_+^2$ は正平衡点の吸引域であることがわかる.また,関数 $V(\boldsymbol{x}) - V(\boldsymbol{x}^*)$ は正平衡点で正定値であるから,定理8.6 より,正平衡点は int $\mathbb{R}_+^2$ で大域漸近安定であることもわかる.

　以上のように,式 (8.2) の解を具体的に求めることなく,その漸近挙動を明らかにすることができた.

第8章の章末問題

問 8.1　(8.3) が成り立つことを証明せよ.

問 8.2　次の微分方程式の（int $\mathbb{R}_+^2$ における）保存量を求めよ.
(1) $\frac{dx}{dt} = x(1 - x - y)$, $\frac{dy}{dt} = y(1 - x - y)$
(2) $\frac{dx}{dt} = x(1 - x - 3y)$, $\frac{dy}{dt} = y(1 + x - y)$

問 8.3　微分方程式
$$\begin{cases} \frac{dx}{dt} = x - y - x(x^2 + y^2) \\ \frac{dx}{dt} = x + y - y(x^2 + y^2) \end{cases}$$

について次の各問いに答えよ.
(1) 極座標変換 $x = r\cos\theta$, $y = r\sin\theta$ によって (r, θ) の微分方程式に変換せよ.
(2) 各点 $\boldsymbol{x} \in \mathbb{R}^2$ に対する ω 極限集合を求めよ.

問8.4 微分方程式

$$
\begin{cases}
\frac{dx}{dt} = \begin{cases}
x(1-x^2-y^2) - y(\frac{y^2}{x^2+y^2} + \frac{1}{\ln 3}) & (0 \le x^2+y^2 \le \frac{3}{4}) \\
x(1-x^2-y^2) - y(\frac{y^2}{x^2+y^2} + \frac{1}{\ln \frac{x^2+y^2}{1-x^2-y^2}}) & (\frac{3}{4} < x^2+y^2 < 1) \\
x(1-x^2-y^2) - \frac{y^3}{x^2+y^2} & (x^2+y^2 = 1) \\
x(1-x^2-y^2) - y(\frac{y^2}{x^2+y^2} + \frac{1}{\ln \frac{x^2+y^2}{x^2+y^2-1}}) & (1 < x^2+y^2)
\end{cases} \\[2em]
\frac{dy}{dt} = \begin{cases}
y(1-x^2-y^2) + x(\frac{y^2}{x^2+y^2} + \frac{1}{\ln 3}) & (0 \le x^2+y^2 \le \frac{3}{4}) \\
y(1-x^2-y^2) + x(\frac{y^2}{x^2+y^2} + \frac{1}{\ln \frac{x^2+y^2}{1-x^2-y^2}}) & (\frac{3}{4} < x^2+y^2 < 1) \\
y(1-x^2-y^2) + \frac{xy^2}{x^2+y^2} & (x^2+y^2 = 1) \\
y(1-x^2-y^2) + x(\frac{y^2}{x^2+y^2} + \frac{1}{\ln \frac{x^2+y^2}{x^2+y^2-1}}) & (1 < x^2+y^2)
\end{cases}
\end{cases}
$$

について次の各問いに答えよ.

(1) 極座標変換 $x = r\cos\theta,\ y = r\sin\theta$ によって (r, θ) の微分方程式に変換せよ.

(2) 各点 $\boldsymbol{x} \in \mathbb{R}^2$ に対する ω 極限集合と α 極限集合を求めよ. $|\boldsymbol{x}| \ne 1$ のとき, $\omega(\boldsymbol{x})$ は平衡点を含むが, 平衡点だけからなる集合ではないことを確認せよ.

問8.5 $\rho = \sqrt{1 + (\frac{x}{1-x^2})^2 + y^2}$ とし, 微分方程式

$$
\begin{cases}
\frac{dx}{dt} = \begin{cases}
0 & (|x| \ge 1) \\
\frac{x(1-x^2) - y(1-x^2)^2}{(1+x^2)(1+\rho)} & (|x| < 1)
\end{cases} \\[1.5em]
\frac{dy}{dt} = \begin{cases}
-1 & (x \le -1) \\
\frac{y}{1+\rho} + \frac{x}{(1-x^2)(1+\rho)} & (|x| < 1) \\
1 & (x \ge 1)
\end{cases}
\end{cases}
$$

について, 次の各問いに答えよ.

(1) $|x| < 1$ とし, 変数変換 $u = \frac{x}{1-x^2},\ v = y$ によって (u, v) の微分方程式に変換せよ.

(2) さらに, 極座標変換 $u = r\cos\theta,\ v = r\sin\theta$ によって (r, θ) の微分方程式に変換せよ.

(3) 各点 $\boldsymbol{x} \in \mathbb{R}^2$ に対する ω 極限集合と α 極限集合を求めよ. $|x| < 1$ のとき, $\omega(\boldsymbol{x}) \ne \emptyset$ であるが, 連結集合ではなく, $\phi(t, \boldsymbol{x}) \to \omega(\boldsymbol{x})\ (t \to \infty)$ とならないことを確認せよ.

問8.6 $A = \begin{pmatrix} -1 & -3 \\ -3 & -1 \end{pmatrix}$ のとき, $V(x, y) = (x^*, y^*)A(x^*, y^*)^\top$ は微分方程式 $\frac{dx}{dt} = x(1 - x - 3y)$, $\frac{dy}{dt} = y(2 - 3x - y)$ に対する $\mathbb{R}_+^2$ 上のリアプノフ関数であることを示せ. ただし, x^*, y^* は連立1次方程式 $1 - x^* - 3y^* = 2 - 3x^* - y^* = 0$ の解である.

問8.7 (8.2) の正平衡点 E_+ が存在しないとき, $V(x, y) = b(x - \frac{r}{\alpha} \ln x) + ay$ は $G = \{(x, y) \in \mathbb{R}_+^2 \mid x > 0\}$ 上のリアプノフ関数であることを示し, 平衡点 E_1 は G で大域漸近安定であることを示せ.

第**9**章

捕食者・被食者方程式

本章では，捕食者と被食者の相互作用が周期的な振動を作り出す傾向にあることを明らかにするために，18世紀にロシアの生物学者ガウゼ (Georgy Gause) によって提案された一般的な捕食者・被食者方程式を調べる．ガウゼ型の捕食者・被食者方程式は2次元の常微分方程式で記述される．解の一意性から，軌道は交差しないので，2次元平面上の軌道の振る舞いには強い制限が加わる．このような平面系を解析するための強力な道具が，ポアンカレ・ベンディクソンの定理とベンディクソン・デュラックの方法である．これらを用いることにより，周期解の存在について調べる．また，周期解を作り出すメカニズムの1つであるホップ分岐についても紹介する．

9.1 ガウゼ型の捕食者・被食者方程式

前章のロトカ・ヴォルテラ捕食者・被食者方程式は，次のように一般化できる．

$$\begin{cases} \dfrac{dx}{dt} = xg(x) - yp(x) \\[2mm] \dfrac{dy}{dt} = y(-d + q(x)) \end{cases} \tag{9.1}$$

ここで，x, y はそれぞれ被食者と捕食者の個体数である．$g(x)$ は捕食者がいないときの被食者の増殖率を表し，$p(x)$ は単位時間あたりに捕食者1個体あたりがどれだけ被食者を捕食するのかを表す．$d > 0$ は捕食者の自然死亡率を表し，

$q(x)$ は捕食者の増殖率のなかで，被食者の存在に影響を受ける部分を表す．ガウゼは $g(x) = r, q(x) = cp(x)$ としたモデルを考察している．このとき，捕食者の増殖率は，捕食量 $p(x)$ に比例して増加すると仮定されている．一般に，その比例定数は被食者の個体数に依存しうるので，(9.1) では q が p に比例するとは仮定していない．関数 g, p, q は次の条件を満たす C^1 級関数であると仮定する．

(a) $K > 0$ が存在し，$x < K$ のとき $g(x) > 0$，$x > K$ のとき $g(x) < 0$，
$g(K) = 0$，$g'(K) < 0$

(b) $p(0) = 0$，$x > 0$ のとき $p(x) > 0$

(c) $q(0) = 0$，$x > 0$ のとき $q'(x) > 0$

(a) から，捕食者がいないとき，被食者は，$x < K$ なら増え，$x > K$ なら減る．そのため，捕食者がいないとき，被食者の個体数はロジスティック方程式のように振る舞い，$x(0) > 0, y(0) = 0$ なら，$x(t) \to K$ $(t \to \infty)$ となる．したがって，K は被食者の環境収容力を表す．q は増加関数なので，p も増加関数と仮定するほうが自然であるが，以下の結論は p の単調性には依存しないので，p は単に正と仮定されている．被食者がいないとき，捕食者の個体数は一定の割合 d で減少する．したがって，$x(0) = 0, y(0) > 0$ なら，$y(t) \to 0$ $(t \to \infty)$ となる．ロトカ・ヴォルテラ捕食者・被食者方程式の場合と同様の考察により，$\mathbb{R}^2_+$ とその境界と内部が不変であることがわかる．境界に存在する平衡点は次の2つである．

$$E_0 = \begin{pmatrix} 0 \\ 0 \end{pmatrix}, \quad E_1 = \begin{pmatrix} K \\ 0 \end{pmatrix}$$

以下では，正平衡点 E_+ の存在について考察する．

q は増加関数であるから，$x \to \infty$ としたとき，$q(x)$ は正の値に収束するか無限大に発散する．極限値を ∞ の場合も含めて q_∞ とおく．捕食者の増殖率は $-d + q_\infty$ を超えることはないので，$q_\infty \leq d$ なら，捕食者は絶滅しそうである．このことを次のように考察しよう．$q_\infty \leq d$ なら，任意の $x \geq 0$ に対して，$-d + q(x) < 0$ であるから，$x \geq 0$ かつ $y > 0$ なら $dy/dt < 0$ である．したがって，$(x(t), y(t))^\top$ を int $\mathbb{R}^2_+$ に初期値をもつ (9.1) の解とすると，$y(t)$ は減少関数となり，$\hat{y} \geq 0$ が存在して，$y(t) \to \hat{y}$ $(t \to \infty), dy/dt \to 0$ $(t \to \infty)$

が成り立つ. もし $\hat{y} > 0$ なら, (9.1) の第 2 式から, $t \to \infty$ のとき dy/dt は負の値に収束し, 矛盾するので, $\hat{y} = 0$ が示せる. したがって, この場合, 正平衡点はもちろん存在しない.

$q_\infty > d$ のとき, q の単調性から, $q(x^*) = d$ となる $x^* > 0$ がただ 1 つ存在する. 正平衡点が存在するなら, x^* はその x 座標である. (9.1) の第 1 式から, 正平衡点は $x = x^*$ と

$$y = \frac{xg(x)}{p(x)} \tag{9.2}$$

との交点として現れる. 右辺は, $x \in (0, K)$ で正で, $x \in (K, \infty)$ で負であるから, 関数の連続性も考慮すると, 交点が $\mathbb{R}_+^2$ の内部に存在するための必要十分条件は $x^* < K$ となる. また, 交点は 1 つしか存在しないので, 正平衡点は高々 1 つしか存在しない. 条件 $x^* < K$ は捕食者を養えるほど被食者の環境が豊かであることを意味する. そのため, もし $x^* \geq K$ なら, 捕食者は絶滅しそうである. 実際, $(x(t), y(t))^\top$ を int $\mathbb{R}_+^2$ に初期値をもつ (9.1) の解とすると, $x^* \geq K$ なら, 十分大きな $T > 0$ に対して, $x(t) < K$ $(t \geq T)$ が示せる. そのため, 十分時間が経つと, $-d + q(x(t)) < 0$ となり, 先ほどと同じ要領で $y(t) \to 0$ $(t \to \infty)$ が示せる.

各平衡点の安定性を調べよう. $x^* < K$ を仮定しておく. 点 $(x, y)^\top$ における (9.1) のヤコビ行列は

$$J(x, y) = \begin{pmatrix} g(x) + xg'(x) - yp'(x) & -p(x) \\ yq'(x) & -d + q(x) \end{pmatrix}$$

となる. 平衡点 E_0 においては,

$$J(E_0) = \begin{pmatrix} g(0) & 0 \\ 0 & -d \end{pmatrix}$$

となるので, 固有値 $g(0), -d$ をもつ. したがって, E_0 は双曲型でサドルであることがわかる. また, 座標軸上の解の振る舞いから, E_0 の安定多様体と不安定多様体はそれぞれ y 軸と x 軸上にあることがわかる. 平衡点 E_1 におけるヤコビ行列は

$$J(E_1) = \begin{pmatrix} Kg'(K) & -p(K) \\ 0 & -d + q(K) \end{pmatrix}$$

となるので，固有値 $Kg'(K)$ と $-d + q(K)$ をもつ．したがって，E_1 も双曲型でサドルであることがわかる．x 軸上の解の振る舞いから，安定多様体は x 軸上に存在し，したがって，不安定多様体は $\mathbb{R}_+^2$ の内部と交点をもつことがわかる．正平衡点 E_+ におけるヤコビ行列は

$$J(E_+) = \begin{pmatrix} H(x^*) & -p(x^*) \\ y^*q'(x^*) & 0 \end{pmatrix}$$

となる．ここで，$H(x^*) = g(x^*) + x^*g'(x^*) - y^*p'(x^*)$ である．いま，$\det J(E_+) > 0$ であるから，正平衡点はサドルではない．また，ラウス・フルビッツの判定条件より，$J(E_+)$ が安定であるための必要十分条件は

$$\mathrm{tr}J(E_+) = H(x^*) < 0$$

である．したがって，$H(x^*)$ の符号により，E_+ の安定性が判別できる．この符号は次のようにグラフィカルな意味をもつことが知られている．

$$\frac{d}{dx}\ln\frac{xg(x)}{p(x)}\bigg|_{x=x^*} = \frac{1}{x^*} + \frac{g'(x^*)}{g(x^*)} - \frac{p'(x^*)}{p(x^*)} = \frac{H(x^*)}{x^*g(x^*)}$$

であるので，x ヌルクライン (9.2) の正平衡点における傾きの正負と $H(x^*)$ の符号とが一致する．上式で (9.2) より $y^* = x^*g(x^*)/p(x^*)$ が成り立つことを用いた．以上の結果により，x ヌルクラインの形状や x^* の値により，正平衡点は安定になったり不安定になったりすることがわかった．しかしながら，周期解の存在についてはまだ不明である．次節では，いよいよポアンカレ・ベンディクソンの定理を導入し，ガウゼ型の捕食者・被食者方程式の周期解の存在について考察する．

9.2　ポアンカレ・ベンディクソンの定理

$\Omega \subset \mathbb{R}^2$ を開集合，$\boldsymbol{f} = (f, g)^{\top} : \Omega \to \mathbb{R}^2$ を C^1 級関数とし，次の一般的な平面系を考えよう．

$$\begin{cases} \dfrac{dx}{dt} = f(x, y) \\[2mm] \dfrac{dy}{dt} = g(x, y) \end{cases} \tag{9.3}$$

このとき，次の一般的な定理が成り立つ．

■ **定理 9.1（ポアンカレ・ベンディクソンの定理）** **(Poincaré-Bendixon theorem)** 平面系 (9.3) の正の半軌道 $\gamma^+(\boldsymbol{x})$ が有界で，その ω 極限集合 $\omega(\boldsymbol{x})$ が平衡点を含まないのであれば，$\gamma^+(\boldsymbol{x})$ または $\omega(\boldsymbol{x})$ は周期軌道である．

$\gamma^+(\boldsymbol{x})$ が周期軌道であれば，$\gamma^+(\boldsymbol{x}) = \omega(\boldsymbol{x})$ であるので，$\omega(\boldsymbol{x})$ はもちろん周期軌道である．一方，$\gamma^+(\boldsymbol{x})$ そのものが周期軌道でない場合に，$\omega(\boldsymbol{x})$ が周期軌道になることがある．そのような周期軌道を**極限周期軌道**または**リミットサイクル** (limit cycle) という．図 9.1 のように，正の半軌道 $\gamma^+(\boldsymbol{x})$ は極限周期軌道に巻きついていく．前章に登場したロトカ・ヴォルテラ捕食者・被食者方程式は周期軌道をもつが極限周期軌道はもたない．定理 9.1 を使って，周期軌道の存在を示すためには，正の半軌道を含む有界集合を作り，その集合が平衡点を含まないことを示せば十分である（図 9.1 参照）．

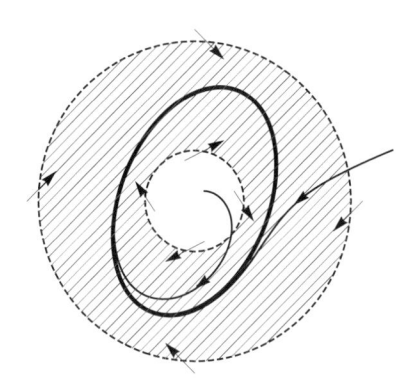

図 9.1 近傍の軌道を引き寄せる極限周期軌道．斜線部は平衡点を含まない正不変な有界集合．

○**例 9.1**　次の微分方程式を考えよう.

$$\begin{cases} \dfrac{dx_1}{dt} = x_1 - x_2 - x_1(x_1^2 + x_2^2) \\[2mm] \dfrac{dx_2}{dt} = x_1 + x_2 - x_2(x_1^2 + x_2^2) \end{cases} \tag{9.4}$$

平衡点は原点 $\mathbf{0}$ のみであることは簡単に確かめられる. 原点 $\mathbf{0}$ におけるヤコビ行列は

$$J(\mathbf{0}) = \begin{pmatrix} 1 & -1 \\ 1 & 1 \end{pmatrix}$$

であり, その固有値が $1 \pm i$ であるので, 原点 $\mathbf{0}$ は不安定スパイラルである. 原点以外の点の極限集合を考えよう. 極座標変換 $x_1 = r\cos\theta$, $x_2 = r\sin\theta$ を行うと, 微分方程式 (9.4) は

$$\frac{dr}{dt} = r(1 - r^2), \quad \frac{d\theta}{dt} = 1 \tag{9.5}$$

に変換される (問 9.1, 問 9.2 参照). 初期条件を $r(0) = r_0$, $\theta(0) = \theta_0$ とすると, (9.5) は 2 つの独立な微分方程式であるから, (9.5) の解は

$$r(t) = \sqrt{\frac{r_0^2}{(1 - r_0^2)e^{-2t} + r_0^2}}, \quad \theta(t) = t + \theta_0 \tag{9.6}$$

と求められる. したがって, (9.4) の解は

$$\begin{pmatrix} x_1(t) \\ x_2(t) \end{pmatrix} = \sqrt{\frac{r_0^2}{(1 - r_0^2)e^{-2t} + r_0^2}} \begin{pmatrix} \cos(t + \theta_0) \\ \sin(t + \theta_0) \end{pmatrix}$$

である. (9.6) より, $r_0 > 0$ なら $r(t) \to 1$ $(t \to \infty)$ に注意すると, (9.5) の点 $\boldsymbol{x} \neq \mathbf{0}$ に対する ω 極限集合 $\omega(\boldsymbol{x})$ は単位円 $x_1^2 + x_2^2 = 1$ となる. 単位円は周期軌道であり, これは極限周期軌道である (図 9.2 参照).

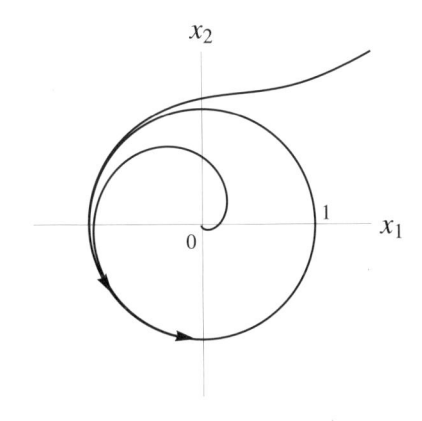

図 9.2 方程式 (9.4) の軌道．単位円の内部の点を通る軌道と外部の点を通る軌道は
ともに $t \to \infty$ で単位円に収束する．単位円は平衡点である原点以外の任意
の点を通る軌道の ω 極限集合であり，単位円は極限周期軌道である．

平面系の ω 極限集合は次のように分類される．

■ **定理 9.2（ポアンカレ・ベンディクソンの 3 分律）(Poincaré-Bendixon
trichotomy)** 平面系 (9.3) の正の半軌道 $\gamma^+(\boldsymbol{x})$ が，あるコンパクト集合
$K \subset \Omega$ に含まれているとする．このとき，K が有限個の平衡点しか含まない
のであれば，次のいずれかが成り立つ．

(a) $\omega(\boldsymbol{x})$ は 1 つの平衡点だけからなる．
(b) $\omega(\boldsymbol{x})$ は周期軌道である．
(c) $\omega(\boldsymbol{x})$ は有限個の平衡点とそれらをつなぐ軌道からなる．

(c) の ω 極限集合の具体例は図 9.3 を参照せよ．平衡点とその平衡点自身をつ
なぐ軌道を**ホモクリニック軌道** (homoclinic orbit)，異なる平衡点をつなぐ軌
道を**ヘテロクリニック軌道** (heteroclinic orbit) という．また，ホモクリニック
軌道によって構成された閉路を**ホモクリニックサイクル** (homoclinic cycle)，
ヘテロクリニック軌道によって構成された閉路を**ヘテロクリニックサイクル**
(heteroclinic cycle) といい，これらを**サイクルグラフ** (cycle graph) という．
ポアンカレ・ベンディクソンの定理を (9.1) に応用すると，次の定理を得る．

■ **定理 9.3** (9.1) の正平衡点 E_+ が存在するとき，次が成り立つ．

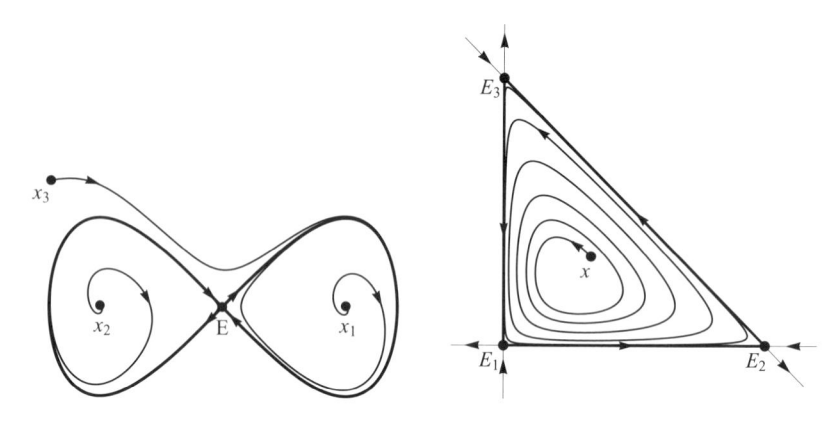

図9.3　サイクルグラフの例．左図はサドル E を結ぶ2つのホモクリニックサイクルの例．$\omega(\boldsymbol{x}_1)$ は右側のホモクリニックサイクルに，$\omega(\boldsymbol{x}_2)$ は左側のホモクリニックサイクルに，$\omega(\boldsymbol{x}_3)$ は左右のホモクリニックサイクルを合わせた8の字型の集合になる．右図はサドル E_1, E_2, E_3 を結ぶヘテロクリニックサイクルの例．$\omega(\boldsymbol{x})$ はこのヘテロクリニックサイクルとなる．

(a)　$\boldsymbol{x} \in \mathrm{int}\ \mathbb{R}_+^2$ のとき，$\omega(\boldsymbol{x})$ は $\{E_+\}$ または周期軌道である．

(b)　周期軌道が存在しないなら，E_+ は $\mathrm{int}\ \mathbb{R}_+^2$ で大域漸近安定である．

(c)　$H(\boldsymbol{x}^*) > 0$ なら，任意の $\boldsymbol{x} \in \mathrm{int}\ \mathbb{R}_+^2 \backslash \{E_+\}$ に対して，$\omega(\boldsymbol{x})$ は周期軌道となる．

証明．　第1象限を次の5つの領域に分ける．

$$\Omega_1 = \left\{ (x,y)^\top \in \mathbb{R}^2 \mid x^* < x < K,\ y > \frac{xg(x)}{p(x)} \right\}$$

$$\Omega_2 = \left\{ (x,y)^\top \in \mathbb{R}^2 \mid 0 < x < x^*,\ y > \frac{xg(x)}{p(x)} \right\}$$

$$\Omega_3 = \left\{ (x,y)^\top \in \mathbb{R}^2 \mid 0 < x < x^*,\ 0 < y < \frac{xg(x)}{p(x)} \right\}$$

$$\Omega_4 = \left\{ (x,y)^\top \in \mathbb{R}^2 \mid x^* < x < K,\ 0 < y < \frac{xg(x)}{p(x)} \right\}$$

$$\Omega_5 = \left\{ (x,y)^\top \in \mathbb{R}^2 \mid K < x,\ 0 < y \right\}$$

各領域における方向場は図9.4の通りである．$(x,y)^\top \in \Omega_5$ に対して，

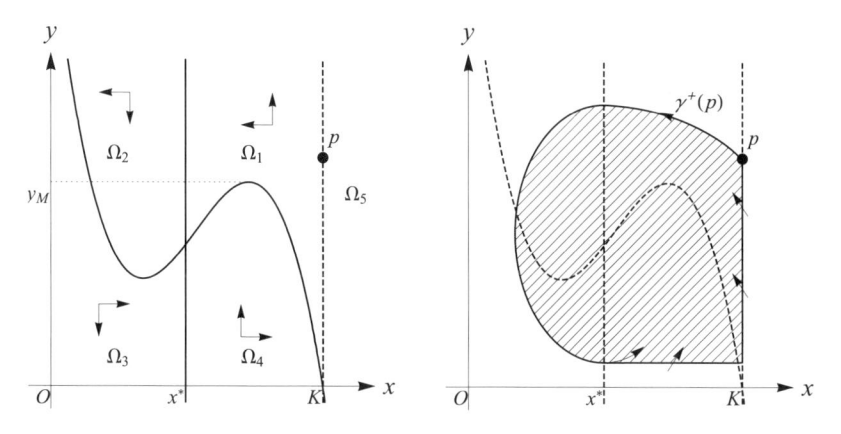

図 9.4 左図において，実線は x ヌルクライン $y = xg(x)/p(x)$ と y ヌルクライン $x = x^*$ を表す．左図は各境域の方向場を表し，右図の斜線部は正不変な領域 M を表す．

$$0 > \frac{dy}{dx} = \frac{-d + q(x)}{xg(x)/y - p(x)} > \min_{K \le u \le x} \frac{-d + q(u)}{-p(u)}$$

が成り立つので，軌道は Ω_5 にいる限り，左上に動き，その傾きは有界である．そのため，Ω_5 に初期値をもつ軌道はいずれ（有限時間経過後に）Ω_1 に入ることがわかる．x ヌルクライン (9.2) の区間 $[x^*, K]$ における最大値を y_M とし，点 $\boldsymbol{p}$ を直線 $x = K$ 上にあり，y 座標が y_M を超える点とする．以下では，点 $\boldsymbol{p}$ を通る軌道 $\gamma(\boldsymbol{p})$ の振る舞いを調べる．$\gamma(\boldsymbol{p})$ は左上に動き，その傾きは Ω_1 に入っている限り，

$$0 > \frac{dy}{dx} = \frac{-d + q(x)}{xg(x)/y - p(x)} \ge \min_{x^* \le x \le K} \frac{-d + q(x)}{xg(x)/y_M - p(x)}$$

を満たす．したがって，$\gamma(\boldsymbol{p})$ の傾きは有界であるから，$\gamma(\boldsymbol{p})$ はいずれ Ω_2 に入ることがわかる．Ω_2 では，$\gamma(\boldsymbol{p})$ は左下に動く．y 軸は不変であるから，解の一意性により，$\gamma(\boldsymbol{p})$ は y 軸を横切ることはできない．そのため，いずれ Ω_3 に入る．Ω_3 では，$\gamma(\boldsymbol{p})$ は右下に動き，やはり x 軸を横切ることはできないから，$\gamma(\boldsymbol{p})$ はいずれ Ω_4 に入る．そして，Ω_4 に入った軌道 $\gamma(\boldsymbol{p})$ は，いずれ Ω_1 に戻ってくる．$\gamma(\boldsymbol{p})$ は自分自身と交わることはできないので，$\gamma(\boldsymbol{p})$ はらせん状となる．そして図 9.4 のように正不変なコンパクト集合 M が作れる．そのため，定理 9.1 により，$\gamma(\boldsymbol{p})$ の ω 極限集合は $\{E_+\}$ か周期軌道となることがわか

る．$\gamma(\boldsymbol{p})$ と異なる軌道は $\gamma(\boldsymbol{p})$ と交わらないことに注意すると，$\gamma(\boldsymbol{p})$ のときと同様の考察により，$\mathrm{int}\,\mathbb{R}_+^2$ に初期値をもつ軌道の ω 極限集合は $\{E_+\}$ か周期軌道となることがわかる．周期軌道が存在しないのであれば，$\omega(\boldsymbol{p}) = \{E_+\}$ となり，任意の $\boldsymbol{x} \in \mathrm{int}\,\mathbb{R}_+^2$ に対して $\omega(\boldsymbol{x}) = \{E_+\}$ となり，E_+ が $\mathrm{int}\,\mathbb{R}_+^2$ で大域漸近安定になることも明らかであろう．E_+ がサドルではないことに注意すると，$H(\boldsymbol{x}^*) > 0$ なら，任意の $\boldsymbol{x} \in \mathrm{int}\,\mathbb{R}_+^2 \backslash \{E_+\}$ に対して，$\omega(\boldsymbol{x})$ は周期軌道となることがわかる． □

　証明から，$\gamma(\boldsymbol{p})$ は，$\Omega_1,\ \Omega_2,\ \Omega_3,\ \Omega_4$ の順にらせん状に動くことがわかる．$\gamma(\boldsymbol{p})$ は周期軌道そのものにはなりえないので，$\omega(\boldsymbol{p}) \neq \{E_+\}$ なら，$\omega(\boldsymbol{p})$ は極限周期軌道である．このとき，$\gamma(\boldsymbol{p})$ は周期軌道 $\omega(\boldsymbol{p})$ に外側から巻きついていく．周期軌道は存在するならただ1つとは限らない．E_+ が漸近安定のときにも，周期軌道が存在する可能性がある．以下では，関数 g, p, q を具体的に与え，周期軌道の存在について考察する．

9.3　ホリング II 型の機能の反応

　ガウゼ型の捕食者・被食者方程式の関数 p は，捕食者1匹あたりの捕食量が，被食者の密度変化に対してどのように反応するのかを表しており，捕食者の**機能の反応** (functional response) と呼ばれている．また，捕食者の増殖率 $-d + q(x)$ は捕食者の**数の反応** (numerical response) と呼ばれることがある．ガウゼ型の捕食者・被食者方程式では，機能の反応と数の反応は y に依存しないが，一般には x と y の関数である．これまで，さまざまな機能の反応が提案されているが，その中でも代表的なものが，図 9.5 に示された関数である．図

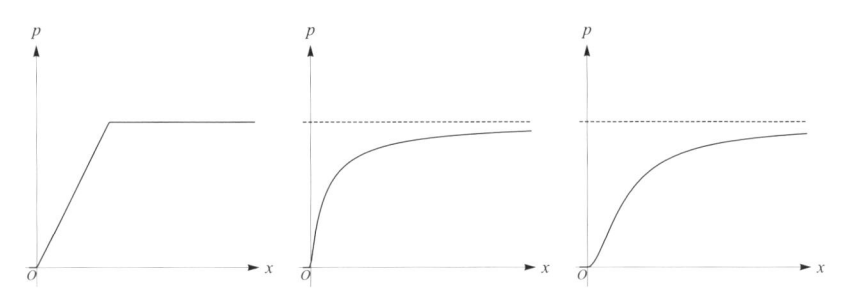

図 9.5　ホリング I 型，II 型，III 型

9.5 の左から，**ホリング I 型**，**II 型**，**III 型** (Holling type I, II, III) という．ホリング I 型の機能の反応は，被食者の密度が低いときには捕食量は被食者の密度に比例し，ある閾値に達すると，捕食量が一定となる関数である．ホリング II 型の機能の反応は，捕食量は被食者の密度に関して単調に増加するが，その増加量が単調に減少するような関数である．ホリング III 型の機能の反応は，被食者の密度が低いときに，被食者の密度が増えると捕食量が加速的に増える点が，II 型の機能の反応と異なる．

　ホリング II 型の形状をする関数は，捕食者がエサを探索するのにかかる時間と処理するのにかかる時間を区別することによって，次のように導出できる．s を捕食者 1 個体が被食者の探索に当てる時間とする．捕食者 1 匹が捕食する被食者の総個体数 N は，被食者の個体数 x と探索時間の両方に比例するとし，

$$N = asx \tag{9.7}$$

とする．また，捕食者が被食者 1 匹を見つけたあと，それを殺したり，運んだり，食べたりするのにかかる**処理時間** (handling time) を h とすれば，全体では Nh だけ時間がかかる．捕食者 1 匹が被食者の探索と処理に当てた時間 T は

$$T = s + Nh \tag{9.8}$$

となる．(9.7) と (9.8) から，s を消去し，N について解くと，

$$N = \frac{aTx}{1 + ahx}$$

を得る．したがって，単位時間あたりの捕食量 $p(x)$ は

$$p(x) = \frac{ax}{1 + ahx}$$

となる．この式は，**ホリングの円盤方程式** (Holling's disk equation) と呼ばれている．また，**ミカエリス・メンテン式** (Michaelis-Menten equation)，**モノー式** (Monod equation) と呼ばれることもあり，それぞれ，酵素の反応速度や微生物の増殖率を表す式として導出されている．

　ホリングの円盤方程式で記述されるホリング II 型の機能の反応を仮定し，ガウゼが仮定したように，$q(x)$ は捕食量 $p(x)$ に比例して増加すると仮定する．さ

らに，捕食者がいないとき，被食者はロジスティック方程式に従うと仮定する．
このとき，ガウゼ型の捕食者・被食者方程式は次のようになる．

$$\begin{cases} \dfrac{dx}{dt} = r\left(1 - \dfrac{x}{K}\right)x - \dfrac{axy}{1+ahx} \\[3mm] \dfrac{dy}{dt} = -dy + c\dfrac{axy}{1+ahx} \end{cases} \tag{9.9}$$

ここで，r, K, a, h, d, c は正定数である．このモデルを**ローゼンツバイ
ク・マッカーサー方程式** (Rosenzweig-MacArther equation) という．いま，
$q(x) = cax/(1+ahx)$ であるから，$q_\infty = c/h$ となり，$c > dh$ のとき，$q_\infty > d$
が成り立つことがわかる．正平衡点の x 座標は，$q(x^*) = d$ を x^* について解
けば

$$x^* = \frac{d}{a(c - dh)}$$

と求まる．正平衡点は $x^* < K$ のとき存在するのであった．x ヌルクラインは
式 (9.2) から，

$$y = \frac{r}{a}\left(1 - \frac{x}{K}\right)(1+ahx)$$

と求まる．正平衡点の安定性は，$x = x^*$ における x ヌルクラインの傾きで判別
できたことを思い出すと，正平衡点は

$$K < 2x^* + \frac{1}{ah} \tag{9.10}$$

のとき漸近安定である．そして，不等号が逆向きのとき不安定となり，前節で
示した通り，周期軌道が存在する．一方，式 (9.10) が成り立つとき，周期軌道
が存在しないことを，次節で紹介するベンディクソン・デュラックの判定条件
から示すことができる（図9.6 参照）．

　式 (9.10) は被食者の環境収容力がある閾値を超えると，システムが不安定化
することを示している．つまり，環境が多くの生物を収容できるほど豊かにな
ると，システムが不安定化することを示唆しており，**富栄養化の逆理** (paradox
of enrichment) といわれている．

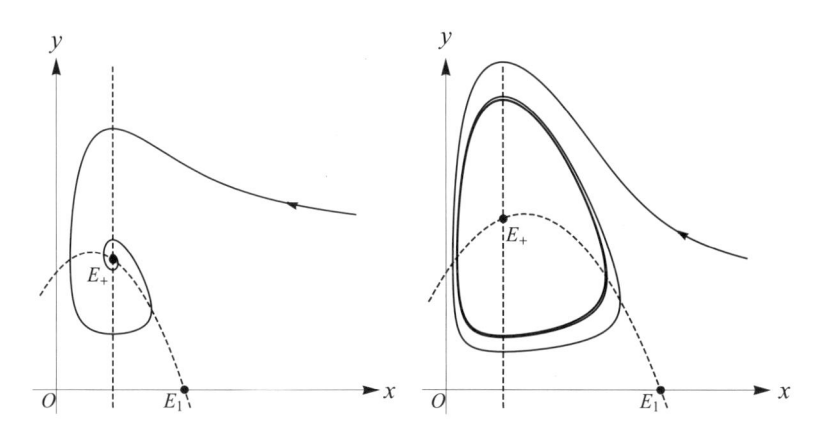

図 9.6 (9.9) の軌道. 左図は E_+ が漸近安定の場合. 右図は E_+ が不安定の場合.

9.4 ベンディクソン・デュラックの判定条件

平面系 (9.3) が周期軌道をもたないことを示すには, 本節で述べるベンディクソンの判定条件やそれを拡張したデュラックの判定条件が有用である.

$a \neq b$ とし, 曲線 $C : \{ \boldsymbol{x}(t) \mid a \leq t \leq b \}$ において, $\boldsymbol{x}(t_1) = \boldsymbol{x}(t_2)$ $(t_1 \neq t_2)$ であるとき, この一致した点を曲線の**重複点** (multiple point) という. また, $\boldsymbol{x}(a) = \boldsymbol{x}(b)$ であるとき, 曲線 C を**閉曲線** (closed curve) という. $t = a, b$ を除いて重複点がない閉曲線を**単純閉曲線** (simple closed curve) という. 集合 $\Omega \subset \mathbb{R}^2$ は, Ω に含まれるすべての単純閉曲線が Ω の内部で連続的に変形して一点に可縮であるとき, Ω を**単連結集合** (simply connected set) という. たとえば, $\mathbb{R}^2$ は単連結であり, 幾何学的には, 単連結集合は "穴なし" 集合を意味する.

■ **定理 9.4 (ベンディクソンの判定条件 (Bendixon's criterion))** $\boldsymbol{f} = (f, g)^\top$ を C^1 級, $\Omega \subset \mathbb{R}^2$ を単連結集合とする. このとき, 任意の $(x, y)^\top \in \Omega$ に対して

$$\mathrm{div}(\boldsymbol{f}(x, y)) = \frac{\partial}{\partial x} f(x, y) + \frac{\partial}{\partial y} g(x, y) \neq 0$$

が成り立つなら, (9.3) は $\gamma \subset \Omega$ となるような周期軌道 γ をもたない.

証明. 周期 $T > 0$ の周期軌道 $\gamma = \{ (x(t), y(t))^\top \mid 0 \leq t \leq T \} \subset \Omega$ が存在すると仮定しよう. このとき, $\boldsymbol{g} = (-g, f)^\top$ に対して, グリーンの定理を用い

ると,

$$\iint_{\Gamma} \left(\frac{\partial f}{\partial x} + \frac{\partial g}{\partial y} \right) dxdy = \int_{\gamma} \boldsymbol{g}$$

$$= \int_0^T \left(f(x(t), y(t)) \frac{dy}{dt} - g(x(t), y(t)) \frac{dx}{dt} \right) dt = 0$$

が成り立つ. ここで, Γ は周期軌道 γ によって囲まれた領域を表す. 左辺の被積分関数は定符号であるから0にならない. したがって, これは矛盾であるから, $\gamma \subset \Omega$ となるような周期軌道 γ は存在しない. □

この判定条件が成立すれば周期軌道は存在しない. 対偶を考えれば, 周期軌道が存在すれば判定条件は成立しない. しかし, この判定条件は周期軌道が存在しないための十分条件であり, 必要条件ではないので, 判定条件が成立しなくても周期軌道が存在する場合があることに注意しよう.

ベンディクソンの判定条件は次のデュラックの判定条件に拡張できる.

■ 定理9.5 (デュラックの判定条件 (Dulac's criterion)) $\boldsymbol{f} = (f, g)^{\top}$ を C^1 級, $\Omega \subset \mathbb{R}^2$ を単連結集合とする. Ω で正の値をとる C^1 級関数 $B(x, y)$ が存在して, 任意の $(x, y)^{\top} \in \Omega$ に対して,

$$\mathrm{div}\Big(B(x,y)\boldsymbol{f}(x,y) \Big) = \frac{\partial}{\partial x}\Big(B(x,y)f(x,y) \Big) + \frac{\partial}{\partial y}\Big(B(x,y)g(x,y) \Big) \neq 0$$

が成り立つなら, (9.3) は $\gamma \subset \Omega$ となるような周期軌道 γ をもたない.

証明. 定理9.4 を

$$\begin{cases} \dfrac{dx}{dt} = B(x,y)f(x,y) \\[2mm] \dfrac{dy}{dt} = B(x,y)g(x,y) \end{cases} \tag{9.11}$$

に対して用いると, (9.11) は $\gamma \subset \Omega$ となるような周期軌道 γ をもたない. 定理7.7から, (9.3) と (9.11) は同じ軌道をもつので, (9.3) も $\gamma \subset \Omega$ となるような周期軌道 γ をもたない. □

関数 B を**デュラック関数** (Dulac function) という. ベンディクソンの判定条件はデュラックの判定条件で $B(x, y) \equiv 1$ としたものである.

○ 例 9.2 ロトカ・ヴォルテラ競争方程式 (6.12) が第 1 象限 int $\mathbb{R}_+^2$ に周期軌道をもたないことを示そう. $f_1(x_1, x_2) = x_1(a - bx_1 - cx_2)$, $f_2(x_1, x_2) = x_2(d - ex_1 - fx_2)$ であるので, $\mathrm{div}(f_1, f_2) = \partial f_1/\partial x_1 + \partial f_2/\partial x_2 = a + d - (2b + e)x_1 - (c + 2f)x_2$ となる. int $\mathbb{R}_+^2$ において $\mathrm{div}(f_1, f_2)$ の符号は変化するので, ベンディクソンの判定条件は適用できない. $B(x_1, x_2) = 1/(x_1 x_2)$ とすると, B は int $\mathbb{R}_+^2$ で C^1 級関数であり, int $\mathbb{R}_+^2$ で $\mathrm{div}(Bf_1, Bf_2) = -b/x_2 - f/x_1 < 0$ が成り立つ. したがって, 関数 B はデュラック関数であり, デュラックの判定条件より, ロトカ・ヴォルテラ競争方程式 (6.12) は int $\mathbb{R}_+^2$ に周期軌道をもたない.

ベンディクソンの判定条件を用いると, (9.9) の周期軌道の存在について次の定理が得られる.

■ 定理 9.6 (9.9) の正平衡点が存在するとき, 正平衡点が int $\mathbb{R}_+^2$ で大域漸近安定であるための必要十分条件は

$$K \leq 2x^* + \frac{1}{ah}$$

である.

証明. 次のデュラック関数を考える.

$$B(x, y) = \frac{1 + ahx}{ahx} y^{\alpha - 1}$$

このとき,

$$\frac{\partial}{\partial x}\left(B(x, y)\frac{dx}{dt}\right) + \frac{\partial}{\partial y}\left(B(x, y)\frac{dy}{dt}\right)$$
$$= \frac{y^{\alpha - 1}}{x}\left\{\frac{r}{K}\left(K - \frac{1}{ah} - 2x\right)x - \frac{\alpha(c - dh)}{h}(-x + x^*)\right\} \quad (9.12)$$

となる. (9.12) の右辺が常に負となるように定数 α を選ぼう. 正平衡点が存在するので, $x^* > 0$ より, $c > dh$ であることに注意しよう. $K < 2x^* + \frac{1}{ah}$ であれば, $x = x^*$ のとき中カッコの中は負となる. したがって, $K < 2x^* + \frac{1}{ah}$ のとき, α をうまく選べば, 放物線 $\frac{r}{K}(K - \frac{1}{ah} - 2x)x$ が常に直線 $\frac{\alpha(c - dh)}{h}(-x + x^*)$

の下になるようにでき，(9.12) を int $\mathbb{R}_+^2$ で負にできる．したがって，そのと
き，int $\mathbb{R}_+^2$ に周期軌道は存在しない．$K = 2x^* + \frac{1}{ah}$ のときには，直線が放物
線に $x = x^*$ で接するように α を選べば，(9.12) は相平面の直線 $x = x^*$ 上では
0 となるが，それ以外の点では負となる．したがって，定理 9.4 の証明と同様の
議論により，int $\mathbb{R}_+^2$ に周期軌道は存在しない．周期軌道が存在しないので，定
理 9.3 から，正平衡点は int $\mathbb{R}^2$ で大域漸近安定である．　　　　　　　　□

9.5　ホップ分岐

パラメータを連続的に変化させることにより，ベクトル場の様子が突然，質的
に変化することを**分岐** (bifurcation) という．平衡点近傍におけるベクトル場
の変化は数学的に捉えやすい．(9.9) の場合，パラメータ K が $K_c = 2x^* + \frac{1}{ah}$
よりも大きいか小さいかによって，正平衡点 E_+ の安定性が変わり，E_+ 近傍の
ベクトル場の様子は質的に変化する．この質的な変化が起こるパラメータの値
K_c を**分岐点** (bifurcation point) という．分岐点において det $(J(E_+)) > 0$,
tr$(J(E_+)) = 0$ であるから，このとき $J(E_+)$ は共役な純虚数を固定値にもち，
分岐点近傍で $J(E_+)$ は共役な複素数 $\lambda(K) = \alpha(K) \pm i\beta(K)$ ($\beta(K) \neq 0$)
を固有値にもつことがわかる．したがって，パラメータ K を $K < K_c$ から
$K > K_c$ へと増加させると，正平衡点 E_+ は安定スパイラルから不安定スパイ
ラルへと変化し，さらに前節の結果から，E_+ の周りを回転しながら E_+ から遠
ざかっていく軌道は，極限周期軌道に収束することがわかる（図 9.7 参照）．こ
のように，分岐点において注目している平衡点におけるヤコビ行列が，純虚数
を固有値にもつ分岐を**ホップ分岐** (Hopf bifurcation) という．ホップ分岐が起
こると，(9.9) のように，しばしば極限周期軌道が現れる．この極限周期軌道は
平衡点 E_+ から枝分かれするように現れるので，極限周期軌道が E_+ から分岐
するという．

パラメータ p を含む次の一般的な平面系について考えよう．

$$\begin{cases} \dfrac{dx}{dt} = f(x, y, p) \\[2mm] \dfrac{dy}{dt} = g(x, y, p) \end{cases} \tag{9.13}$$

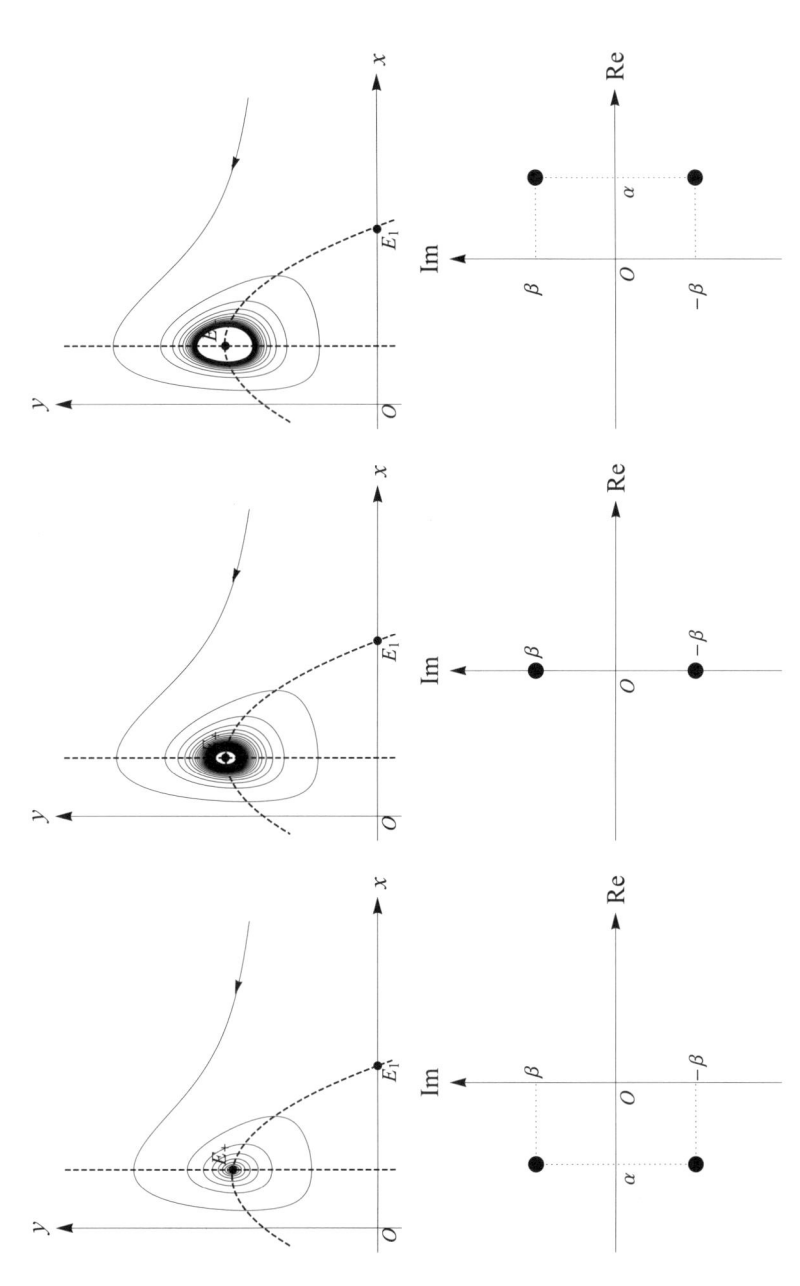

図 9.7 (9.9) の E_+ 近傍の軌道と $J(E_+)$ との関係. 上段の 3 つの図は (9.9) の軌道. 下段の 3 つの図は上段の各図に対する $J(E_+)$ の固有値の分布.

ここで，$\boldsymbol{f} = (f, g)^\top$ は十分滑らかで，平衡点 $\boldsymbol{x}^* = \boldsymbol{x}^*(p)$ をもつとしよう．分岐点 p_c においてホップ分岐が起こるためには，$\boldsymbol{x}^*$ におけるヤコビ行列 $\frac{\partial \boldsymbol{f}}{\partial \boldsymbol{x}}(\boldsymbol{x}^*, p)$ が共役な複素数 $\alpha(p) \pm i\beta(p)$ を固有値にもち

$$\alpha(p_c) = 0, \quad \beta(p_c) \neq 0, \quad \left.\frac{d\alpha}{dp}\right|_{p=p_c} \neq 0 \tag{9.14}$$

を満たせば十分である．$\frac{d\alpha}{dp}|_{p=p_c} \neq 0$ は固有値が横断的に虚軸を横切ることを保証している．ホップ分岐によって，極限周期軌道が平衡点 $\boldsymbol{x}^*$ から分岐することを保証するには，さらに f, g の高次偏微分係数から決まる値が 0 でない必要がある．その値を求める一般的な公式は知られているが，応用する際には複雑な計算が必要となる．また，平衡点から分岐する極限周期軌道の安定性も，そのような複雑な公式から判別することが可能である．もし f, g が解析的であるなら，分岐点において $\boldsymbol{x}^*$ が漸近安定であることが，漸近安定な極限周期軌道が $\boldsymbol{x}^*$ から分岐するための十分条件であることが知られている．

以上のことは，次の具体的な平面系を考察するとわかりやすい．

$$\begin{cases} \dfrac{dx}{dt} = d\mu x - (\omega + c\mu)y + (ax - by)(x^2 + y^2) \\ \dfrac{dy}{dt} = (\omega + c\mu)x + d\mu y + (bx + ay)(x^2 + y^2) \end{cases} \tag{9.15}$$

この平面系の原点は平衡点であり，$\mu \approx 0$ のとき，（特殊な場合を除けば）原点近傍のベクトル場の様子は，(9.14) を満たす平面系 (9.13) の平衡点近傍のそれと質的に同じになることが知られている．ただし，$d = \alpha'(p_c) \neq 0$，$\omega = \beta(p_c) \neq 0$，$c = \beta'(p_c)$，$\mu = p - p_c$ であり，a, b は f, g の高次偏微分係数から決まる値である．極座標変換 $x = r\cos\theta$，$y = r\sin\theta$ によって，(r, θ) の微分方程式に変換すると，

$$\begin{cases} \dfrac{dr}{dt} = (d\mu + ar^2)r \\ \dfrac{d\theta}{dt} = \omega + c\mu + br^2 \end{cases} \tag{9.16}$$

となる．方程式の右辺は θ に依存しないことに注意しよう．$dr/dt = 0$，$d\theta/dt \neq 0$ となる $r > 0$ が存在すれば，原点を中心とする半径 r の円が

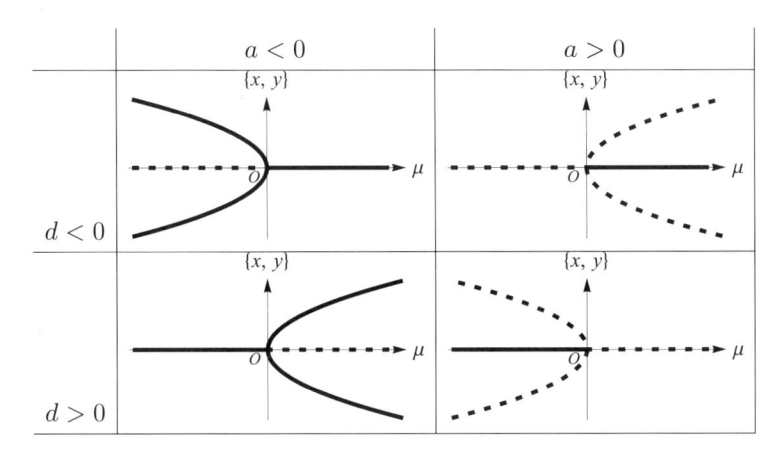

図 9.8 (9.15) の（模式的な）分岐図. 実線は安定な平衡点または周期軌道を表し, 破線は不安定な平衡点または周期軌道を表す.

(9.15) の周期軌道となる.　(9.14) が成り立つとき, $d \neq 0$ であるから, $a \neq 0$ がさらに成り立てば, μ の符号によっては, 原点を中心とする半径

$$r = \sqrt{\frac{-d\mu}{a}}$$

の円が (9.15) の周期軌道となることがわかる.　また, (9.16) の第 1 式から, この周期軌道は $a < 0$ のとき漸近安定で, $a > 0$ のとき不安定であることがわかる.　以上のことに注意すると, a, d の符号により分岐の様子は図 9.8 のように分類される.　図 9.8 を (9.15) の分岐図という.　分岐によって出現する周期軌道が安定であるとき, **超臨界分岐**または**スーパークリティカル分岐** (supercritical bifurcation) といい, 不安定であるとき**亜臨界分岐**または**サブクリティカル分岐** (subcritical bifurcation) という.　超臨界分岐が起こるとき ($a < 0$ のとき), 分岐点において原点は（非双曲型であるが）漸近安定であることに注意しよう.

第9章の章末問題

問 9.1　連立1階非線形微分方程式 $dx_1/dt = f_1(x_1, x_2)$, $dx_2/dt = f_2(x_1, x_2)$ を，極座標変換 $x_1 = r\cos\theta$, $x_2 = r\sin\theta$ によって (r, θ) の微分方程式に変換せよ．

問 9.2　(9.4) を極座標変換して，(9.5) となることを確かめよ．

問 9.3　ベンディクソンの判定条件を次の微分方程式に適用し，$\mathbb{R}^2$ に周期軌道が存在しないことを示せ．
 (1) $\frac{dx}{dt} = -x - 3xy^2$, $\frac{dy}{dt} = -2y - x^2y$
 (2) $\frac{dx}{dt} = 2x + y^2 + x^3$, $\frac{dy}{dt} = -x^2 + y + x^2y$

問 9.4　デュラックの判定条件を次の微分方程式に適用し，$\mathrm{int}\ \mathbb{R}_+^2$ に周期軌道が存在しないことを示せ．$B(x, y) = x^p y^q$ を試せ．
 (1) $\frac{dx}{dt} = -\beta xy$, $\frac{dy}{dt} = \beta xy - \mu y$
 (2) $\frac{dx}{dt} = xf(x, y)$, $\frac{dy}{dt} = yg(x, y)$ （ただし，$\frac{\partial f}{\partial x}, \frac{\partial g}{\partial y} < 0$）
 (3) $\frac{dx}{dt} = x(1 + x + xy^2)$, $\frac{dy}{dt} = y(-\frac{2}{3} + x)$

問 9.5　微分方程式

$$\frac{dx_1}{dt} = -x_2 - x_1(x_1^2 + x_2^2), \quad \frac{dx_2}{dt} = x_1 - x_2(x_1^2 + x_2^2)$$

について，次の各問いに答えよ．
 (1) 平衡点は原点だけであることを示し，原点における線形化方程式により原点がセンターであることを示せ．さらに，例 9.1 の解法に従って，すべての解が $t \to \infty$ で原点に収束することを示せ．原点は非双曲型であることに注意しよう．
 (2) ベンディクソンの判定条件を用いて，周期軌道が存在しないことを示せ．

問 9.6　(9.15) を極座標変換して，(9.16) となることを確かめよ．

問 9.7　次の微分方程式の原点が平衡点であることを確かめ，原点におけるヤコビ行列の固有値を求めよ．さらに，原点においてホップ分岐条件 (9.14) が成り立つことを確かめ，分岐点 p_c を求めよ．

(1) $\frac{dx}{dt} = px + (p-2)y - xe^x - x^2,\ \frac{dy}{dt} = x + y - y^2$

(2) $\frac{dx}{dt} = 1 - e^{px+y} - x^2,\ \frac{dy}{dt} = 1 - y - x^2 y - e^{-x+py}$

(3) $\frac{dx}{dt} = px + y - 4x(x^2+1),\ \frac{dy}{dt} = -3x + py - y(y^2+4)$

問 9.10 ブラッセレータ方程式

$$\begin{cases} \frac{dx}{dt} = 1 - (p+1)x + x^2 y \\ \frac{dy}{dt} = px - x^2 y \end{cases}$$

について次の各問いに答えよ.

(1) 平衡点は 1 つしか存在しないことを確かめ,その座標を求めよ.

(2) 平衡点におけるヤコビ行列の固有値 λ を求めよ.

(3) 平衡点においてホップ分岐の条件 (9.14) が成り立つことを確かめ,分岐点 p_c を求めよ.

(4) $p > p_c$ のとき極限周期軌道が存在することを示せ.

ロトカ・ヴォルテラ競争方程式

複数の生物種が資源（エサや栄養塩に加え生息場所なども含む一般的な資源）を共有すると，競争が生まれる．競争は前章に登場した捕食者と被食者の相互作用とは異なり，周期的な振動を作り出さないことを明らかにする．その際，競争系と共生系という新しい概念を導入する．また，種数が3以上になると，競争系においてヘテロクリニックサイクルが存在しうることを示す．

10.1 資源をめぐる競争

2種類の生物（種1と種2）の個体数をそれぞれ x_1, x_2 とする．資源が豊富であるとき，2種の増殖率がそれぞれ，$r_1 > 0$, $r_2 > 0$ であるなら，x_1, x_2 は次の方程式に従うであろう．

$$\frac{dx_1}{dt} = r_1 x_1, \quad \frac{dx_2}{dt} = r_2 x_2$$

しかしながら，当然，資源は個体数の増加に伴い減少する．そこで，資源は，種1がいることによって $h_1 x_1$ ($h_1 > 0$) だけ減少し，種2がいることによって $h_2 x_2$ ($h_2 > 0$) だけ減少すると仮定する．したがって，資源は全体で $h_1 x_1 + h_2 x_2$ 減少する．この資源の減少がまた種1と種2の増殖率に影響を与え，種1の増殖率は $c_1(h_1 x_1 + h_2 x_2)$ ($c_1 > 0$)，種2の増殖率は $c_2(h_1 x_1 + h_2 x_2)$ ($c_2 > 0$) だけ減少すると仮定する．このとき，個体数 x_1 と x_2 は次の式に従う．

$$\begin{cases} \dfrac{dx_1}{dt} = x_1\Big(r_1 - c_1(h_1x_1 + h_2x_2)\Big) \\[2mm] \dfrac{dx_2}{dt} = x_2\Big(r_2 - c_2(h_1x_1 + h_2x_2)\Big) \end{cases} \tag{10.1}$$

ここで, $r_1, r_2, h_1, h_2, c_1, c_2$ はすべて正定数である. この数理モデルは資源が2種類以上ある場合にも拡張できる. たとえば, 資源が m 種類あり, 各資源の減少が独立に増殖率の減少に寄与するのであれば, 数理モデルは

$$\begin{cases} \dfrac{dx_1}{dt} = x_1\left(r_1 - \sum_{k=1}^{m} c_{1k}(h_{k1}x_1 + h_{k2}x_2)\right) \\[4mm] \dfrac{dx_2}{dt} = x_2\left(r_2 - \sum_{k=1}^{m} c_{2k}(h_{k1}x_1 + h_{k2}x_2)\right) \end{cases} \tag{10.2}$$

となるであろう. このとき,

$$a_{ij} = \sum_{k=1}^{m} c_{ik}h_{kj}$$

とすると, (10.2) は

$$\begin{cases} \dfrac{dx_1}{dt} = x_1(r_1 - a_{11}x_1 - a_{12}x_2) \\[2mm] \dfrac{dx_2}{dt} = x_2(r_2 - a_{21}x_1 - a_{22}x_2) \end{cases} \tag{10.3}$$

となる. $r_1, r_2(> 0)$ は**内的自然増加率** (intrinsic rate of natural increase), $a_{11}, a_{22}(> 0)$ は**種内競争係数** (intra-specific competition coefficient), a_{12}, a_{21} (> 0) は**種間競争係数** (inter-specific competition coefficient) と呼ばれる. この方程式は第6章に登場した**ロトカ・ヴォルテラ競争方程式** (Lotka-Volterra competition equation)(6.12) である. 以下では, 式 (10.3) の軌道の振る舞いを分類し, 資源をめぐる競争が2種の個体群動態に与える影響を調べよう.

式 (10.3) の平衡点を調べよう. 平衡点は $dx_1/dt = dx_2/dt = 0$ となる点であるから,

$$\frac{dx_1}{dt} = 0 \Leftrightarrow \begin{cases} x_1 = 0 \quad \text{または} \\[2mm] r_1 = a_{11}x_1 + a_{12}x_2, \end{cases} \qquad \frac{dx_2}{dt} = 0 \Leftrightarrow \begin{cases} x_2 = 0 \quad \text{または} \\[2mm] r_2 = a_{21}x_1 + a_{22}x_2 \end{cases}$$

を満たす x_1, x_2 をすべて求めればよい．したがって，(10.3) は次の 4 つの平衡点をもつ．

$$
E_0 = \begin{pmatrix} 0 \\ 0 \end{pmatrix}, \quad
E_1 = \begin{pmatrix} \frac{r_1}{a_{11}} \\ 0 \end{pmatrix}, \quad
E_2 = \begin{pmatrix} 0 \\ \frac{r_2}{a_{22}} \end{pmatrix}, \quad
E_+ = \begin{pmatrix} x_1^* \\ x_2^* \end{pmatrix}
$$

ここで，

$$
x_1^* = \frac{a_{22}r_1 - a_{12}r_2}{a_{11}a_{22} - a_{12}a_{21}}, \quad
x_2^* = \frac{a_{11}r_2 - a_{21}r_1}{a_{11}a_{22} - a_{12}a_{21}}
$$

である．E_+ が第 1 象限に存在するための必要十分条件は $\Delta = a_{11}a_{22} - a_{12}a_{21}$ の符号で場合分けすると，

$\Delta > 0$ のとき，
$$
\frac{r_1}{a_{11}} < \frac{r_2}{a_{21}}, \quad \frac{r_2}{a_{22}} < \frac{r_1}{a_{12}}
$$

$\Delta < 0$ のとき，
$$
\frac{r_1}{a_{11}} > \frac{r_2}{a_{21}}, \quad \frac{r_2}{a_{22}} > \frac{r_1}{a_{12}}
$$

である．したがって，これらの条件が成り立たないときには，2 種の個体数が正となるような平衡点は存在せず，2 種の共存は難しそうである．

　各平衡点の安定性を調べよう．式 (10.3) のヤコビ行列は次のように求まる．

$$
J(x, y) = \begin{pmatrix} r_1 - 2a_{11}x_1 - a_{12}x_2 & -x_1 a_{12} \\ -x_2 a_{21} & r_2 - a_{21}x_1 - 2a_{22}x_2 \end{pmatrix}
$$

各平衡点でヤコビ行列は

$$
J(E_0) = \begin{pmatrix} r_1 & 0 \\ 0 & r_2 \end{pmatrix}, \quad
J(E_+) = - \begin{pmatrix} x_1^* & 0 \\ 0 & x_2^* \end{pmatrix} \begin{pmatrix} a_{11} & a_{12} \\ a_{21} & a_{22} \end{pmatrix}
$$

$$
J(E_1) = \begin{pmatrix} -r_1 & -\frac{r_1}{a_{11}}a_{12} \\ 0 & r_2 - a_{21}\frac{r_1}{a_{11}} \end{pmatrix}, \quad
J(E_2) = \begin{pmatrix} r_1 - a_{12}\frac{r_2}{a_{22}} & 0 \\ -\frac{r_2}{a_{22}}a_{21} & -r_2 \end{pmatrix}
$$

となる．したがって，E_0 は常に不安定ノードであり，その他の平衡点の安定性はパラメータに依存する．そこで，次の 4 つの場合を考えてみる．

(a) $\frac{r_1}{a_{11}} > \frac{r_2}{a_{21}}$, $\frac{r_2}{a_{22}} < \frac{r_1}{a_{12}}$：このとき，平衡点 E_1 は安定ノードであり，E_2 はサドルである．x_2 の正軸上に初期値をもつ軌道はすべて E_2 に収束するから，E_2 の安定多様体は x_2 軸上にあり，第 1 象限とは交わらない．E_2 の不安定多様体は x_2 軸と横断的に交わる．E_2 におけるその傾きは，固有値 $r_1 - a_{12}\frac{r_2}{a_{22}}$ に対する固有ベクトルを調べれば求められる．E_+ は第 1 象限には存在しない．相平面における方向場から，第 1 象限の点を通る軌道は E_1 に収束し，種 2 は絶滅しそうである．図 6.7 の右図を参照せよ．

(b) $\frac{r_1}{a_{11}} < \frac{r_2}{a_{21}}$, $\frac{r_2}{a_{22}} > \frac{r_1}{a_{12}}$：このとき，(a) の場合とは逆に，平衡点 E_2 は安定ノードであり，E_1 はサドルである．E_1 の安定多様体は x_1 軸上にあり，第 1 象限とは交わらない．E_1 の不安定多様体は x_1 軸と横断的に交わる．E_+ は第 1 象限には存在しない．相平面における方向場から，第 1 象限の点を通る軌道は E_2 に収束し，種 1 は絶滅しそうである．図 6.7 の左図を参照せよ．

(c) $\frac{r_1}{a_{11}} < \frac{r_2}{a_{21}}$, $\frac{r_2}{a_{22}} < \frac{r_1}{a_{12}}$：このとき，$\Delta > 0$ であり，E_+ は第 1 象限に存在し，安定ノードである．E_1, E_2 はともにサドルである．E_1, E_2 の安定多様体は，それぞれ，x_1, x_2 軸上にあり，第 1 象限とは交わらない．相平面における方向場から，第 1 象限に初期値をもつ軌道は E_+ に収束し，2 種は共存しそうである．図 6.8 の左図を参照せよ．

(d) $\frac{r_1}{a_{11}} > \frac{r_2}{a_{21}}$, $\frac{r_2}{a_{22}} > \frac{r_1}{a_{12}}$：このとき，$\Delta < 0$ であり，E_+ は第 1 象限に存在し，サドルである．E_1, E_2 はともに安定ノードである．このように複数の安定平衡点が存在するとき，式 (10.3) は**双安定** (bistable) であるという．相平面における方向場から，平衡点 E_1 と E_2 の吸引域の境界は原点と E_+ を通るある曲線 Γ となり，この曲線を境に軌道は E_1 か E_2 のいずれかに収束しそうである．このような曲線 Γ を**セパラトリックス** (separatrix) という．以上の考察から，初期値に応じて 2 種のどちらかが絶滅しそうである．図 6.8 の右図を参照せよ．

　平衡点の安定性と相平面における方向場から，以上のような予想ができるが，実際に軌道が予想通りに振る舞うことは，次の節で示すように，式 (10.3) が競争系であることにより示せる．

10.2　競争系・共生系

$\Omega \subset \mathbb{R}^n$ を開集合，$\boldsymbol{f} : \Omega \to \mathbb{R}^n$ を C^1 級関数とし，

$$\frac{d\boldsymbol{x}}{dt} = \boldsymbol{f}(\boldsymbol{x}) \tag{10.4}$$

について考えよう．集合 $\Omega_c \subset \Omega$ 上で

$$\frac{\partial f_i}{\partial x_j}(\boldsymbol{x}) \geq 0 \quad (i \neq j)$$

が成り立つとき，(10.4) を Ω_c 上の**共生系** (cooperative system) という．逆向きの不等号が成り立つとき，(10.4) を Ω_c 上の**競争系** (competitive system) という．(10.4) が共生系で，その力学系を ϕ とすると，

$$\frac{d\boldsymbol{x}}{dt} = -\boldsymbol{f}(\boldsymbol{x})$$

は競争系であり，その力学系 ψ は $\psi(t, \boldsymbol{x}) = \phi(-t, \boldsymbol{x})$ と表せる．したがって，時間の向きを逆にすれば共生系は競争系になり，競争系は共生系になる．(10.3) の場合，$\mathbb{R}_+^2$ 上の競争系であることがわかる．

■**定理 10.1**　$n = 2$ とする．式 (10.4) を閉集合 Ω_c 上の共生系または競争系とし，Ω_c は正不変とする．このとき，$(x_1(t), x_2(t))^\top$ が区間 (a, b) で定義された式 (10.4) の解であるなら，$t^* \in (a, b)$ が存在して，区間 (a, t^*), (t^*, b) のそれぞれで，$x_1(t), x_2(t)$ は単調である．また，有界な正の半軌道は Ω_c 上の平衡点に収束する．

証明．式 (10.4) が Ω_c 上の共生系の場合を考える．$y_1 = f_1(x_1, x_2)$, $y_2 = f_2(x_1, x_2)$ とし，$\mathbb{R}^2$ を次のように 4 分割しよう（図 10.1 参照）．

$$C_1 = \{(y_1, y_2) \mid y_1 \geq 0, \ y_2 \geq 0\}, \quad C_2 = \{(y_1, y_2) \mid y_1 \leq 0, \ y_2 \geq 0\}$$

$$C_3 = \{(y_1, y_2) \mid y_1 \leq 0, \ y_2 \leq 0\}, \quad C_4 = \{(y_1, y_2) \mid y_1 \geq 0, \ y_2 \leq 0\}$$

$(x_1, x_2)^\top$ が (10.4) の解であるなら，$\frac{dx_1}{dt} = y_1$, $\frac{dx_2}{dt} = y_2$ が成り立つので，

$$\frac{dy_1}{dt} = \frac{\partial f_1}{\partial x_1}y_1 + \frac{\partial f_1}{\partial x_2}y_2, \quad \frac{dy_2}{dt} = \frac{\partial f_2}{\partial x_1}y_1 + \frac{\partial f_2}{\partial x_2}y_2$$

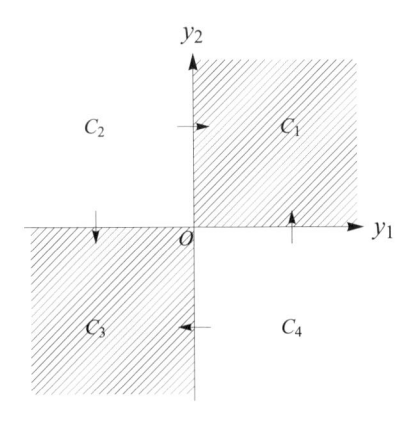

図 10.1 集合 C_1, C_2, C_3, C_4.

が得られる. $y_1 = 0$ かつ $y_2 \geq 0$ なら, $\frac{dy_1}{dt} \geq 0$ が成り立ち, $y_1 \geq 0$ かつ $y_2 = 0$ なら, $\frac{dy_2}{dt} \geq 0$ が成り立つ. そのため, (y_1, y_2) は, いったん C_1 に入ると, そこから出ることはない. したがって, ある時刻 t^* で $(y_1(t^*), y_2(t^*)) \in C_1$ となるなら, 任意の $t \in [t^*, b)$ で $(y_1(t), y_2(t)) \in C_1$ となる. C_3 も同様の性質をもつ. また (y_1, y_2) はある時刻で C_2 にいるなら, その後, C_1 または C_3 に入るか, C_2 に留まるかのどちらかである. C_4 も同様の性質をもつ. 以上から, (y_1, y_2) は最終的に C_1 あるいは C_3 に入りそこに留まるか, C_2 または C_4 に留まるかのどちらかである. これは解 $(x_1, x_2)^\top$ の各成分が十分時間が経てば単調になることを意味するので, 有界な正の半軌道は平衡点に収束することがわかる.

競争系の場合も同様で, C_1, C_3 の役割と C_2, C_4 の役割が入れ替わるだけである. □

この定理の証明からわかるように, 集合 P_+, P_-, Q_+, Q_- を次のように定義すると, P_+, P_- は共生系において正不変, Q_+, Q_- は競争系において正不変となる.

$$P_+ = \{(x_1, x_2)^\top \in \Omega_c \mid f_1(x_1, x_2) \geq 0, \ f_2(x_1, x_2) \geq 0\}$$
$$P_- = \{(x_1, x_2)^\top \in \Omega_c \mid f_1(x_1, x_2) \leq 0, \ f_2(x_1, x_2) \leq 0\}$$
$$Q_+ = \{(x_1, x_2)^\top \in \Omega_c \mid f_1(x_1, x_2) \leq 0, \ f_2(x_1, x_2) \geq 0\}$$
$$Q_- = \{(x_1, x_2)^\top \in \Omega_c \mid f_1(x_1, x_2) \geq 0, \ f_2(x_1, x_2) \leq 0\}$$

また, 各集合上で解がどの向きに動くかは明らかであろう (図 10.2).

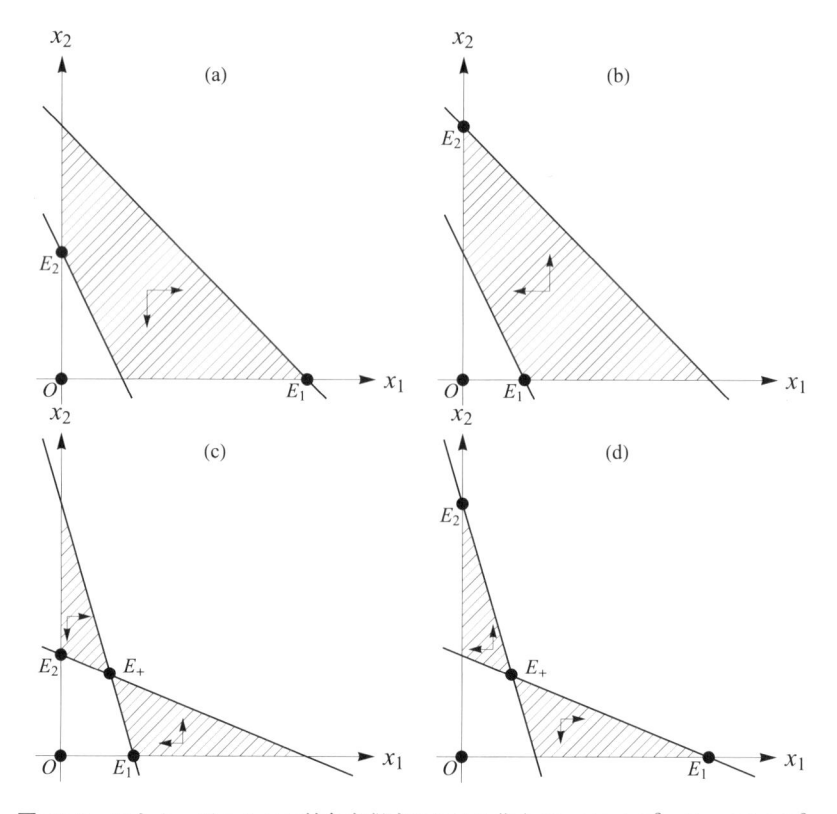

図 10.2　ロトカ・ヴォルテラ競争方程式における集合 $Q_+ \cap \mathrm{int}\ \mathbb{R}^2_+$, $Q_- \cap \mathrm{int}\ \mathbb{R}^2_+$. 斜線部は正不変である．(a), (b), (c), (d) は定理 10.2 の記号に対応する．

定理 10.1 を用いると，次の定理が得られる．

■ **定理 10.2**　$\boldsymbol{x} \in \mathrm{int}\ \mathbb{R}^2_+$ なら，式 (10.3) の ω 極限集合 $\omega(\boldsymbol{x})$ は次のように なる．

(a) $\dfrac{r_1}{a_{11}} > \dfrac{r_2}{a_{21}}$, $\dfrac{r_2}{a_{22}} < \dfrac{r_1}{a_{12}}$ のとき，$\omega(\boldsymbol{x}) = \{E_1\}$.

(b) $\dfrac{r_1}{a_{11}} < \dfrac{r_2}{a_{21}}$, $\dfrac{r_2}{a_{22}} > \dfrac{r_1}{a_{12}}$ のとき，$\omega(\boldsymbol{x}) = \{E_2\}$.

(c) $\dfrac{r_1}{a_{11}} < \dfrac{r_2}{a_{21}}$, $\dfrac{r_2}{a_{22}} < \dfrac{r_1}{a_{12}}$ のとき，$\omega(\boldsymbol{x}) = \{E_+\}$.

(d) $\dfrac{r_1}{a_{11}} > \dfrac{r_2}{a_{21}}$, $\dfrac{r_2}{a_{22}} > \dfrac{r_1}{a_{12}}$ のとき，E_+ の安定多様体 $W^s(E_+)$ は E_0 と E_+ およ び E_+ と無限遠を結ぶ接線の傾きが正の曲線となり，$\boldsymbol{x}$ がこの曲線の E_1 側 にあれば，$\omega(\boldsymbol{x}) = \{E_1\}$ となり，E_2 側にあれば，$\omega(\boldsymbol{x}) = \{E_2\}$ となる．

証明. $V(x_1, x_2) = x_1 + x_2$ とし, (10.3) の解に沿って V を t で微分すると, $(x_1, x_2)^\top \in \mathbb{R}_+^2$ に対して,

$$\dot{V}(x_1, x_2) \le V(x_1, x_2)\Big(\max_{i=1,2}\{r_i\} - \min_{i,j=1,2}\{a_{ij}\}V(x_1, x_2)\Big)$$

が成り立つので, $V(x_1, x_2) \ge \frac{\max_{i=1,2}\{r_i\}}{\min_{i,j=1,2}\{a_{ij}\}}$ を満たす $(x_1, x_2)^\top \in \mathbb{R}_+^2$ に対して $\dot{V}(x_1, x_2) \le 0$ が成り立つ. これは $\mathbb{R}_+^2$ が正不変であることに注意すると, $\mathbb{R}_+^2$ 上の点を通る正の半軌道が有界であることを意味する. したがって, $\Omega_c = \mathbb{R}_+^2$ として定理 10.1 を適用すると, $\mathbb{R}_+^2$ 上の点を通る軌道は $\mathbb{R}_+^2$ 上のいずれかの平衡点に収束する.

int $\mathbb{R}_+^2$ 上の点を通る軌道が収束する平衡点は, int $\mathbb{R}_+^2$ と交わる安定多様体をもたないといけない. このような平衡点は, (a), (b), (c) の場合, それぞれ E_1, E_2, E_+ しかない. したがって, これらが軌道の収束先となる. (d) の場合, int $\mathbb{R}_+^2$ と交わる安定多様体をもつ平衡点は E_1, E_2, E_+ の3つであり, 軌道の収束先は初期値に依存する. 各平衡点の吸引域を調べよう. 平衡点 E_+ はサドルであるから, その安定多様体 $W^s(E_+)$ が E_+ の吸引域である. $W^s(E_+)$ の E_+ における接線の傾きは正であるから, $W^s(E_+)$ は次の集合と交わる (図 10.3 参照).

$$\Omega_+ = \{(x_1, x_2) \in \text{int } \mathbb{R}_+^2 \mid r_1 - a_{11}x_1 - a_{12}x_2 > 0,\ r_2 - a_{21}x_1 - a_{22}x_2 > 0\}$$

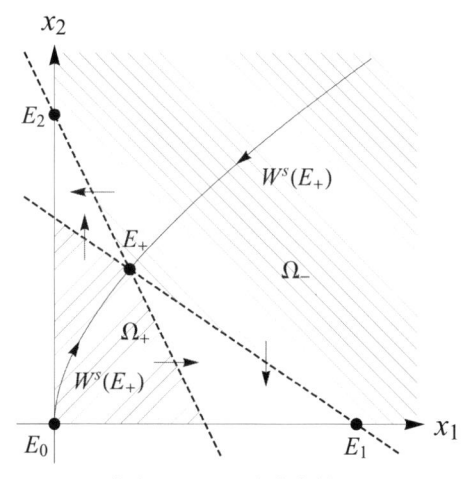

図 10.3 集合 Ω_1, Ω_2 と安定多様体 $W^s(E_+)$.

$$\Omega_- = \{(x_1, x_2) \in \text{int } \mathbb{R}_+^2 \mid r_1 - a_{11}x_1 - a_{12}x_2 < 0, \ r_2 - a_{21}x_1 - a_{22}x_2 < 0\}$$

図 6.8 の右図からわかるように，Ω_+, Ω_- に初期値をもつ解は，$t \leq 0$ において，Ω_+, Ω_- に留まる．また，Ω_+ と Ω_- に初期値をもつ解の各成分は，$t \leq 0$ において，それぞれ増加関数と減少関数である．したがって，時間の向きを逆にすれば，Ω_+ に初期値をもつ解は正の傾きを保ちながら E_0 に収束し，Ω_- に初期値をもつ解は正の傾きを保ちながら無限遠に発散する．$W^s(E_+)$ は集合 Ω_+，Ω_- と交わっているので，$W^s(E_+)$ は E_0 と無限遠を結ぶ接線の傾きが正の曲線となり，$\text{int } \mathbb{R}_+^2$ を 2 つ領域に分割する．解が $W^s(E_+)$ を横切ることはないので，各領域は平衡点 E_1, E_2 の吸引域に含まれることがわかる．　　□

■ **定理 10.3**　$x \in \text{int } \mathbb{R}_+^2$ なら，式 (10.3) の ω 極限集合 $\omega(x)$ は次のようになる．

(a) $\dfrac{r_1}{a_{11}} = \dfrac{r_2}{a_{21}}, \dfrac{r_2}{a_{22}} < \dfrac{r_1}{a_{12}}$ または $\dfrac{r_1}{a_{11}} > \dfrac{r_2}{a_{21}}, \dfrac{r_2}{a_{22}} = \dfrac{r_1}{a_{12}}$ のとき，$\omega(x) = \{E_1\}$.

(b) $\dfrac{r_1}{a_{11}} = \dfrac{r_2}{a_{21}}, \dfrac{r_2}{a_{22}} > \dfrac{r_1}{a_{12}}$ または $\dfrac{r_1}{a_{11}} < \dfrac{r_2}{a_{21}}, \dfrac{r_2}{a_{22}} = \dfrac{r_1}{a_{12}}$ のとき，$\omega(x) = \{E_2\}$.

証明．関数 V を次のように定義する．

$$V(x_1, x_2) = \frac{x_1^{\frac{1}{r_1}}}{x_2^{\frac{1}{r_2}}}$$

式 (10.3) の解に沿って V を t で微分すると，$\dot{V}(x_1, x_2) = k(x_1, x_2)V(x_1, x_2)$ となる．ただし，$k(x_1, x_2) = \left(-\dfrac{a_{11}}{r_1} + \dfrac{a_{21}}{r_2}\right)x_1 + \left(-\dfrac{a_{12}}{r_1} + \dfrac{a_{22}}{r_2}\right)x_2$ である．$\text{int } \mathbb{R}_+^2$ に初期値をもつ (10.3) の解 $(x_1(t), x_2(t))^\top$ に対して，

$$V(x_1(t), x_2(t)) = V(x_1(0), x_2(0)) \int_0^t e^{k(x_1(s), x_2(s))} ds \tag{10.5}$$

が成り立つ．式 (10.3) の解は平衡点に収束するが，E_0 は不安定ノードであるので，解は E_1 または E_2 に収束するしかない（(a), (b) の場合，正平衡点が存在しないことに注意しよう）．(a) の場合，解が E_2 に収束すると仮定しよう．このとき，V の定義より，$V(x_1(t), x_2(t)) \to 0 \ (t \to \infty)$ となるが，任意の t に対して，$k(x_1(t), x_2(t)) > 0$ であるので，式 (10.5) に矛盾する．したがって，解は E_1 に収束する．(b) の場合も同様である．　　□

ロトカ・ヴォルテラ競争方程式に対する考察結果を，式 (10.1) に当てはめよう．いま，

$$\frac{r_1}{a_{11}} - \frac{r_2}{a_{21}} = \frac{1}{h_1}\left(\frac{r_1}{c_1} - \frac{r_2}{c_2}\right), \quad \frac{r_2}{a_{22}} - \frac{r_1}{a_{12}} = \frac{1}{h_2}\left(\frac{r_2}{c_2} - \frac{r_1}{c_1}\right)$$

であるので，$r_1/c_1 = r_2/c_2$ という特殊な状況を除き，これらが同符号になることはない．$r_1/c_1 > r_2/c_2$ のときには定理 10.2 の (a) が成り立ち，不等号の向きが逆のときには (b) が成り立つ．そのため，2種が共存しないことがわかる．ヴォルテラは単位時間あたりの資源の減少量を $F(x_1, x_2)$ として，式 (10.1) を次のように一般化している．

$$\begin{cases} \dfrac{dx_1}{dt} = \Big(r_1 - c_1 F(x_1, x_2)\Big)x_1 \\ \dfrac{dx_2}{dt} = \Big(r_2 - c_2 F(x_1, x_2)\Big)x_2 \end{cases}$$

そして，式 (10.1) のときと同様に，$r_1/c_1 = r_2/c_2$ という特殊な状況を除き，2種は共存できないことを示している．これらの数学的な結果は，1種類の資源のもとで生物は1種類しか存続できないことを示唆している．これを**競争排除則** (competitive exclusion principle) という．この数学的な結論を検証するために，ガウゼは同じ資源を利用する2種類のゾウリムシを用いた実験を行い，数理モデルが予測する通りの結果を得ている．以上の結果から，一般に共存できる生物の種数は資源の種数を超えることができないと類推できる．しかしながら，アメリカの生態学者ハッチンソン (George Hutchinson) が 1978 年に指摘しているように，海洋では資源の種類が限られているにも拘わらず，多様なプランクトンが共存しており，競争排除則に矛盾しているようにみえる．この矛盾は，**プランクトンの逆理** (paradox of the plankton) と呼ばれている．1970 年代の数学的な研究によって，競争排除則が成り立つかどうかは，個体群の増殖率が資源量にどのように影響を受けるかに大きく依存することが明らかにされている．そして，一見少ない資源のもとで，多種の共存を促すメカニズムが数多く知られるようになった．

10.3　メイ・レオナルド方程式

　前節で調べたロトカ・ヴォルテラ競争方程式の解はすべて，どこかの平衡点に収束した．方程式の次元が高くなると，たとえ競争系であっても，このような単純な性質をもつとは限らない．このことを確認するために，ロトカ・ヴォルテラ競争方程式 (10.3) を 3 種系に拡張した次の微分方程式について考えよう．

$$
\begin{cases}
\dfrac{dx_1}{dt} = x_1(1 - x_1 - \alpha x_2 - \beta x_3) \\[2mm]
\dfrac{dx_2}{dt} = x_2(1 - \beta x_1 - x_2 - \alpha x_3) \\[2mm]
\dfrac{dx_3}{dt} = x_3(1 - \alpha x_1 - \beta x_2 - x_3)
\end{cases}
\tag{10.6}
$$

この方程式は**メイ・レオナルド方程式** (May-Leonard equation) と呼ばれる．本節では，次の条件が成り立つ場合だけを考える．

$$
0 < \beta < 1 < \alpha, \quad \alpha + \beta > 2
\tag{10.7}
$$

この条件は，2 種間の競争が十分激しく $(\alpha + \beta > 2)$，種 1 より種 2 が優れており $(\beta < 1 < \alpha)$，種 2 より種 3 が優れており $(\beta < 1 < \alpha)$，種 3 より種 1 が優れている $(\beta < 1 < \alpha)$ ことを意味している．このように，3 種が三すくみの関係にあるとき，式 (10.6) の解はどのように振る舞うであろうか？

　置換行列

$$
Q = \begin{pmatrix} 0 & 1 & 0 \\ 0 & 0 & 1 \\ 1 & 0 & 0 \end{pmatrix}
$$

を使うと，式 (10.6) は次のように表現できる．

$$
\frac{dx_i}{dt} = x_i\Big(1 - \big((I + \alpha Q + \beta Q^2)\boldsymbol{x}\big)_i\Big) \quad (i = 1, 2, 3)
$$

式 (10.6) は次の定理の意味で巡回対称性をもつことがわかる．

■ **定理 10.4**　$\boldsymbol{x}(t)$ が式 (10.6) の解であるなら，$Q\boldsymbol{x}(t)$ も式 (10.6) の解である．

証明. $\boldsymbol{x}(t)$ を式 (10.6) の解とする. このとき,

$$\frac{d}{dt}(Q\boldsymbol{x}(t))_i = \frac{d}{dt}x_{i+1}(t) = x_{i+1}(t)\left(1 - \left(\left(I + \alpha Q + \beta Q^2\right)\boldsymbol{x}(t)\right)_{i+1}\right)$$
$$= (Q\boldsymbol{x}(t))_i\left(1 - \left(\left(I + \alpha Q + \beta Q^2\right)Q\boldsymbol{x}(t)\right)_i\right)$$

であるから, $Q\boldsymbol{x}(t)$ は式 (10.6) の解であることがわかる. □

この巡回対称性から, $\Gamma_0 = \{\boldsymbol{x} \in \mathbb{R}^3_+ \mid x_1 = x_2 = x_3\}$ は不変であることがわかる. $\boldsymbol{x} \in \Gamma_0$ であるとき, 式 (10.6) は

$$\frac{dx_i}{dt} = x_i(1 - (1 + \alpha + \beta)x_i) \quad (i = 1, 2, 3)$$

となるので, Γ_0 に初期値をもつ解はこの方程式に従う. したがって, 式 (10.6) は Γ_0 上に平衡点

$$E_0 = \begin{pmatrix} 0 \\ 0 \\ 0 \end{pmatrix}, \quad E_+ = \frac{1}{1 + \alpha + \beta}\begin{pmatrix} 1 \\ 1 \\ 1 \end{pmatrix}$$

をもち, $\Gamma_0 \backslash \{E_0\}$ に初期値をもつ解はすべて E_+ に収束することがわかる. 式 (10.6) の正平衡点 E_+ におけるヤコビ行列は次のように求まる.

$$J(E_+) = -\frac{1}{1 + \alpha + \beta}\begin{pmatrix} 1 & \alpha & \beta \\ \beta & 1 & \alpha \\ \alpha & \beta & 1 \end{pmatrix}$$

これは $\lambda_0 = -1$ に加えて,

$$\lambda_1 = \frac{(\alpha + \beta - 2) + i\sqrt{3}(\beta - \alpha)}{2(1 + \alpha + \beta)}, \quad \lambda_2 = \frac{(\alpha + \beta - 2) - i\sqrt{3}(\beta - \alpha)}{2(1 + \alpha + \beta)}$$

を固有値としてもつ. $\lambda_0 < 0$ であることは, E_+ が $\Gamma_0 \backslash \{E_0\}$ 上の点を吸引していることを反映している. また, $\mathrm{Re}\,\lambda_1 = \mathrm{Re}\,\lambda_2 > 0$ でもあるので, E_+ は双曲型でサドルであることがわかる. したがって, E_+ の安定多様体は Γ_0 に含ま

れているため，Γ_0 に初期値をもたない解が E_+ に収束することはない．また，E_0 は不安定ノードであるので，解は E_0 にも収束しない．

　正平衡点は E_+ 以外には存在しないので，残りの平衡点はすべて bd $\mathbb{R}_+^3$ 上にある．式 (10.6) の巡回対称性から，平面 $x_3 = 0$ 上の平衡点を調べれば，残りの平面 $x_1 = 0$, $x_2 = 0$ 上の平衡点の情報も得られる．平面 $x_3 = 0$ は不変であり，この平面上では，式 (10.6) はロトカ・ヴォルテラ競争方程式 (10.3) となるので，定理 10.2 が使える．特に，条件 (10.7) のもとでは，定理 10.2 (b) が当てはまるので，平面 $x_3 = 0$ には E_0 の他には，$E_1 = (1, 0, 0)^\top$, $E_2 = (0, 1, 0)^\top$ しか平衡点はなく，2 種が共存する平衡点は存在しない．さらに，平面 $x_3 = 0$ 上の解は，x_1 軸上に初期値をもつ場合を除いてすべて E_2 に収束する．したがって，平面 $x_3 = 0$ に含まれる E_2 の安定多様体は $\{\boldsymbol{x} \in \mathbb{R}_+^3 \mid x_2 > 0,\ x_3 = 0\}$ となる．E_1 は不安定多様体をもち，E_2 の安定多様体と交わるので，ω 極限集合が $\{E_2\}$ で α 極限集合が $\{E_1\}$ となるヘテロクリニック軌道 Γ_2 が平面 $x_3 = 0$ 上に存在する．式 (10.6) の巡回対称性から，他の平面 $x_1 = 0$, $x_2 = 0$ も同様の性質をもつ．つまり，平面 $x_1 = 0$ 上には，ω 極限集合が $\{E_3 = (0, 0, 1)^\top\}$ で α 極限集合が $\{E_2\}$ となる軌道 Γ_3 が存在し，平面 $x_2 = 0$ 上には，ω 極限集合が $\{E_1\}$ で α 極限集合が $\{E_3\}$ となるヘテロクリニック軌道 Γ_1 が存在する．これらのヘテロクリニック軌道 $\Gamma_1, \Gamma_2, \Gamma_3$ と平衡点 E_1, E_2, E_3 からなるヘテロクリニックサイクルを Γ とする．bd $\mathbb{R}_+^3$ 上の平衡点はいずれもサドルであり，その安定多様体は int $\mathbb{R}_+^3$ と交わりをもたないので，int $\mathbb{R}_+^3$ に初期値をもつ解が，bd $\mathbb{R}_+^3$ 上の平衡点に収束することはない．しかし，以下では，特殊な場合を除き，int $\mathbb{R}_+^3$ に初期値をもつ解の ω 極限集合が Γ になることを示す．つまり，$\{E_1\}, \{E_2\}, \{E_3\}$ はどれも ω 極限集合そのものにはならないが，ω 極限集合の一部になることが示される．

■ 補題 10.5　$\boldsymbol{x} \in \mathbb{R}_+^3 \backslash \{E_0\}$ なら，$\omega(\boldsymbol{x}) \subset \Gamma \cup E_+$.

証明．$S = x_1 + x_2 + x_3$ とし，式 (10.6) の解に沿って S を t で微分すると

$$\dot{S} = x_1 + x_2 + x_3 - \left(x_1^2 + x_2^2 + x_3^2 + (\alpha + \beta)(x_1 x_2 + x_2 x_3 + x_3 x_1)\right)$$

となる．このとき，$\boldsymbol{x} \in \mathbb{R}_+^3$ において，

$$\dot{S} - S + S^2 = 2\left(1 - \frac{\alpha + \beta}{2}\right)(x_1 x_2 + x_2 x_3 + x_3 x_1) \leq 0$$

が成り立つ. さらに,

$$\dot{S} - S + \frac{\alpha + \beta}{2} S^2 = \left(\frac{\alpha + \beta}{2} - 1 \right) (x_1^2 + x_2^2 + x_3^2) \geq 0$$

も成り立つ. したがって,

$$S \left(1 - \frac{\alpha + \beta}{2} S \right) \leq \dot{S} \leq S(1 - S)$$

であり, $0 < c < 1$ なら, 次の集合 M_c は正不変である.

$$M_c = \left\{ \boldsymbol{x} \in \mathbb{R}_+^3 \,\middle|\, \frac{2c}{\alpha + \beta} \leq x_1 + x_2 + x_3 \leq \frac{1}{c} \right\}$$

$P = x_1 x_2 x_3$ とし, (10.6) の解に沿って $V = P/S^3$ を t で微分すると

$$\dot{V} = \frac{P}{S^4} \left(1 - \frac{\alpha + \beta}{2} \right) \left((x_1 - x_2)^2 + (x_2 - x_3)^2 + (x_3 - x_1)^2 \right) \leq 0$$

が成り立つ. したがって, V は M_c 上のリアプノフ関数である. ラサールの不変原理より, $\omega(\boldsymbol{x})$ は $\{\boldsymbol{x} \in M_c \mid \dot{V}(\boldsymbol{x}) = 0\}$ の最大の不変集合に含まれる. $\bigcup_{c>0} M_c = \mathbb{R}_+^3 \backslash \{E_0\}$ であるから, $\boldsymbol{x} \in \mathbb{R}_+^3 \backslash \{E_0\}$ に対して, $\omega(\boldsymbol{x}) \subset \Gamma \cup \{E_+\}$ が示される. □

$\Gamma_0 \backslash \{E_0\}$ 上の点の ω 極限集合は $\{E_+\}$ であったが, それ以外の int $\mathbb{R}_+^3$ 上の点の ω 極限集合が Γ であることを示すには, ω 極限集合がもつ性質を, 定理 8.1, 定理 8.2 で示されたものに加えて, さらに明らかにする必要がある. ϕ を $\Omega \subset \mathbb{R}^n$ 上の力学系する. $M \subset \Omega$ は正不変であり, $\boldsymbol{x}, \boldsymbol{y} \in M$ とする. $\{\boldsymbol{x} = \boldsymbol{x}_1, \boldsymbol{x}_2, \ldots, \boldsymbol{x}_m = \boldsymbol{y}; t_1, t_2, \ldots, t_{m-1}\}$ が, $\boldsymbol{x}$ から $\boldsymbol{y}$ への M 上の (ϵ, t) 鎖 ((ϵ, t)-chain) であるとは,

$$\boldsymbol{x}_i \in M, \quad t_i \geq t, \quad |\phi(t_i, \boldsymbol{x}_i) - \boldsymbol{x}_{i+1}| < \epsilon \quad (i = 1, 2, \ldots, m-1)$$

が成り立つことをいう (図 10.4 参照). M が**鎖回帰的** (chain recurrent) であるとは, 任意の $\boldsymbol{x} \in M$, $\epsilon > 0$, $t > 0$ に対して, $\boldsymbol{x}$ から $\boldsymbol{x}$ への M 上の (ϵ, t) 鎖が存在することをいう. 1 つの平衡点だけからなる集合や周期軌道は明らかに鎖回帰的である. M が**鎖遷移的** (chain transitive) であるとは, 任意の

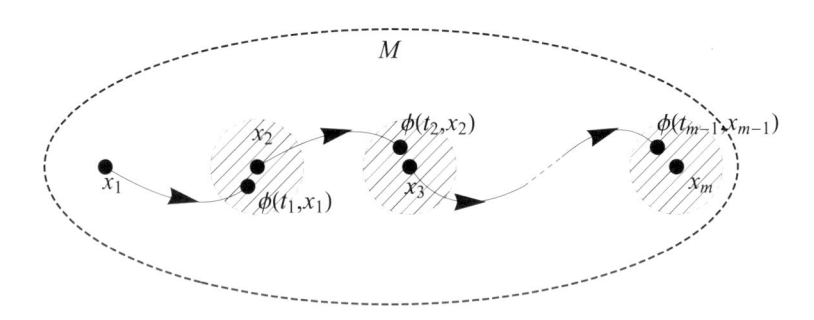

図10.4　(ϵ, t) 鎖の模式図. 斜線部は $\boldsymbol{x}_i$ の ϵ 近傍を表す.

$\boldsymbol{x}, \boldsymbol{y} \in M$, $\epsilon > 0$, $t > 0$ に対して，$\boldsymbol{x}$ から $\boldsymbol{y}$ への M 上の (ϵ, t) 鎖が存在することをいう．定義から明らかなように，鎖遷移的であれば鎖回帰的である．一方，M が連結集合であれば，逆も成り立つことが知られている（問10.5 参照）.

■ **定理10.6**　正の半軌道 $\gamma^+(\boldsymbol{x})$ が有界なら，$\omega(\boldsymbol{x})$ は鎖遷移的である.

証明．$\epsilon > 0$, $t_0 > 0$, $\boldsymbol{y}, \boldsymbol{z} \in \omega(\boldsymbol{x})$ を任意にとり，$\epsilon_1, \epsilon_2, \epsilon_3 > 0$ を $\epsilon = \epsilon_1 + \epsilon_2 + \epsilon_3$ となるように選ぶ．定理8.2から，$\omega(\boldsymbol{x})$ はコンパクトであるので，$[t_0, 2t_0] \times B_{\epsilon_1}[\omega(\boldsymbol{x})]$ もコンパクトである．ただし，$B_{\epsilon_1}[\omega(\boldsymbol{x})] = \{\boldsymbol{y} \in \mathbb{R}^n \mid d(\boldsymbol{y}, \omega(\boldsymbol{x})) \leq \epsilon\}$ である．$\boldsymbol{\phi}(t, \boldsymbol{x})$ が $[t_0, 2t_0] \times B_{\epsilon_1}[\omega(\boldsymbol{x})]$ 上で一様連続であるので，$t \in [t_0, 2t_0]$, $\boldsymbol{u}, \boldsymbol{v} \in B_{\epsilon_1}[\omega(\boldsymbol{x})]$, $|\boldsymbol{u} - \boldsymbol{v}| < \delta$ なら $|\boldsymbol{\phi}(t, \boldsymbol{u}) - \boldsymbol{\phi}(t, \boldsymbol{v})| < \epsilon_2$ となるような $\delta \in (0, \epsilon_1)$ が存在する．定理8.2から $d(\boldsymbol{\phi}(t, \boldsymbol{x}), \omega(\boldsymbol{x})) \to 0$ $(t \to \infty)$ が成り立つから，十分大きな $T_0 > 0$ に対して $\boldsymbol{\phi}(t, \boldsymbol{x}) \in B_\delta[\omega(\boldsymbol{x})]$ $(t > T_0)$ が成り立つ．また，$\boldsymbol{y}, \boldsymbol{z} \in \omega(\boldsymbol{x})$ であるから，$|\boldsymbol{\phi}(T_1, \boldsymbol{x}) - \boldsymbol{\phi}(t_0, \boldsymbol{y})| < \epsilon_3$ かつ $|\boldsymbol{\phi}(T_2, \boldsymbol{x}) - \boldsymbol{z}| < \epsilon_3$ となるような $T_2 > T_1 + t_0$ を満たす $T_1 > T_0, T_2 > T_0$ が存在する．m を $(T_2 - T_1)/t_0$ を超えない最大の整数とすると，$m \geq 1$ となる．ここで，

$$\boldsymbol{y}_1 = \boldsymbol{y}, \quad \boldsymbol{y}_{m+2} = \boldsymbol{z}, \quad \boldsymbol{y}_i = \boldsymbol{\phi}(T_1 + (i - 2)t_0, \boldsymbol{x}) \quad (i = 2, 3, \ldots, m + 1)$$

$$t_{m+1} = T_2 - T_1 - (m - 1)t_0, \quad t_i = t_0 \quad (i = 1, 2, \ldots, m)$$

とする．このとき，$t_{m+1} \in [t_0, 2t_0)$ であり，$|\boldsymbol{\phi}(t_i, \boldsymbol{y}_i) - \boldsymbol{y}_{i+1}| < \epsilon_3$ $(i = 1, 2, \ldots, m + 1)$ が成り立つ．したがって，$\boldsymbol{y}_{m+2} = \boldsymbol{z}$ とすれば，$\{\boldsymbol{y}_1, \boldsymbol{y}_2, \ldots, \boldsymbol{y}_{m+2}; t_1, t_2, \ldots, t_{m+1}\}$ は $\boldsymbol{y}$ から $\boldsymbol{z}$ への $\mathbb{R}^n$ 上の (ϵ_3, t_0) 鎖である．次に，この鎖を使って，$\boldsymbol{y}$ から $\boldsymbol{z}$ への $\omega(\boldsymbol{x})$ 上の鎖を構成する．$\boldsymbol{y}_i \in$

$B_\delta(\omega(\boldsymbol{x})) = \{\boldsymbol{y} \in \mathbb{R}^n \mid d(\boldsymbol{y}, \omega(\boldsymbol{y})) < \delta\}$ $(i = 2, 3, \ldots, m+1)$ であるから, $|\boldsymbol{x}_i - \boldsymbol{y}_i| < \delta$ となるような $\boldsymbol{x}_i \in \omega(\boldsymbol{x})$ $(i = 2, 3, \ldots, m+1)$ を選ぶことができる. $\boldsymbol{x}_1 = \boldsymbol{y}$, $\boldsymbol{x}_{m+1} = \boldsymbol{z}$ とすれば, 各 $i = 1, 2, \ldots, m+1$ に対して,

$$|\phi(t_i, \boldsymbol{x}_i) - \boldsymbol{x}_{i+1}| \le |\phi(t_i, \boldsymbol{x}_i) - \phi(t_i, \boldsymbol{y}_i)|$$
$$+|\phi(t_i, \boldsymbol{y}_i) - \boldsymbol{y}_{i+1}| + |\boldsymbol{x}_{i+1} - \boldsymbol{y}_{i+1}|$$
$$< \epsilon_2 + \epsilon_3 + \delta < \epsilon_2 + \epsilon_3 + \epsilon_1 = \epsilon$$

となり, $\{\boldsymbol{x}_1, \boldsymbol{x}_2, \ldots, \boldsymbol{x}_{m+2}; t_1, t_2, \ldots, t_{m+1}\}$ が $\boldsymbol{y}$ から $\boldsymbol{z}$ への $\omega(\boldsymbol{x})$ 上の (ϵ, t_0) 鎖であることがわかる. したがって, $\omega(\boldsymbol{x})$ は鎖遷移的である. $\qquad\square$

(10.6) に関して次の定理を得る.

■ **定理 10.7** $\boldsymbol{x} \in (\mathrm{int}\ \mathbb{R}_+^3) \backslash \Gamma_0$ なら $\omega(\boldsymbol{x}) = \Gamma$ である.

証明. 補題 10.5 から, $\omega(\boldsymbol{x}) \subset \Gamma \cup E_+$ である. E_+ の安定多様体は $\mathbb{R}_+^3 \backslash \Gamma_0$ と交わりをもたないので, $\omega(\boldsymbol{x}) = \{E_+\}$ ではない. したがって, $\omega(\boldsymbol{x})$ に E_+ が属するなら, Γ 上の点も属さなければいけない. しかしながら, 定理 8.2 から, $\omega(\boldsymbol{x})$ は連結集合であるから, そのようなことは起こらず, $\omega(\boldsymbol{x}) \subset \Gamma$ が示せる. また, Γ に含まれる不変集合は $\{E_1\}$, $\{E_2\}$, $\{E_3\}$, Γ_1, Γ_2, Γ_3 と, これらを組み合わせて作られるすべての和集合である. そのなかで, 連結な閉集合は

$$\bar{\Gamma}_1 = \{E_3\} \cup \Gamma_1 \cup \{E_1\}, \quad \bar{\Gamma}_2 = \{E_1\} \cup \Gamma_2 \cup \{E_2\}, \quad \bar{\Gamma}_3 = \{E_2\} \cup \Gamma_3 \cup \{E_3\}$$

と, これらを組み合わせて作られるすべての和集合である. 定理 10.6 から, $\omega(\boldsymbol{x})$ はさらに鎖遷移的でなくてもいけないため, $\omega(\boldsymbol{x}) = \Gamma$ が示せる. $\qquad\square$

上の定理で示されたように, $(\mathrm{int}\ \mathbb{R}_+^3) \backslash \Gamma_0$ に初期値をもつ式 (10.6) の解はどの平衡点にも収束することはなく, bd $\mathbb{R}_+^3$ 上のヘテロクリニックサイクルに収束する. 収束の様子は図 10.5 に描かれている. この図からわかるように, 解は平衡点 E_1, E_2, E_3 に近づけば近づくほど, 平衡点近傍での滞在時間が長くなっているが, これは解の初期値に対する連続性を反映している. 定理 10.7 より, $(\mathrm{int}\ \mathbb{R}_+^3) \backslash \Gamma$ に初期値をもつ解は

$$\limsup_{t \to \infty} x_i(t) = 1 \quad (i = 1, 2, 3)$$

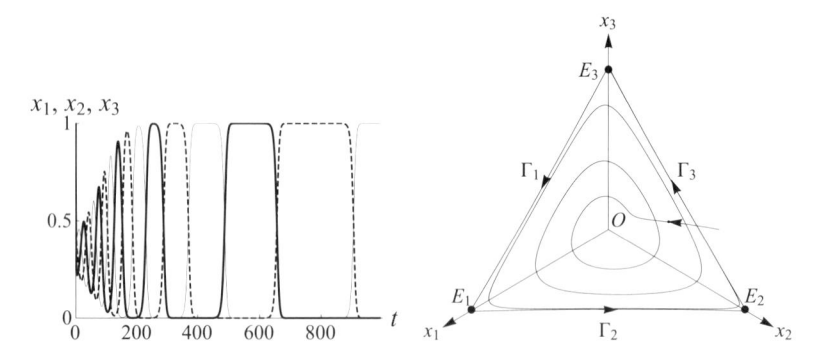

図10.5 (10.6) のヘテロクリニックサイクル Γ. 左図は Γ に収束する解，右図はその軌道を表す．左図において，実線は x_1，破線は x_2，細線は x_3 を表す．

を満たすので，どの種も絶滅することはない．しかしながら，

$$\liminf_{t \to \infty} x_i(t) = 0 \quad (i = 1, 2, 3)$$

も同時に満たすので，現実的には，いつかはいずれかの種が絶滅し，1種だけが生き残ることになる．2種だけからなるロトカ・ヴォルテラ競争方程式は非常に単純な振る舞いを示したが，競争系であっても種数が3以上になると，このような激しい振る舞いを示すことがある．

第10章の章末問題

問10.1 $n = 2$ と仮定し，(10.4) を変数変換 $y_1 = x_1$, $y_2 = -x_2$ によって (y_1, y_2) の微分方程式に変換せよ．(10.4) が競争系なら (y_1, y_2) の微分方程式は共生系であり，(10.4) が共生系なら (y_1, y_2) の微分方程式は競争系であることを示せ．

問 **10.2** mRNA 方程式

$$\begin{cases} \dfrac{dx_1}{dt} = \dfrac{x_2^p}{1 + x_2^p} - \alpha_1 x_1 \\[2ex] \dfrac{dx_2}{dt} = x_1 - \alpha_2 x_2 \end{cases}$$

について次の各問いに答えよ．ただし，$p, \alpha_1, \alpha_2 > 0$ とする．

(1) $\mathbb{R}_+^2$ が正不変であることを示せ．
(2) $\mathbb{R}_+^2$ 上の点を通る正の半軌道は有界であることを示せ．
(3) $\mathbb{R}_+^2$ 上の共生系であることを示せ．
(4) $p = 1$ のとき，各 $\boldsymbol{x} \in \mathbb{R}_+^2$ に対する $\omega(\boldsymbol{x})$ を求めよ．

問 **10.3** ケモスタット方程式

$$\begin{cases} \dfrac{dx_1}{dt} = \dfrac{m_1 x_1 x_3}{a_1 + x_3} - x_1 \\[2ex] \dfrac{dx_2}{dt} = \dfrac{m_2 x_2 x_3}{a_2 + x_3} - x_2 \\[2ex] \dfrac{dx_3}{dt} = 1 - x_3 - \dfrac{m_1 x_1 x_3}{a_1 + x_3} - \dfrac{m_2 x_2 x_3}{a_2 + x_3} \end{cases}$$

について次の各問いに答えよ．ただし，$a_1, a_2, m_1, m_2 > 0$ とする．

(1) $\Sigma = 1 - x_1 - x_2 - x_3$ として，(Σ, x_1, x_2) の微分方程式に変換せよ．
(2) (Σ, x_1, x_2) の微分方程式において，集合 $\Omega = \{(\Sigma, x_1, x_2) \in \mathbb{R}^3 \mid \Sigma = 0,\ 0 \le x_1 \le 1,\ 0 \le x_2 \le 1\}$ が正不変であることを示せ．
(3) $\Sigma = 0$ として，(x_1, x_2) の微分方程式が $\mathbb{R}_+^2$ 上の競争系であることを示せ．
(4) $m_1, m_2 > 1$, $\frac{a_1}{m_1 - 1}$, $\frac{a_2}{m_2 - 1} > 1$ を仮定し，(Σ, x_1, x_2) の微分方程式における各 $\boldsymbol{x} \in \Omega$ に対する $\omega(\boldsymbol{x})$ を求めよ．

問 **10.4** 鎖回帰的であるが鎖遷移的ではない例を挙げよ．

問 **10.5** 連結集合は鎖回帰的であれば鎖遷移的であることを示せ．

—— 第**11**章 ——

捕食者を含む3種系とカオス

　平面系の軌道の振る舞いには強い制限が加わるが，状態変数が1つ増え3次元系になるとその制限がなくなり，軌道はカオスと呼ばれる複雑な振る舞いを見せる．本章では，3次元の常微分方程式で記述される3種系を例に，カオスについて紹介する．この3種系は前章のロトカ・ヴォルテラ競争方程式に捕食者を加えた方程式である．前章では，ロトカ・ヴォルテラ競争方程式を用いて，1種類の資源のもとでは2種の生物は共存できないことを学んだが，本章では，この2種の生物の共存が，捕食者の介在によって可能となることが明らかとなる．

11.1　1捕食者・2被食者系

　競争関係にある生物の個体数を x_1, x_2 とし，それらを捕食する生物の個体数を x_3 とする．このとき，この3種の個体群動態は次のように記述できる．

$$\begin{cases} \dfrac{dx_1}{dt} = x_1(r_1 - a_{11}x_1 - a_{12}x_2 - a_{13}x_3) \\[2mm] \dfrac{dx_2}{dt} = x_2(r_2 - a_{21}x_1 - a_{22}x_2 - a_{23}x_3) \\[2mm] \dfrac{dx_3}{dt} = x_3(-r_3 + a_{31}x_1 + a_{32}x_2) \end{cases} \quad (11.1)$$

ただし，パラメータはすべて正とする．種1または種2がいないとき（$x_1 = 0$ または $x_2 = 0$ のとき），この方程式は種内競争を考慮したロトカ・ヴォルテラ捕食者・被食者方程式(8.2)に従い，種3がいないとき（$x_3 = 0$ のとき），この

方程式は式 (10.3) に従う．捕食者である種3がいないとき，競争関係にある被食者は共存できないと仮定する．そこで，次の不等式が成り立っていると仮定する．

$$\frac{r_1}{a_{11}} \geq \frac{r_2}{a_{21}}, \quad \frac{r_2}{a_{22}} < \frac{r_1}{a_{12}} \quad \text{または} \quad \frac{r_1}{a_{11}} > \frac{r_2}{a_{21}}, \quad \frac{r_2}{a_{22}} \leq \frac{r_1}{a_{12}} \tag{11.2}$$

このとき，定理10.2および定理10.3から，捕食者がいないとき，競争排除の結果，種1だけが生き残る．捕食者がこの競争系に加わることにより，競争関係にある2種が共存可能かを調べよう．パラメータの数を減らすために，次のように変数変換する．

$$\frac{a_{11}}{r_3}x_1 \to x_1, \quad \frac{a_{12}}{r_3}x_2 \to x_2, \quad \frac{a_{13}}{r_3}x_3 \to x_3, \quad r_3 t \to t$$

$$\frac{r_1}{r_3} \to b_1, \ \frac{r_2}{r_3} \to b_2, \ \frac{a_{21}}{a_{11}} \to \alpha, \ \frac{a_{22}}{a_{12}} \to \beta, \ \frac{a_{23}}{a_{13}} \to \gamma, \ \frac{a_{31}}{a_{11}} \to \delta, \ \frac{a_{32}}{a_{12}} \to \epsilon$$

このとき，式 (11.1) は次のように簡単化される．

$$\begin{cases} \dfrac{dx_1}{dt} = x_1(b_1 - x_1 - x_2 - x_3) \\ \dfrac{dx_2}{dt} = x_2(b_2 - \alpha x_1 - \beta x_2 - \gamma x_3) \\ \dfrac{dx_3}{dt} = x_3(-1 + \delta x_1 + \epsilon x_2) \end{cases} \tag{11.3}$$

また，式 (11.2) は次のようになる．

$$\alpha b_1 \geq b_2, \quad b_2 < \beta b_1 \quad \text{または} \quad \alpha b_1 > b_2, \quad b_2 \leq \beta b_1 \tag{11.4}$$

以下では，この仮定のもとで，式 (11.3) の平衡点を調べよう．次の平衡点は常に存在する．

$$E_0 = \begin{pmatrix} 0 \\ 0 \\ 0 \end{pmatrix}, \quad E_1 = \begin{pmatrix} b_1 \\ 0 \\ 0 \end{pmatrix}, \quad E_2 = \begin{pmatrix} 0 \\ b_2 \\ 0 \end{pmatrix}$$

また，条件付きで次の平衡点が存在する．

$$E_{13} = \begin{pmatrix} \frac{1}{\delta} \\ 0 \\ b_1 - \frac{1}{\delta} \end{pmatrix}, \quad E_{23} = \begin{pmatrix} 0 \\ \frac{1}{\epsilon} \\ \frac{1}{\gamma}\left(b_2 - \frac{\beta}{\epsilon}\right) \end{pmatrix}, \quad E_+ = \begin{pmatrix} x_1^* \\ x_2^* \\ x_3^* \end{pmatrix}$$

ただし，x_1^*, x_2^*, x_3^* は次の連立 1 次方程式の解である．

$$\begin{cases} b_1 - x_1 - x_2 - x_3 = 0 \\ b_2 - \alpha x_1 - \beta x_2 - \gamma x_3 = 0 \\ -1 + \delta x_1 + \epsilon x_2 = 0 \end{cases} \tag{11.5}$$

E_{13}, E_{23} の第 3 成分が正となるための必要十分条件は，それぞれ次のように
なる．

$$\delta b_1 > 1, \quad \epsilon b_2 > \beta$$

これらが不等号ではなく等号で結ばれるとき，E_{13} は E_1 に，E_{23} は E_2 に一
致する．次に，E_+ が int $\mathbb{R}_+^3$ に存在するための必要十分条件を求めよう．E_+
が int $\mathbb{R}_+^3$ に存在するためには，(11.5) の第 1 式と第 2 式が表す平面の交線が
int $\mathbb{R}_+^3$ と交わらなければいけない．また，仮定 (11.2) のもとでは，図 11.1 の
ようでなければいけない．したがって，E_+ が int $\mathbb{R}_+^3$ に存在するためには

$$b_2 > \gamma b_1 \tag{11.6}$$

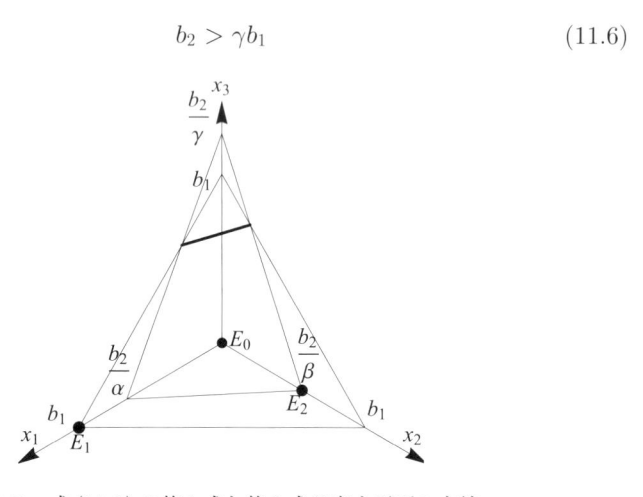

図 11.1　式 (11.5) の第 1 式と第 2 式が表す平面の交線.

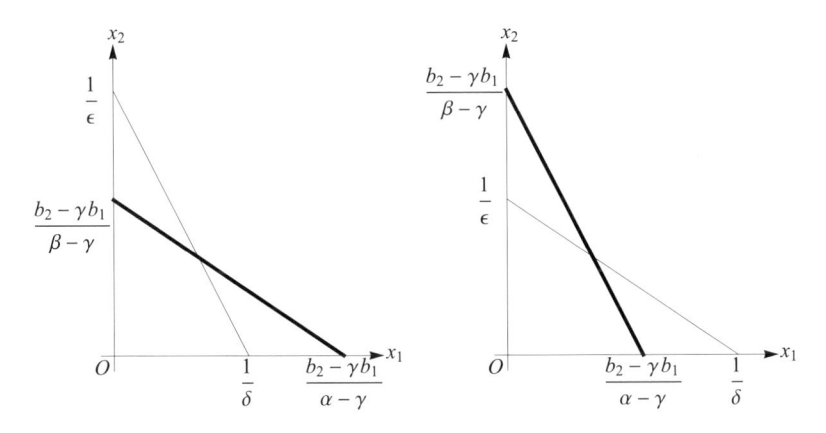

図 11.2 (11.5) の第 1 式と第 2 式が表す平面の交線の平面 $x_3 = 0$ への正射影.

が必要である. (11.4) と (11.6) から, $\alpha > \gamma$, $\beta > \gamma$ が導けることに注意しよう. 交線の平面 $x_1 = 0$, $x_2 = 0$ との交点はそれぞれ $(0, \frac{b_2-\gamma b_1}{\beta-\gamma}, \frac{\beta b_1 - b_2}{\beta-\gamma})$, $(\frac{b_2-\gamma b_1}{\alpha-\gamma}, 0, \frac{\alpha b_1 - b_2}{\alpha-\gamma})$ となる. (11.5) の第 3 式が表す平面は平面 $x_3 = 0$ に垂直であることに注意すると, E_+ が int $\mathbb{R}^3_+$ にただ 1 つ存在するための必要十分条件は式 (11.6) に加えて, 次が成り立つことである (図 11.2 参照).

$$\frac{\alpha-\gamma}{\delta} < b_2 - \gamma b_1 < \frac{\beta-\gamma}{\epsilon} \quad \text{または} \quad \frac{\alpha-\gamma}{\delta} > b_2 - \gamma b_1 > \frac{\beta-\gamma}{\epsilon} \quad (11.7)$$

また次の等式が成り立つときには, ある線分上の点がすべて平衡点となる.

$$\frac{\alpha-\gamma}{\delta} = b_2 - \gamma b_1 = \frac{\beta-\gamma}{\epsilon}$$

式 (11.6), (11.7) を満たすパラメータは容易に見つけられる. したがって, 捕食者がいないとき, 被食者の 2 種が共存する平衡点は存在しないが, 捕食者が加わることにより, 被食者が共存する平衡点が出現することがわかる. 以下では, パラメータにさらに制限を加え, 正平衡点 E_+ の安定性を調べよう.

11.2 カオス

正平衡点における式 (11.3) のヤコビ行列 J は次のようになる.

$$J = \begin{pmatrix} -x_1^* & -x_1^* & -x_1^* \\ -x_2^*\alpha & -x_2^*\beta & -x_2^*\gamma \\ x_3^*\delta & x_3^*\epsilon & 0 \end{pmatrix}$$

ラウス・フルビッツの判定条件を行列 J に適用すると，J が安定であるための
必要十分条件は

$$\mathrm{tr}(J) = -x_1^* - x_2^*\beta < 0 \tag{11.8}$$

$$\mathrm{tr}(J)S_2(J) - \det(J) = -(\delta x_1^{*2} + (\alpha\epsilon + \gamma\delta)x_1^* x_2^* + \beta\gamma\epsilon x_2^{*2})x_3^*$$
$$+(\alpha - \beta)(x_1^* + \beta x_2^*)x_1^* x_2^* < 0 \tag{11.9}$$

$$\det(J) = \{(\alpha - \gamma)\epsilon - (\beta - \gamma)\delta\}x_1^* x_2^* x_3^* < 0 \tag{11.10}$$

となる．ここで，$S_2(J)$ は J の 2 次主小行列式の和を表す．式 (11.8) は常に成
り立っているので，式 (11.9) と式 (11.10) が安定性の必要十分条件となる．ま
た，式 (11.7) の左の条件が成り立っているときには $\det(J) < 0$ であり，右の
条件が成り立っているときには $\det(J) > 0$ である．少し見通しを良くするた
めに，競争関係にある 2 種は 1 種類の資源を巡り競争していると仮定しよう．
つまり，x_1, x_2 は式 (10.1) に従うと仮定する．このとき，$\alpha = \beta$ となるので，
式 (11.9) は常に成り立ち，J が安定となるための必要十分条件は式 (11.10) が
成り立つことである．$\alpha = \beta > \gamma$ に注意すると，この式は $\epsilon < \delta$ と同値であ
ることがわかる．したがって，正平衡点は漸近安定になりうるので，共存でき
なかった 2 種の被食者の系に，捕食者が加わることにより，被食者が安定な平
衡点で共存できることが示された．このような共存を**捕食の介在による共存**
(predation-mediated coexistence) という．条件 $\epsilon < \delta$ は捕食者にとって競争
系で生き残ることができる種 1 の方が，種 2 より，より大きな成長を得られる
ことを意味している．

　競争関係にある 2 種が 1 種類の資源を巡り競争しているときには，$\alpha = \beta$ と
なり，$\mathrm{tr}(J)S_2(J) - \det(J) < 0$ が常に成り立つので，J が純虚数を固有値に
もつことはない（問 11.1 参照）．したがって，ホップ分岐は起こらない．しか
し，資源の種類が 2 種類以上あるときには，前章でみたように，$\alpha = \beta$ とは限
らないため，ホップ分岐が起こりそうである．以下では，$\alpha \neq \beta$ を仮定して，
数値計算を用いて正平衡点の不安定化によって周期軌道が生まれることを確認

する．そこで，パラメータを次のように固定する．

$$\beta = 1, \quad \delta = c, \quad \epsilon = c\gamma, \quad b_1 = b_2 = b$$

このとき，式 (11.4), (11.6) から

$$\gamma < 1 < \alpha$$

が導け，式 (11.7) は

$$\frac{1}{b}\left(1 + \frac{\alpha - 1}{1 - \gamma}\right) < c < \frac{1}{b\gamma} \quad \text{または} \quad \frac{1}{b}\left(1 + \frac{\alpha - 1}{1 - \gamma}\right) > c > \frac{1}{b\gamma} \quad (11.11)$$

となる．したがって，正平衡点が存在するのは，図 11.3 の斜線部となる．左側の斜線部では (11.7) の左側の条件が成り立ち，右側の斜線部では右側の条件が成り立つので，左側の斜線部では $\det(J) < 0$，右側の斜線部では $\det(J) > 0$ となる．したがって，右側の斜線部では，正平衡点は不安定である．左側の斜線部では，正平衡点の安定性は $\mathrm{tr}(J)S_2(J) - \det(J)$ の符号によって決まる．図 11.3 では，パラメータをさらに次のように固定し，$\mathrm{tr}(J)S_2(J) - \det(J) < 0$ を満たす領域が灰色に塗りつぶされている．

$$\alpha = 1.5, \quad b = 1$$

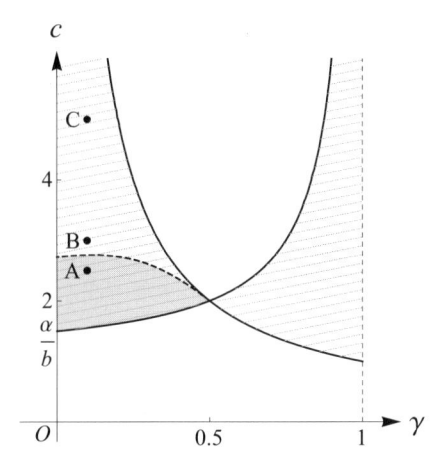

図 11.3　(γ, c) 平面.

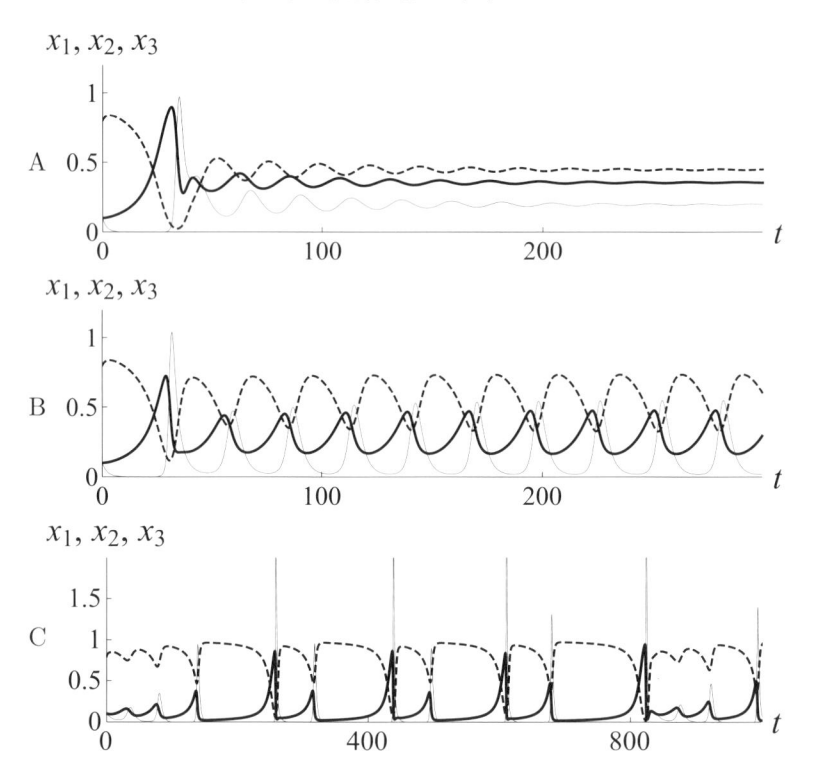

図 11.4　(11.1) の解. 図 11.3 に示された点 A, B, C のパラメータに対する解がそれ
ぞれ上段, 中段, 下段に対応する. 上段の解は正平衡点 E_+ に収束し, 中段
の解は周期解に収束し, 下段の解は非周期的な振動を続ける. 実線は x_1,
破線は x_2, 細線は x_3 を表す.

図 11.3 の破線上では, $\mathrm{tr}(J)S_2(J) - \det(J) = 0$ が成り立ち, J は純虚数を固
有値にもつ. 図 11.3 に示された点 A, B, C における式 (11.1) の振る舞いを示
したのが図 11.4 である. 点 A では解は正平衡点に収束し, 点 B では解は周期
解に収束していることが確認できる. さらに c を大きくすると, 解は**非周期的**
(aperiodic) な振動を示す. この非周期的な軌道を相空間に描いのが図 11.5 で
ある. ただし, この図には, 時間が十分に経過したあとの軌道が描かれている
ので, 図 11.5 は図 11.4 下段に描かれた解の ω 極限集合を表しているといえる.
また, 図 11.5 には 1 本の軌道しか描かれていないが, 他の初期値から出発し
た軌道を描いても同様の図形が現れる. そのため, このような図形が表す集合
はなんらかの安定性をもっていると考えられる. 近傍の軌道を引きつけるよう

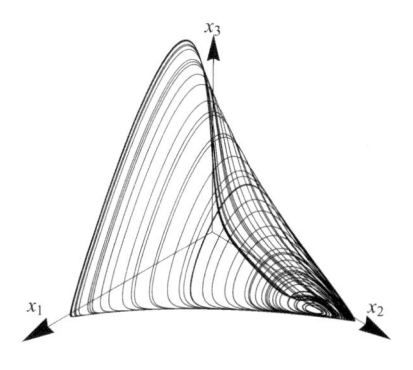

図 11.5 図 11.3 に示された点 C のパラメータに対する (11.1) の軌道.

な不変集合をアトラクターというが，図 11.5 が表す集合はアトラクターの一種であると考えられる．漸近安定な平衡点や周期軌道もアトラクターの一種であるが，このような単純なアトラクターとは異なり，図 11.5 に見られるアトラクターは複雑な形状をしている．そのため**ストレンジアトラクター** (strange attractor) や**カオス的アトラクター** (chaotic attractor) と呼ばれる．軌道は複雑に動いているが，解の一意性から，自分自身と交わることはない．相空間の次元が 2 以下の場合には，自分自身と交わらずにこのような複雑な曲線を描くことができないので（平面系の場合はポアンカレ・ベンディクソンの定理が成り立つので），複雑な動きをする軌道は現れないことに注意しよう．次節では，図 11.5 が表す ω 極限集合の特徴を明らかにする新しい見方を導入する．

11.3 ポアンカレ写像

3 次元以上の相空間上の軌道を追跡するのは困難である．そこで，$\mathbb{R}^n$ の問題を $\mathbb{R}^{n-1}$ の問題に帰着する方法を導入する．ϕ を

$$\frac{d\boldsymbol{x}}{dt} = \boldsymbol{f}(\boldsymbol{x})$$

により生成される $\mathbb{R}^n$ 上の力学系とする．Σ が $\boldsymbol{x}_0 \in \mathbb{R}^n$ を含むある $n-1$ 次元平面 H 上の開集合で $\boldsymbol{f}$ と横断的であるとき，Σ をベクトル場 $\boldsymbol{f}$ の点 $\boldsymbol{x}_0$ における**ポアンカレ断面** (Poincaré section) または**切断面** (cross section) という（図 11.6 参照）．Σ が $\boldsymbol{f}$ に横断的であるとは，H の法線ベクトル $\boldsymbol{n}$ とすべての $\boldsymbol{x} \in \Sigma$ に対して，$\boldsymbol{n}^\top \boldsymbol{f}(\boldsymbol{x}) \neq 0$ が成り立つことをいう．1 本の軌道が $n-1$ 次

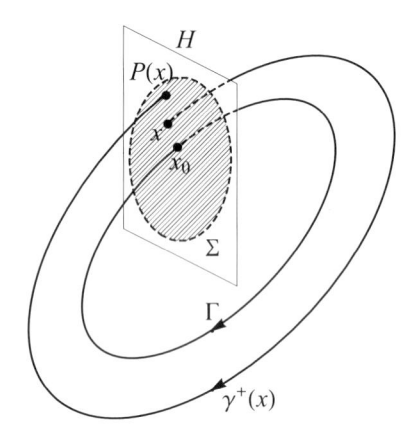

図11.6　周期軌道上の点 x_0 におけるポアンカレ断面 Σ とポアンカレ写像 P.

元平面 H と点 x_0 で横断的に交わるのであれば，f の連続性から交点 x_0 における
るポアンカレ断面を作ることができる．そこで，Γ を力学系 ϕ の x_0 を通る周
期軌道として，この周期軌道上の点 x_0 におけるポアンカレ断面を Σ としよう．
Γ は周期軌道であるから，$x_0 \in \Gamma$ を出発した軌道はいずれ Σ に戻ってくる．ϕ
は連続だから，x_0 に十分近い Σ 上の点 x から出発した軌道は再び x_0 の近くの
点 $P(x)$ で Σ と交わる（図11.6参照）．この写像 $x \mapsto P(x)$ のことを**ポアンカ
レ写像** (Poincaré map) または**帰還写像** (first-return map) という．このよう
に，$\mathbb{R}^n$ 上の力学系の問題は，ポアンカレ写像を通じて $\mathbb{R}^{n-1}$ の部分集合で定義
された写像の問題に帰着される．

　図11.5の軌道はもちろん周期軌道ではないので，周期軌道に対して作れるよ
うにポアンカレ写像が作れるとは限らない．しかし，ポアンカレ写像の考え方
を真似て図11.5に見られる軌道の特徴を調べていこう．そこで，この軌道を平
面 $r_3 - a_{31}x_1 - a_{32}x_2 = 0$ で切ってみる（図11.7の左図参照）．このときの断面
を平面 $x_1 = 0$ に正射影して表したのが図11.7の右図である．図には手前から
奥に横切る点（黒点）と奥から手前に横切る点（白点）がプロットされている．
すべての黒点を含むようなポアンカレ断面 Σ と開集合 $U \subset \Sigma$ を作り，U から
Σ へのポアンカレ写像 P が構成できたとしよう．P そのものの性質を明らかに
するのは困難であるが，P の定義域を制限した写像の性質を調べることが可能
である．図11.7の右図を見るとわかるように，断面はある曲線 C 上にあると考
えられる．そのため，P の定義域を C に制限した写像 $P|_C$ は実質的に1次元写

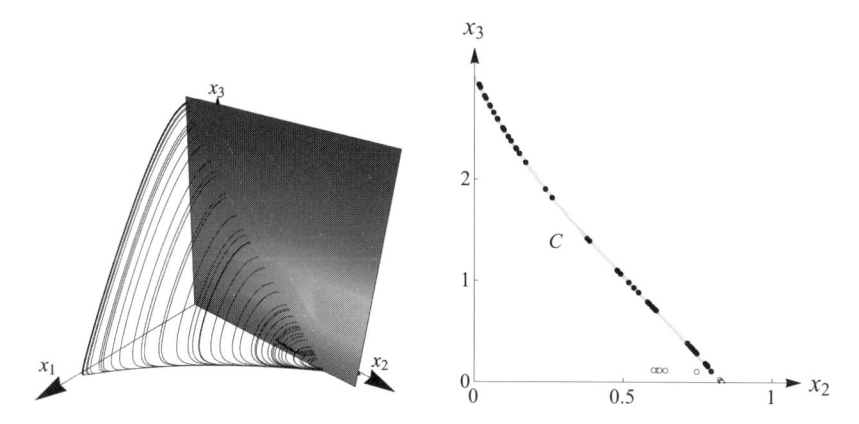

図 11.7 (11.1) に対するポアンカレ断面. 左図の平面上では $\frac{dx_3}{dt} = 0$ となる. 右図は平面 $\frac{dx_3}{dt} = 0$ と軌道との交点を表す.

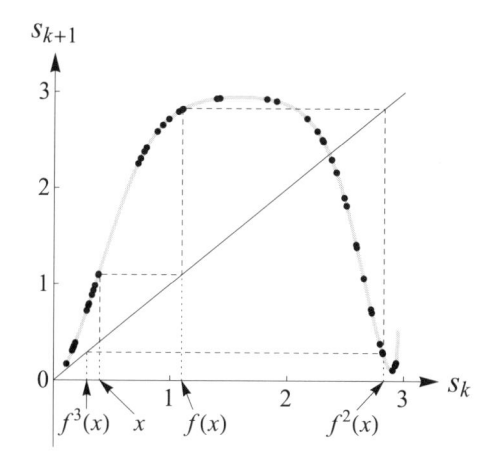

図 11.8 (11.1) に対するポアンカレ写像 P を曲線 C に制限した 1 次元写像の概形

像である. 実際, 曲線 C は $(x_1, x_2, x_3) = (h_1(s), h_2(s), h_3(s))$ $(s_1 \le s \le s_2)$ とパラメータ表示できるので, s を新しい座標として, 写像 $P|_C$ を 1 次元写像 $s \mapsto f(s)$ で表すことができる. また, 図 11.7 の右図を見ると, h_3 は逆関数をもつと考えられるので, x_3 をパラメータとして選ぶことができる. 図 11.8 は, 図 11.5 の軌道が Σ と交わる点の x_3 座標を順に $s_1, s_2, s_3, \ldots$ と表し, s_{k+1} を s_k に対してプロットした図である. この図は, 平面 $r_3 - a_{31}x_1 - a_{32}x_2 = 0$ がちょうど $\frac{dx_3}{dt} = 0$ が成り立つ部分であるから, 図 11.4 の下段に描かれた解の

$x_3(t)$ の極大値を順に $s_1, s_2, s_3, \ldots$ と表し，s_{k+1} を s_k に対してプロットした図と同じであることに注意しよう．図 11.8 から，1 次元写像 $s_k \mapsto s_{k+1} = f(s_k)$ の概形が見えてくる．次節では，このような 1 次元写像について紹介する．

11.4　1 次元写像

f を区間 I からそれ自身への連続な 1 次元写像とし，次の漸化式について考えよう．

$$x_{k+1} = f(x_k) \tag{11.12}$$

これは**差分方程式** (difference equation) ともいう．x_0 を初期値とする式 (11.12) の解とは，式 (11.12) を満たす数列 $\{x_0, x_1, x_2, \ldots\}$ のことである．f は必ずしも可逆ではないので，任意の $x \in I$ に対して，$x = f(y)$ となる $y \in I$ がただ 1 つ存在するとは限らない．そのため，初期時刻よりも前の値 $x_{-1}, x_{-2}, x_{-3}, \ldots$ は一般には一意に定まらない．式 (11.12) の**平衡点** (equilibirum) とは $x = f(x)$ を満たす $x \in I$ のことをいう．また，m **周期点** (period-m point) ($m > 1$) とは $p = f^m(p), p \neq f^k(p)$ ($k = 1, 2, \ldots, m-1$) を満たす $p \in I$ のことをいう．ここで，f^k は f を k 回反復合成した関数を表す．つまり，f^0 を恒等写像とし，$f^{k+1} = f \circ f^k$ ($k = 0, 1, 2, \ldots$) とする．p が m 周期点であれば $f(p), f^2(p), \ldots, f^{m-1}(p)$ もまた m 周期点である．m 周期点を初期値とする解を m **周期解** (m-cycle) という．以下では式 (11.12) と写像 f を同一視して，式 (11.12) の解を f の解といったりする．図 11.8 に見られた 1 次元写像の性質を理解するには，次の定理が有用である．

■ **定理 11.1（リー・ヨークの定理 (Li-Yorke theorem)）**　$I \subset \mathbb{R}$ を区間とし，$f : I \to I$ を連続関数とする．ある $x \in I$ に対して，

$$f^3(x) \leq x < f(x) < f^2(x) \quad \text{または} \quad f^3(x) \geq x > f(x) > f^2(x) \tag{11.13}$$

が成り立つとき，f は次の性質をもつ．

(a) すべての自然数 m に対して，f は m 周期解をもつ．

(b) 次の性質を満たす非可算集合 $S \subset I$ が存在する．

(i) すべての $p, q \in S$, $p \neq q$ に対して

$$\limsup_{k \to \infty} |f^k(p) - f^k(q)| > 0, \quad \liminf_{k \to \infty} |f^k(p) - f^k(q)| = 0 \quad (11.14)$$

(ii) すべての $p \in S$ と周期点 $q \in I$ に対して

$$\limsup_{k \to \infty} |f^k(p) - f^k(q)| > 0 \quad (11.15)$$

(i) から，S に初期値をもつ2つの解は近づいたり離れたりを無限に繰り返すことがわかる．(ii) から，S に初期値をもつ解は周期解には収束しないことがわかる．また，S には周期点が含まれないこともわかる．(i), (ii) の性質をもつ集合 S のことを**撹拌集合** (scrambled set) といい，非可算の撹拌集合をもつ写像を**リー・ヨークの意味でカオス的** (chaotic in the sense of Li-Yorke) であるという．ただし，撹拌集合の定義には (ii) が含まれないこともある．(i) は，S に初期値をもつ2つの解は，初期値がどんなに近くても，十分時間が経過するとまったく異なる振る舞いをすることを示している．このような性質を**初期値鋭敏性** (sensitive dependence on initial conditions) という．式 (11.12) の解は f という規則によって決まるので，初期値を1つ与えると解が1つ定まる．そして，それは規則 (11.12) に従い計算することが可能である．そこに偶然の入る余地はない．しかし，初期値にほんの少しでも誤差が含まれると，まったく異なる解が出てしまう．そのため，初期値鋭敏性があると，将来は決まっているがそれを実質的に予測できないということが起こる．

図 11.8 に概形が見て取れる1次元写像は式 (11.13) を満たしていることが確認できる．そのため，リー・ヨークの意味でカオス的である．このことから，図 11.5 の軌道をもつ (11.1) もリー・ヨークの意味でカオス的であるといえるだろう．次節では，リー・ヨークの意味のカオスの特徴やカオスが作り出されるプロセスおよびメカニズムを理解するために，具体的な1次元写像について考えよう．

11.4.1　ロジスティック写像

次の1次元写像を考えよう．

$$f : x \mapsto ax(1 - x)$$

この写像はロジスティック方程式 (1.13) をオイラー法によって差分化すること
で得られるので，**ロジスティック写像** (logistic map) と呼ばれる．実際，$x(t)$
をロジスティック方程式 (1.13) の解とすると，

$$\frac{dx(t)}{dt} = r\left(1 - \frac{x(t)}{K}\right)x(t)$$

が成り立つので，$\frac{dx(t)}{dt}$ を $\frac{x(t+\Delta t)-x(t)}{\Delta t}$ と書き換え，$x_k = x(k\Delta t)$ とおくと，

$$x_{k+1} = x_k + r\Delta t\left(1 - \frac{x_k}{K}\right)x_k$$

が得られる．変数変換

$$\frac{r\Delta t}{(1 + r\Delta t)K}x_k \to x_k, \quad 1 + r\Delta t \to a$$

を用いると，

$$x_{k+1} = ax_k(1 - x_k) \tag{11.16}$$

が得られる．x_k は個体数（の正定数倍）を表すので，x_k が非負の値をとる場
合にだけ注目しよう．関数 $f(x) = a(1 - x)x$ は区間 $[0, 1]$ 以外では負の値をと
るので，初期値が $x_0 \in [0, 1]$ である場合だけを考えよう．また，$x_0 \in [0, 1]$ で
あったとしても，$x_1 = f(x_0) \notin [0, 1]$ となると $x_2 = f^2(x_0) < 0$ となってしま
うので，f の最大値 $\frac{a}{4}$ が 1 を超えない場合を考えよう．したがって，以下では
$x_0 \in [0, 1]$, $a \in [0, 4]$ の場合だけを考察する．

11.4.2　クモの巣法

1 次元写像の性質を視覚的に理解するための方法を紹介する．解の振る舞い
は $y = f(x)$ のグラフと対角線 $y = x$ を座標平面上に描くことにより，視覚的に
理解できる．x_0 を初期値にもつ解の振る舞いを知るためには，まず点 (x_0, x_0)
から $y = f(x)$ のグラフに向かい y 軸に平行に線を引く．そして，$y = f(x)$ の
グラフとの交点 $(x_0, f(x_0))$ に到達したら，対角線 $y = x$ に向かい x 軸に平行に
線を引く．対角線 $y = x$ との交点 $(f(x_0), f(x_0))$ に到達したら，その x 座標が
x_1 となる．点 (x_1, x_1) $(= (f(x_0), f(x_0)))$ から同様の操作を行えば，x_2 が求ま
る．この操作を続けると，階段状あるいはクモの巣状の図が得られる（図 11.9

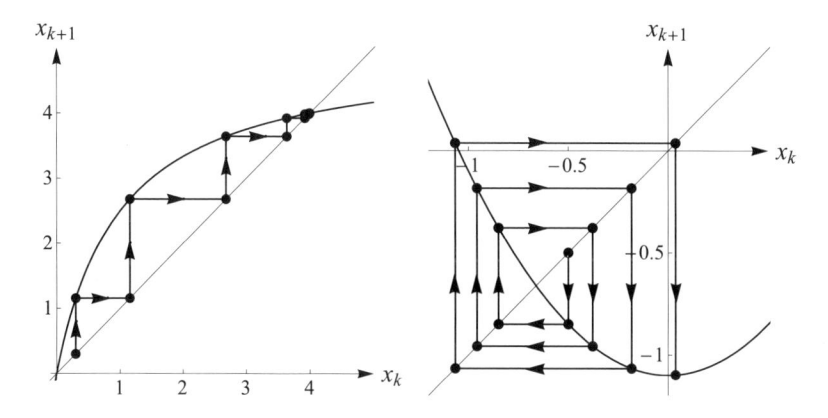

図 11.9 クモの巣法による解析. 左図は $x_0 = 0.3$ としたときの写像 $f(x) = \frac{5x}{1+x}$ の解, 右図は $x_0 = -0.5$ としたときの写像 $f(x) = x^2 - 1.1$ の解を表す.

参照). このようにして, 差分方程式の解の振る舞いを調べる方法を**クモの巣法** (cobweb method) という.

クモの巣法を用いて, ロジスティック写像の解の振る舞いを調べたのが, 図 11.10 である. 図からわかる通り, a の値が 0 に近いと解は原点に近づき, 1 より少し大きくなるとロジスティック方程式 (1.13) の振る舞いと同じように解は正の値に近づく. しかし, さらに a の値を大きくすると, 解の振る舞いは非常に複雑になっていくことがわかる. 次節では, この様子を解析的にみていこう.

11.4.3 平衡点の安定性

微分方程式のときと同様に, 写像の解の性質を知るには, 平衡点の安定性が有益な情報を与える. 写像 f の平衡点の安定性を次のように定義する.

(a) 平衡点 x^* が**安定** (stable) であるとは, 任意の $\epsilon > 0$ に対して, $\delta > 0$ が存在し, $|x - x^*| < \delta$ なら $|f^k(x) - x^*| < \epsilon$ $(k \geq 0)$ であることをいう.

(b) 平衡点 x^* が**吸引的** (attractive) であるとは, $\delta > 0$ が存在し, $|x - x^*| < \delta$ なら $f^k(x) \to x^*$ $(k \to \infty)$ となることをいう.

(c) 平衡点 x^* が**漸近安定** (asymptotically stable) であるとは, 安定で吸引的であることをいう.

(d) 平衡点 x^* が**不安定** (unstable) であるとは, 安定ではないことをいう.

これらは微分方程式の平衡点の安定性と同等の定義である.

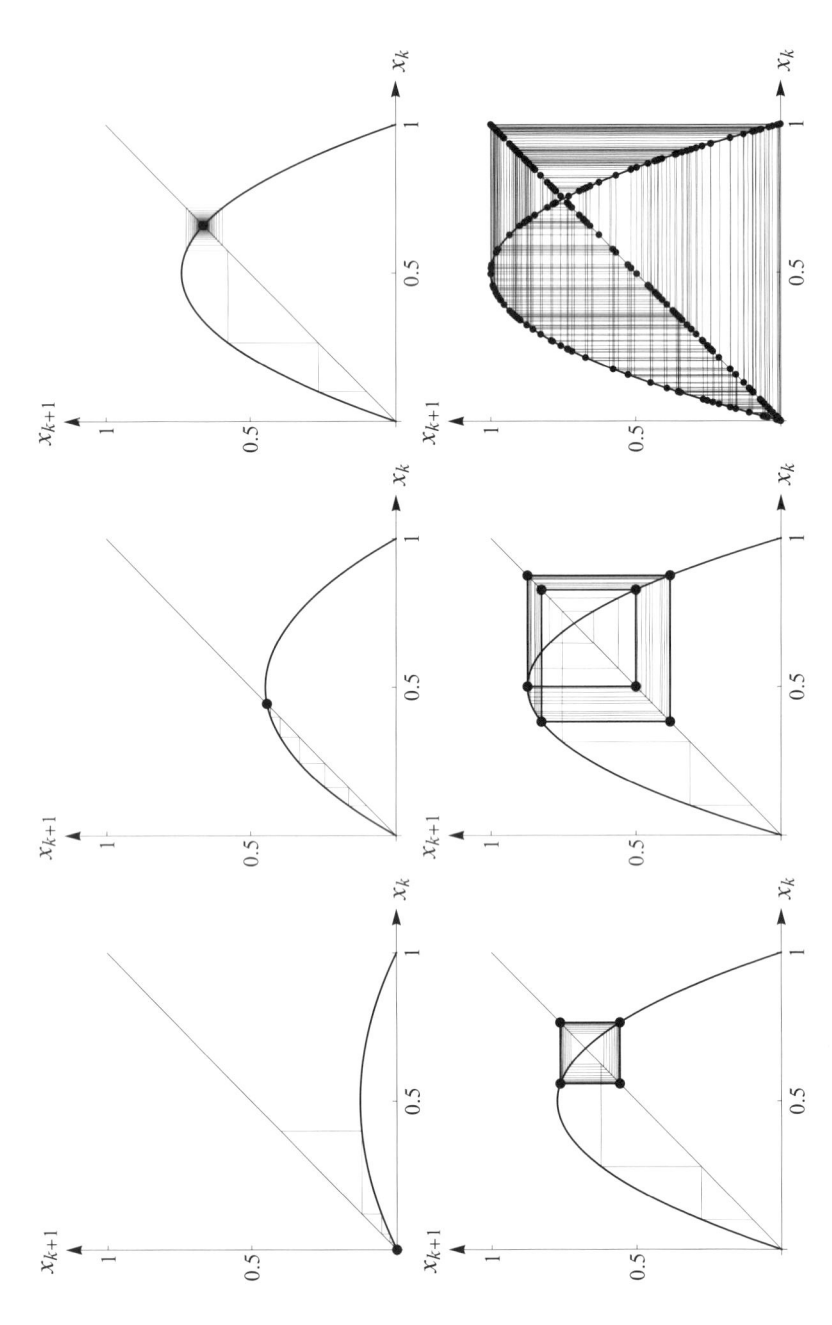

図 11.10 ロジスティック写像に対するクモの巣法の適用．パラメータは上段左から $a = 0.5$, 1.8, 2.95, 下段左から $a = 3.1$, 3.5, 4.

平衡点の近傍では，関数 f の1次近似は，

$$f(x_k) \approx f(x^*) + f'(x^*)(x_k - x^*)$$

である．$u_k = x_k - x^*$ とし，$x_{k+1} = f(x_k)$ と $f(x^*) = x^*$ に注意すると，差分方程式 (11.12) は平衡点 x^* の近傍で

$$u_{k+1} = f'(x^*)u_k$$

と近似できるであろう．これは，線形差分方程式（等比数列の漸化式）であり，u_k が0に収束するかしないかは $|f'(x^*)|$ が1より大きいか小さいかで決まる．差分方程式 (11.12) に対しても，次の定理が成り立つ．

■ **定理 11.2** I を開区間，$f : I \to I$ を C^1 級とし，x^* を写像 f の平衡点とする．

(a) $|f'(x^*)| < 1$ のとき，x^* は漸近安定である．

(b) $|f'(x^*)| > 1$ のとき，x^* は不安定である．

証明．(a) $|f'(x^*)| < 1$ なので，$|f'(x^*)| < M < 1$ を満たす正定数 M が存在する．f' は連続なので，x^* を含む開区間 $I_0 \subset I$ が存在して，任意の $x \in I_0$ に対して $|f'(x)| < M$ とできる．平均値の定理により，任意の $x \in I_0$ に対して，x と x^* の間に c が存在して，$f(x) - f(x^*) = f'(c)(x - x^*)$ が成り立つ．したがって，

$$|f(x) - x^*| = |f(x) - f(x^*)| < M|x - x^*| < |x - x^*|$$

なので，$f(x) \in I_0$ が成り立つ．つまり，$x \in I_0$ なら $f(x) \in I_0$ となるので，任意の $k \geq 0$ に対して，$f^k(x) \in I_0$ が成り立つ．よって，x^* は安定である．さらに，

$$|f^2(x) - x^*| = |f(f(x)) - f(x^*)| < M|f(x) - x^*| < M^2|x - x^*|$$

が成り立つ．同様にして，

$$|f^k(x) - x^*| < M^k|x - x^*|$$

が成り立つ．$M < 1$ であるので，この不等式の右辺は $k \to \infty$ のとき0に収束する．よって，$k \to \infty$ のとき $f^k(x)$ は x^* に収束するので，x^* は吸引的であ

る．したがって，x^* は漸近安定である．(b) の証明は (a) と同様にできるので省略する．　　　　　　　　　　　　　　　　　　　　　　　　□

$|f'(x^*)| = 1$ が漸近安定と不安定の境目となる．写像 f の平衡点 x^* は $|f'(x^*)| \neq 1$ のとき**双曲型** (hyperbolic)，$|f'(x^*)| = 1$ のとき**非双曲型** (non-hyperbolic) という．双曲型平衡点の安定性は上記の定理で判別できるが，非双曲型平衡点の安定性は $f'(x^*)$ の値だけでは判別できない．ロジスティック写像は次の平衡点をもつ．

$$E_0 = 0, \quad E_+ = 1 - \frac{1}{a}$$

ただし，E_+ は $a > 1$ のとき正の値をとる．いま，$f'(x) = a(1 - 2x)$ であるから，$f'(0) = a$ となり，E_0 は $a \in [0, 1)$ のとき漸近安定で，$a \in (1, 4]$ のとき不安定である．$f'(1 - 1/a) = -a + 2$ より，E_+ は $a \in (1, 3)$ のとき漸近安定で，$a \in (3, 4]$ のとき不安定である．まとめると，$a \in [0, 1)$ では E_+ が区間 $(0, 1]$ に存在せず E_0 が漸近安定，$a \in (1, 3)$ では E_0 が不安定で E_+ が区間 $(0, 1]$ に登場し漸近安定，$a \in (3, 4]$ ではどちらの平衡点も不安定であることがわかる．この結果は図 11.10 のクモの巣法の結果と一致していることがわかるだろう．以下では，$a \in (3, 4]$ のとき何が起こっているのかを調べよう．

11.4.4　周期解の安定性

$a \in (3, 4]$ のとき何が起こっているのかを知るためには，次の写像 f^2 の平衡点に着目するとよい．

$$f^2(x) = f(f(x)) = a^2 x(1 - x)\{1 - ax(1 - x)\}$$

写像 f の平衡点 E_0, E_+ では $x = f^2(x)$ が成り立つことを用いると，

$$x = f^2(x) \quad \Leftrightarrow \quad x\left(x - 1 + \frac{1}{a}\right)\left\{x^2 - \left(1 + \frac{1}{a}\right)x + \frac{1}{a}\left(1 + \frac{1}{a}\right)\right\} = 0$$

とできる．中カッコのなかの 2 次式の判別式が正となるための必要十分条件は $a > 3$ である．したがって，$a > 3$ のとき，写像 f^2 は E_0, E_+ の他に次の平衡点 x_- と x_+ をもつ．

$$x_- = \frac{1 + a - \sqrt{a - 3}\sqrt{a + 1}}{2a}, \quad x_+ = \frac{1 + a + \sqrt{a - 3}\sqrt{a + 1}}{2a}$$

いま

$$f^2(f(x_+)) = f(f(f(x_+))) = f(f^2(x_+)) = f(x_+)$$

であるから，$f(x_+)$ も写像 f^2 の平衡点である．x_+ は f の平衡点ではないので，$f(x_+) \neq x_+$ である．また，$f(x_+)$ は E_0 でも E_+ でもないので，$f(x_+) = x_-$ であることがわかる．同様の考察から $f(x_-) = x_+$ が示せる．したがって，x_+ と x_- はロジスティック写像の2周期点であり，x_+ または x_- を初期値とする解は2周期解である．したがって，$a \in (3,4]$ のとき，ロジスティック写像は2周期解をもつ．m 周期点は f^m の平衡点であるので，周期点 p の安定性を次のように定義する．

(a) p が **安定** (stable) であるとは，p が f^m の安定な平衡点であることをいう．

(b) p が **吸引的** (attractive) であるとは，p が f^m の吸引的な平衡点であることをいう．

(c) p が **漸近安定** (asymptotically stable) であるとは，p が f^m の漸近安定な平衡点であることをいう．

(d) p が **不安定** (unstable) であるとは，p が f^m の不安定な平衡点であることをいう．

これは m 周期点 p に関する安定性の定義であるが，周期解を構成する各周期点が安定であるとき，その周期解が安定であるという．同様に，吸引的な周期解，漸近安定な周期解，不安定な周期解を定義する．f が連続であれば，周期解を構成する各周期点の安定性は一致することが示せる．そのため，f が連続であれば，周期点の安定性と周期解の安定性を同一視できる．周期点 p は，平衡点と同様に，$|\frac{d}{dx}f^m(p)| \neq 1$ のとき双曲型，$|\frac{d}{dx}f^m(p)| = 1$ のとき非双曲型といわれる．双曲型であれば，次の定理により安定性を判別できる．

■ **定理 11.3**　$f : I \to I$ は C^1 級とし，$\{p_1, p_2, \ldots, p_m\}$ を写像 f の m 周期解とする．

(a) $|f'(p_1)f'(p_2)\cdots f'(p_m)| < 1$ のとき，m 周期解は漸近安定である．

(b) $|f'(p_1)f'(p_2)\cdots f'(p_m)| > 1$ のとき，m 周期解は不安定である．

証明．　微分の連鎖則より，

$$\frac{d}{dx}f^m(p_i) = f'(p_1)f'(p_2)\cdots f'(p_m) \quad (i = 1, 2, \ldots, m)$$

が成り立つ．よって，定理11.2から結論が導かれる． $\square$

ロジスティック写像 f に対して，

$$
\begin{aligned}
f'(x_+)f'(x_-) &= a^2(1 - 2x_+)(1 - 2x_-) \\
&= a^2\{1 - 2(x_+ + x_-) + 4x_+x_-\} \\
&= -a^2 + 2a + 4
\end{aligned}
$$

であるから，$a \in (3, 1 + \sqrt{6})$ のとき，2周期解 $\{x_+, x_-\}$ は漸近安定である．ここで，$a = 1 + \sqrt{6}$ は $|-a^2 + 2a + 4| = 1$, $a > 3$ を満たす解である．a が $1 + \sqrt{6} \approx 3.449$ を超えると何が起こるのだろうか．実は，2周期解が不安定化すると，漸近安定な4周期解が現れる．そして，それがまた不安定化すると，漸近安定な8周期解が現れる．一般に，2^n 周期解が不安定化したあと，漸近安定な 2^{n+1} 周期解が現れる．このように周期解が不安定化し，倍の周期の周期解の出現することを**周期倍加分岐** (period-doubling bifurcation) という．周期倍加分岐は $a_\infty \approx 3.5700$ まで無限に続く．そして $a_{\mathrm{odd}} \approx 3.6786$ で初めて奇数周期の周期解が出現し，$a_{\mathrm{chaos}} \approx 3.8284$ 以降では，あらゆる周期の周期解が存在する．表11.1には，各周期解の安定性が変わるパラメータの値がリストアップされている．

$a = 0$ から 1	平衡点 0 が漸近安定
$a = 1$	平衡点 0 が不安定化し，漸近安定な平衡点 x^* が出現
$a = 3$	平衡点 x^* が不安定化し，漸近安定な2周期解が出現
$a = 1 + \sqrt{6} = a_1$	2周期解が不安定化し，漸近安定な4周期解が出現
$a = a_2$	4周期解が不安定化し，漸近安定な8周期解が出現
$a = a_3$	8周期解が不安定化し，漸近安定な16周期解が出現
$\vdots$	
$a = a_{\mathrm{odd}} \approx 3.6786$	奇数周期の周期解が初めて出現
$\vdots$	
$a > a_{\mathrm{chaos}} \approx 3.8284$	すべての周期の周期解が出尽くす

表 11.1　ロジスティック写像の分岐点．

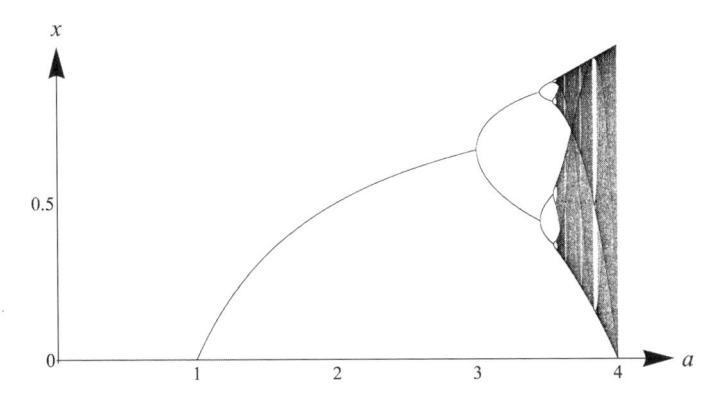

図 11.11 ロジスティック写像の分岐図.

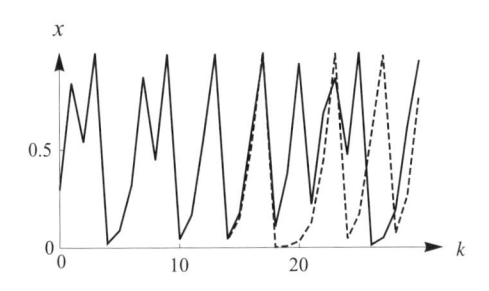

図 11.12 $a = 4$ のときのロジスティック写像の解. $x_0 = 0.3$ の解が実線で, $x_0 = 0.300001$ の解が破線で示されている.

各パラメータ a に対するロジスティック写像の解をコンピュータで計算し, 解が近づく点をプロットしたのが図 11.11 である. このような図を**分岐図** (bifurcation diagram) という. 安定性解析によると, $1 < a < 3$ のとき正平衡点 E_+ が漸近安定で, $3 < a < 1 + \sqrt{6}$ のとき 2 周期解 $\{x_-, x_+\}$ が漸近安定であった. コンピュータシミュレーションにおいても, 解はこれらに収束している様子がわかる. また, パラメータ a を $1 + \sqrt{6}$ からさらに大きくすると, 周期倍加分岐が繰り返し起こり, 解が非常に複雑な振る舞いをしていることがわかる. リー・ヨークの定理によると, $a > a_{\text{chaos}}$ のとき, 撹拌集合 $S \subset [0, 1]$ が存在する. 図 11.12 には, 初期値 $x_0 = 0.3$ の解が実線で, 初期値 $x_0 = 0.30001$ の解が点線で描かれている. 時間が経つにつれて点線が実線からずれていく様子がわかる. 初期値が決まれば解の振る舞いは式 (11.16) で決まるが, 初期値が少しでもずれるとまったく異なる振る舞いを示しており, 撹拌集合 S がもつ

図11.13 引き延ばしと折り畳み.

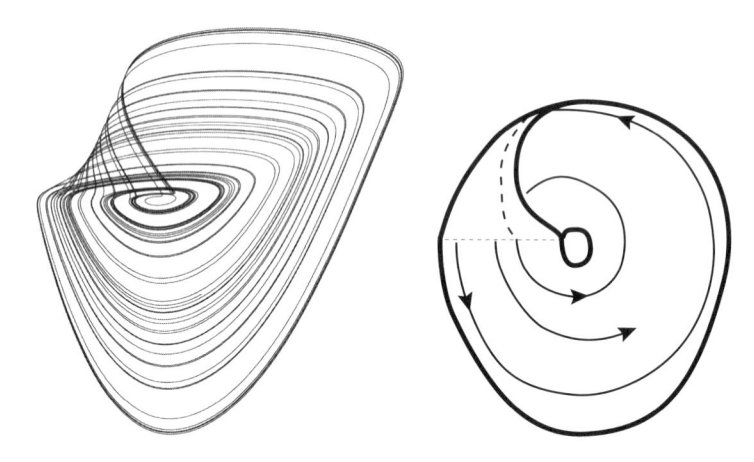

図11.14 (11.1) のアトラクター. 左図は図11.5を対数スケールで表したものであり, 右図はその模式図を表す.

初期値鋭敏性がこの結果から見て取れる. しかし, 図11.11を見るとわかるように, $a > a_{\text{chaos}}$ であっても, ところどころで解が周期解に収束している様子が窺える. このようなパラメータ領域をカオスの窓といい, 写像がリー・ヨークの意味でカオス的であっても, すべての解が攪拌集合 S に近づくわけではないことを表している. つまり, $a > a_{\text{chaos}}$ であれば, いつでも攪拌集合 S がもつ初期値鋭敏性が観測されるわけではない. そのため, リー・ヨークの意味でのカオスは「カオス」の定義として不十分な側面をもっており, さまざまなカオスの定義が提案されている.

　最後に, $a = 4$ の場合のロジスティック写像について考え, 複雑な挙動が作り出される仕組みを理解しよう. $a = 4$ のとき, 図11.13に描かれているように, 写像 f は区間 $[0,1]$ を2倍の長さに引き延ばして半分に折り畳む操作に相当する. ちょうど, パイ生地をこねる操作に似ている. パイ生地の一箇所にバターなどを入れ, こねていくとバターは生地全体に広がっていくことから想像できるように, ロジスティック写像の初期値に少しでも誤差が含まれると, その誤差は拡大されていく. この仕組みは, 図11.5にも見てとれる. よりわかりやすくするために, この図を対数スケールで表示したものが, 図11.14の左図

であり，それを模式的に表したものが右図である．ロジスティック写像と同様に，ベクトル場は状態空間をある方向に引き延ばし，折り畳んでいる様子がわかるだろう．

第11章の章末問題

問 11.1 3次正方行列 A が純虚数を固有値にもつための必要十分条件は $\mathrm{tr}(A)S_2(A) - \det(A) = 0$, $S_2(A) > 0$ であることを示せ．

問 11.2 ローレンツ方程式

$$
\begin{cases}
\dfrac{dx}{dt} = \sigma(y - x) \\[2mm]
\dfrac{dy}{dt} = \rho x - y - xz \\[2mm]
\dfrac{dz}{dt} = -\beta z + xy
\end{cases}
$$

について次の各問いに答えよ．ただし，$\beta, \rho, \sigma > 0$ とする．

(1) $E_0 = (0, 0, 0)^\top$ が平衡点であることを確認し，その安定性をヤコビ行列の固有値を求めて考察せよ．

(2) E_0 以外の平衡点を求め，それらの安定性をラウス・フルビッツの判定条件を用いて考察せよ．

(3) $\beta = \frac{8}{3}$, $\rho = 28$, $\sigma = 10$ として，点 $(1, 1, 1)^\top$ を通る正の半軌道をコンピュータを用いて相空間に描け．

問 11.3 3種食物連鎖方程式

$$
\begin{cases}
\dfrac{dx}{dt} = r\left(1 - \dfrac{x}{K}\right)x - \dfrac{m_1 x}{a_1 + x}y \\[2mm]
\dfrac{dy}{dt} = -d_1 y + c_1 \dfrac{m_1 x}{a_1 + x}y - \dfrac{m_2 y}{a_2 + y}z \\[2mm]
\dfrac{dz}{dt} = -d_2 z + c_2 \dfrac{m_2 y}{a_2 + y}z
\end{cases}
$$

について次の各問いに答えよ．ただし，$r = 10$, $m_1 = 25$, $m_2 = 1$, $a_1 = a_2 = 1$, $d_1 = 4$, $d_2 = \frac{1}{10}$, $c_1 = \frac{2}{3}$, $c_2 = \frac{1}{2}$, $K > 0$ とする．

(1) $x \geq 0$, $y = z = 0$ を満たす平衡点をすべて求めよ．

(2) 上で求めた平衡点の安定性をヤコビ行列の固有多項式を求めて考察せよ．

(3) $x \geq 0$, $y > 0$, $z = 0$ を満たす平衡点をすべて求めよ．

(4) 上で求めた平衡点の安定性をヤコビ行列の固有多項式を求めて考察せよ．

(5) 正平衡点をすべて求めよ．

(6) $K = 3$ として，点 $(1, 1, 1)^\top$ を通る正の半軌道をコンピュータを用いて相空間に描け．

問 11.4 微分方程式

$$\begin{cases} \dfrac{dx}{dt} = \mu x - y - x(x^2 + y^2) \\[2mm] \dfrac{dy}{dt} = x + \mu y - y(x^2 + y^2) \end{cases}$$

について次の各問いに答えよ．ただし，$\mu > 0$ とする．

(1) 極座標変換 $x = r \cos\theta$, $y = r \sin\theta$ によって (r, θ) の微分方程式に変換し，初期値 (r_0, θ_0) に対する解を求めよ．さらに，周期軌道が 1 つだけ存在することを確かめよ．

(2) $\Sigma = \{(x, y) \in \mathbb{R}^2 \mid x > 0,\ y = 0\}$ がポアンカレ断面となることを確認し，ポアンカレ写像 $P : \Sigma \to \Sigma$ を求めよ．

問 11.5 原点が次の写像 f の非双曲型平衡点であることを確認し，クモの巣法を用いて原点の安定性を調べよ．

(1) $f(x) = \sin x$

(2) $f(x) = \ln(x + 1)$

(3) $f(x) = x(x + 1)$

(4) $f(x) = x$

問 11.6 リッカー写像 $f(x) = xe^{r-x}$ $(r > 0)$ について次の各問いに答えよ．

(1) 平衡点をすべて求めよ．

(2) 上で求めた平衡点の安定性を定理 11.2 を用いて調べよ．

— 第 **12** 章 —

ロトカ・ヴォルテラ方程式の安定性

　前章で示したように，比較的単純な微分方程式においても，相空間が3次元以上になるとカオスのような複雑な振る舞いが現れる．そのため，3次元以上の微分方程式の性質を明らかにするのは容易ではない．本章では，ロトカ・ヴォルテラ捕食者・被食者方程式やロトカ・ヴォルテラ競争方程式を高次元化したロトカ・ヴォルテラ方程式に焦点を絞り，種間相互作用の代数的な性質と平衡点の漸近安定性および大域漸近安定性との関係について紹介する．

12.1 正平衡点の安定性

　次の n 次元の微分方程式について考えよう．

$$\frac{dx_i}{dt} = x_i \left(r_i + \sum_{j=1}^{n} a_{ij} x_j \right) \quad (i = 1, 2, \ldots, n) \tag{12.1}$$

これは**ロトカ・ヴォルテラ方程式** (Lotka-Volterra equation) と呼ばれ，2次元の微分方程式であるロトカ・ヴォルテラ捕食者・被食者方程式やロトカ・ヴォルテラ競争方程式を特殊な場合として含む．また，3次元の微分方程式である (10.6) や (11.1) もこの方程式の1例であることがわかる．(12.1) は n 種類の生物の個体群動態を記述する数理モデルの1つであり，各変数 x_i は生物種 i の個体数を表す．r_i は種 i の**内的自然増加率** (intrinsic rate of natural increase) と呼ばれ，個体数が少ないときの種 i の増殖率を表す．a_{ij} は種 j の個体数が種

i の増殖率に与える密度効果を表す定数である．a_{ij}, a_{ji} は，種 i と種 j が捕食者・被食者関係にあるときには異符号，競争関係にあるときにはともに負，共生関係にあるときにはともに正である．このように a_{ij} を成分としてもつ行列 $A = (a_{ij})$ は，種間関係を決定する行列であるため，**相互作用行列** (interaction matrix) といわれる．ロトカ・ヴォルテラ方程式はさらに次のように一般化される．

$$\frac{dx_i}{dt} = x_i g_i(x_1, x_2, \ldots, x_n) \quad (i = 1, 2, \ldots, n) \tag{12.2}$$

この微分方程式を**コルモゴロフ方程式** (Kolmogorov equation) という．ローゼンツバイク・マッカーサー方程式 (9.9) はこの微分方程式の 1 例である．

方程式の右辺を $f_i(x_1, x_2, \ldots, x_n) = x_i g_i(x_1, x_2, \ldots, x_n)$ $(i = 1, 2, \ldots, n)$ とおき，$\boldsymbol{f} = (f_1, f_2, \ldots, f_n)^\top$, $\boldsymbol{g} = (g_1, g_2, \ldots, g_n)^\top$ とする．$\boldsymbol{f}$ の $\boldsymbol{x}$ におけるヤコビ行列 $\frac{\partial \boldsymbol{f}}{\partial \boldsymbol{x}}(\boldsymbol{x})$ の (i, j) 成分 $\left(\frac{\partial \boldsymbol{f}}{\partial \boldsymbol{x}}(\boldsymbol{x})\right)_{ij}$ は

$$\left(\frac{\partial \boldsymbol{f}}{\partial \boldsymbol{x}}(\boldsymbol{x})\right)_{ij} = \frac{\partial f_i}{\partial x_j}(\boldsymbol{x}) = \begin{cases} g_i(\boldsymbol{x}) + x_i \dfrac{\partial g_i}{\partial x_i}(\boldsymbol{x}) & (i = j) \\ x_i \dfrac{\partial g_i}{\partial x_j}(\boldsymbol{x}) & (i \neq j) \end{cases}$$

となるので，

$$\frac{\partial \boldsymbol{f}}{\partial \boldsymbol{x}}(\boldsymbol{x}) = \mathrm{diag}(\boldsymbol{g}(\boldsymbol{x})) + \mathrm{diag}(\boldsymbol{x})\frac{\partial \boldsymbol{g}}{\partial \boldsymbol{x}}(\boldsymbol{x})$$

となる．ここで，$\mathrm{diag}(\boldsymbol{g}(\boldsymbol{x}))$ は $g_i(\boldsymbol{x})$ $(i = 1, 2, \ldots, n)$ を対角成分にもつ対角行列を表す．(12.2) の正平衡点 $\boldsymbol{x}^*$ において $\boldsymbol{g}(\boldsymbol{x}^*) = \boldsymbol{0}$ であるから，

$$\frac{\partial \boldsymbol{f}}{\partial \boldsymbol{x}}(\boldsymbol{x}^*) = \mathrm{diag}(\boldsymbol{x}^*)\frac{\partial \boldsymbol{g}}{\partial \boldsymbol{x}}(\boldsymbol{x}^*)$$

となる．したがって，ロトカ・ヴォルテラ方程式 (12.1) の正平衡点の安定性について次の定理を得る．

■ **定理 12.1** $\boldsymbol{x}^*$ を式 (12.1) の正平衡点とする．

(a) $\mathrm{diag}(\boldsymbol{x}^*)A$ が安定であれば，$\boldsymbol{x}^*$ は漸近安定である．

(b) $\mathrm{diag}(\boldsymbol{x}^*)A$ が不安定であれば，$\boldsymbol{x}^*$ は不安定である．

証明. $g_i(x_1, x_2, \ldots, x_n) = r_i + \sum_{j=1}^{n} a_{ij} x_j$ $(i = 1, 2, \ldots, n)$ であるから,$\frac{\partial \boldsymbol{g}}{\partial \boldsymbol{x}}(\boldsymbol{x}) = A$ となり,定理 6.4 から結論が得られる. $\square$

対角行列 $\mathrm{diag}(\boldsymbol{x}^*)$ は $\boldsymbol{r} = (r_1, r_2, \ldots, r_n)^{\top}$ に依存するので,正平衡点 $\boldsymbol{x}^*$ の安定性は,相互作用行列 A だけでなく $\boldsymbol{r}$ にも依存することに注意しよう.任意の対角行列 $D > 0$(対角行列 D のすべての対角成分が正のとき $D > 0$ と表す)に対して DA が安定であるとき,行列 A を **D 安定** (D-stable) というが,相互作用行列 A の D 安定性を考えることにより,A が正平衡点の安定性に与える影響を明確にできる.定義から,A が D 安定であれば,正平衡点 $\boldsymbol{x}^*$ は存在するなら漸近安定となる.ただし,A が D 安定でなくても,A は安定になることに注意しよう.相互作用行列 A は 2 種間の相互作用のタイプや強さを決める行列であるから,D 安定性を特徴づけることができれば,生物の共存を保証する種間相互作用のタイプや強さを特徴づけることができる.2 次正方行列 $A = (a_{ij})$ が D 安定であるための必要十分条件は $\det(A) > 0$ かつ $a_{11} \leq 0$, $a_{22} < 0$ または $a_{11} < 0$, $a_{22} \leq 0$ である(問 12.1 参照).

12.2 符号安定性

D 安定性よりも強い安定性の概念を考え,高次元のロトカ・ヴォルテラ方程式の正平衡点の安定性について考えよう.そこで,まず,符号関数 $\mathrm{sgn}(x)$ を次のように定義する.

$$\mathrm{sgn}(x) = \begin{cases} 1 & (x > 0) \\ 0 & (x = 0) \\ -1 & (x < 0) \end{cases}$$

行列 $A = (a_{ij})$ に対して,$\mathrm{sgn}(A) = (\mathrm{sgn}(a_{ij}))$ とし,$\mathcal{Q}(A)$ は A と符号パターンが一致する行列の集合とする.つまり,

$$\mathcal{Q}(A) = \{ B \mid \mathrm{sgn}(B) = \mathrm{sgn}(A) \}$$

とする.正方行列 A が**符号安定** (sign stable) または**定性的安定** (qualitatively stable) であるとは,任意の $B \in \mathcal{Q}(A)$ が安定であることをいう.定義からわかるように,符号安定な行列は安定であるが,安定な行列は必ずしも符号安定になるとは限らず,符号安定は安定よりも強い行列の安定性の概念で

ある．行列が符号安定かどうかは，行列の成分の大きさには依存せず，成分の符号のみに依存する．したがって，$\boldsymbol{x}^*$ が (12.1) の正平衡点であるなら，$\mathrm{sgn}(\mathrm{diag}(\boldsymbol{x}^*)A) = \mathrm{sgn}(A)$ であるから，定理 12.1 より，A が符号安定なら $\boldsymbol{x}^*$ は漸近安定である．

　n 次正方行列 $A = (a_{ij})$ の**サイクル** (cycle) とは，$\{1, 2, \ldots, n\}$ の相異なる元 $i_1, i_2, \ldots, i_l \, (l \geq 1)$ に対する非零の積 $a_{i_1 i_2} a_{i_2 i_3} \cdots a_{i_l i_1}$ のことをいう．積の符号をサイクルの符号というが，定義から符号が零のサイクルは存在しない．また，l をサイクルの長さという．行列の符号安定性はそのサイクルによって次のように特徴づけることができる．

■ **定理 12.2**　対角成分がすべて負の行列 A が，符号安定であるための必要十分条件は，次の条件が成り立つことである．

(a)　A の長さ 2 のサイクルの符号はすべて負である．

(b)　A は長さ 3 以上のサイクルをもたない．

　次の符号パターンをもつ 3 つの行列 A_1, A_2, A_3 について考えよう．

$$\mathrm{sgn}(A_1) = \begin{pmatrix} -1 & -1 \\ 1 & -1 \end{pmatrix}, \quad \mathrm{sgn}(A_2) = \begin{pmatrix} -1 & -1 \\ -1 & -1 \end{pmatrix}, \quad \mathrm{sgn}(A_3) = \begin{pmatrix} -1 & 1 \\ 1 & -1 \end{pmatrix}$$

A_1, A_2, A_3 を相互作用行列としてもつロトカ・ヴォルテラ方程式の 2 種は，それぞれ捕食者・被食者関係，競争関係，共生関係にある．定理 12.2 からわかる通り，符号安定であるのは A_1 だけであり，A_2, A_3 は符号安定ではない．A が正則なら $\boldsymbol{r}$ をうまく選べば $A\boldsymbol{x}^* = -\boldsymbol{r}$ を満たす $\boldsymbol{x}^*$ を正にできる．したがって，符号安定ではない A_2, A_3 を相互作用行列としてもつロトカ・ヴォルテラ方程式 (12.1) は不安定な正平衡点をもちうることがわかる（第 6 章参照）．そこで，A_1 のように相互作用する 2 種が必ず捕食者・被食者関係にある場合を考えよう．このとき，相互作用行列は食物網を表すといえる．定理 12.2 は，食物網において，捕食者・被食者関係にある 2 種が資源を（間接的または直接的に）共有した場合，符号安定ではなくなることを示している．たとえば，次の符号パターンをもつ相互作用行列 A_4, A_5 を考えよう．

$$\mathrm{sgn}(A_4) = \begin{pmatrix} -1 & -1 & -1 \\ 1 & -1 & -1 \\ 1 & 1 & -1 \end{pmatrix}, \quad \mathrm{sgn}(A_5) = \begin{pmatrix} -1 & -1 & 0 & -1 \\ 1 & -1 & -1 & 0 \\ 0 & 1 & -1 & -1 \\ 1 & 0 & 1 & -1 \end{pmatrix}$$

A_4 においては，捕食者・被食者関係にある種 2 と種 3 が種 1 を共通の資源としており，A_5 においては，捕食者・被食者関係にある種 4 と種 3 が間接的に種 1 を共通の資源としている．このとき，A_4 では長さ 3 のサイクルが存在し，A_5 では長さ 4 のサイクルが存在するため，符号安定ではない．

定理 12.2 を証明するために，次節では正方行列から作られるグラフを導入し，グラフと行列の関係について紹介する．

12.3 グラフ

グラフは**頂点** (vertex) といわれるいくつかの点とそれらを結ぶ**辺** (edge) といわれるいくつかの線分または弧からなる．n 次正方行列 $A = (a_{ij})$ の**有向グラフ** (directed graph, digraph) とは，次の規則に従い頂点 $v_1, v_2, \ldots, v_n$ を向きの付いた辺で結んだものをいい，$\mathrm{G_d}(A)$ と表す．

$a_{ij} \neq 0$ なら，頂点 v_i と v_j を，v_j から v_i へ向きづけされた辺で結ぶ．

たとえば，行列 A が次のように与えられたとき，$\mathrm{G_d}(A)$ は図 12.1 のようになる．

$$A = \begin{pmatrix} -1 & -2 & -3 \\ 4 & 0 & -5 \\ 0 & 6 & 0 \end{pmatrix}$$

有向パス (directed path) とは，辺の向きに沿って進むことのできる経路のことである．つまり，頂点 v_i から v_j へ向かう辺を (v_i, v_j) と表すなら，有向パスとは，辺の列 $\{(v_{i_0}, v_{i_1}), (v_{i_1}, v_{i_2}), \ldots, (v_{i_{l-1}}, v_{i_l})\}$ $(l \geq 1)$ のことをいう．v_{i_0}, v_{i_l} をそれぞれ有向パスの始点，終点といい，l を有向パスの長さという．**サイクル** (cycle) とは，始点と終点が一致し，それ以外の頂点が互いに異なる有向パスのことをいう．行列 A のサイクルとその有向グラフ $\mathrm{G_d}(A)$ のサイクル

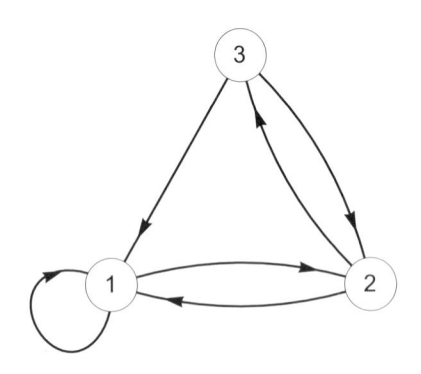

図 12.1　有向グラフの例.

は一致することに注意しよう. 図 12.1 の有向グラフにおける長さ 1 のサイクルは $\{(v_1, v_1)\}$, 長さ 2 のサイクルは $\{(v_1, v_2), (v_2, v_1)\}$ と $\{(v_2, v_3), (v_3, v_2)\}$, 長さ 3 のサイクルは $\{(v_1, v_2), (v_2, v_3), (v_3, v_1)\}$ である. 有向グラフが**強連結** (strongly connected) であるとは, 任意の異なる 2 つの頂点 v_i, v_j $(i \neq j)$ に対して, v_i から v_j へ向かう有向パスが存在することをいう. 図 12.1 の有向グラフは強連結である.

$n \geq 2$ のとき, n 次正方行列 A が**可約** (reducible) であるとは, 置換行列 P が存在して,

$$P^\top A P = \begin{pmatrix} A_{11} & A_{12} \\ O & A_{22} \end{pmatrix} \tag{12.3}$$

とできることをいう. ただし, A_{11} と A_{22} は正方行列であり, O は零行列を表す. 可約ではないことを, **既約** (irreducible) という. A が 1×1 行列のとき, 成分が非零のとき既約, 零のとき可約と定義する. A_{11}, A_{22} が既約でないなら, A を (12.3) のように変形したように, A_{11}, A_{22} を変形する. この変形を続けると, 可約行列 A は適当な置換行列 Q によって

$$Q^\top A Q = \begin{pmatrix} R_{11} & R_{12} & \cdots & R_{1m} \\ O & R_{22} & \cdots & R_{2m} \\ \vdots & \vdots & \ddots & \vdots \\ O & O & \cdots & R_{mm} \end{pmatrix} \tag{12.4}$$

とできる. ただし, R_{ii} $(i = 1, 2, \ldots, m)$ は既約な正方行列であるか, または

1×1 の零行列である. A の固有値と R_{ii} $(i = 1, 2, \ldots, m)$ の固有値は一致することに注意しよう. (12.4) を可約行列の**標準形** (normal form) という.

既約行列とその有向グラフの強連結性に対して, 次の定理が成り立つ.

■ **定理12.3** 2 次以上の正方行列 A が既約であるための必要十分条件は $G_d(A)$ が強連結になることである.

この定理を用いて, 定理12.2を証明しよう.

証明. A を n 次正方行列とする. $n = 1$ のとき定理は自明であるので, $n \geq 2$ とする. まず, 必要性について考える. そこで, A は符号安定であるとし, A の長さ l のサイクル $a_{i_1 i_2} a_{i_2 i_3} \cdots a_{i_l i_1} = \alpha$ について考えよう. n 次正方行列 $B(\epsilon) = (b_{ij}(\epsilon))$ を次のように定義する.

$$b_{i_1 i_2}(\epsilon) = a_{i_1 i_2}, \ b_{i_2 i_3}(\epsilon) = a_{i_2 i_3}, \ \ldots, \ b_{i_l i_1}(\epsilon) = a_{i_l i_1}$$
$$b_{ij}(\epsilon) = \mathrm{sgn}(a_{ij})\epsilon \quad (\text{上記以外の成分})$$

このとき, $B(\epsilon) \in \mathcal{Q}(A)$ $(\epsilon > 0)$ となる. したがって, $B(\epsilon)$ は $\epsilon > 0$ なら安定である. $B(\epsilon)$ の固有値は ϵ について連続に変化するので, $B(0)$ の固有値の実部はすべて 0 以下である. $B(0)$ の固有多項式

$$\det(\lambda I - B(0)) = \lambda^n + c_1 \lambda^{n-1} + c_2 \lambda^{n-2} + \cdots + c_{n-1}\lambda + c_n$$

において, c_i は $B(0)$ の i 次主小行列式の和と $(-1)^i$ との積であるから, $B(0)$ の固有多項式は

$$\det(\lambda I - B(0)) = \lambda^n + (-1)^{2l+1}\alpha\lambda^{n-l} = \lambda^{n-l}(\lambda^l - \alpha)$$

となる. ここで, $B(0)$ の主小行列式は l 次主小行列式以外すべて零であること, および $B(0)$ の l 次主小行列式の和が $(-1)^{l+1}\alpha$ となることを用いた. $B(0)$ は次の固有値をもつ.

$$\alpha > 0 \text{ のとき} \quad \lambda = |\alpha|^{\frac{1}{l}} e^{\frac{2k\pi}{l} i} \quad (k = 0, 1, \ldots, l-1)$$
$$\alpha < 0 \text{ のとき} \quad \lambda = |\alpha|^{\frac{1}{l}} e^{\frac{2(k+1)\pi}{l} i} \quad (k = 0, 1, \ldots, l-1)$$

したがって, $l = 2$ のとき, $\alpha > 0$ だと, $\sqrt{\alpha} > 0$ が $B(0)$ の固有値となってしまい矛盾するので, $\alpha \leq 0$ でなくてはいけない. つまり, 長さ 2 のサイク

ルは存在するなら，その符号は負でなければいけない．また，$l \geq 3$ のときには，$\alpha \neq 0$ であれば，$B(0)$ が実部が正の固有値をもってしまい矛盾するので，$\alpha = 0$ でなくてはいけない．つまり，長さ 3 のサイクルは存在してはいけない．

十分性について考える．A が可約なら，定義から適当な置換行列を用いて，可約行列の標準形 (12.4) に変形できる．対角ブロック R_{ii} $(i = 1, 2, \ldots, m)$ がすべて安定であれば，A は安定である．したがって，条件 (a), (b) が成り立つとき，各対角ブロックが安定であることを示せばよいので，最初から，A は既約であるとしよう．このとき，$a_{ij} \neq 0$ なら $a_{ji} \neq 0$ となる．なぜなら，$a_{ji} = 0$ と仮定すると，A が既約であることから，有向グラフ $\mathrm{G_d}(A)$ の頂点 v_i から v_j へ向かう有向パスが存在し，頂点 v_j を通る長さ 3 以上のサイクルが存在してしまうからである．そのため，条件 (b) に矛盾する．条件 (b) から

$$d_i |a_{ij}| = d_j |a_{ji}|$$

を満たす $d_1, d_2, \ldots, d_n > 0$ が存在する．$D = \mathrm{diag}(d_1, d_2, \ldots, d_n)$ とすると，

$$DA + A^\top D = \mathrm{diag}(2d_1 a_{11}, 2d_2 a_{22}, \ldots, 2d_n a_{nn})$$

となり，これは負定値対称行列であることがわかる．よって，定理 8.7（リアプノフの定理）から A が安定であることが示せる．　　　　　　　　　　　□

12.4　VL 安定性

(12.1) の正平衡点の大域漸近安定性について考えよう．そこで，第 8 章に登場したリアプノフ関数を一般化した次の関数 $V : \mathrm{int}\,\mathbb{R}_+^n \to \mathbb{R}$ を考える．

$$V(\boldsymbol{x}) = \sum_{i=1}^{n} d_i (x_i - x_i^* \ln x_i)$$

ここで，$\boldsymbol{x}^*$ は (12.1) の正平衡点である．この関数を**ヴォルテラのリアプノフ関数** (Volterra's Lyapunov function) という．$d_i > 0$ $(i = 1, 2, \ldots, n)$ であれば，V は $\boldsymbol{x}^*$ で最小値をとる．$n = 2$, $d_1 = b$, $d_2 = a$ のとき，V は (8.1) の保存量であり，(8.2) のリアプノフ関数であった．本節では，この関数が高次元のロトカ・ヴォルテラ方程式のリアプノフ関数になる条件を考えよう．(12.1) の

解に沿って V を t で微分すると，次のようになる．

$$\dot{V}(\boldsymbol{x}) = \sum_{i=1}^{n} d_i \left(\frac{dx_i}{dt} - x_i^* \frac{1}{x_i} \frac{dx_i}{dt} \right)$$

$$= \sum_{i=1}^{n} d_i (x_i - x_i^*) \left(r_i + \sum_{j=1}^{n} a_{ij} x_j \right)$$

$$= \frac{1}{2} (\boldsymbol{x} - \boldsymbol{x}^*)^{\top} (DA + A^{\top}D)(\boldsymbol{x} - \boldsymbol{x}^*)$$

ここで，$\boldsymbol{x}^*$ が (12.1) の正平衡点なので，$r_i = -\sum_{j=1}^{n} a_{ij} x_j^*$ $(i = 1, 2, \ldots, n)$ となることを用いた．また，$D = \mathrm{diag}(d_1, d_2, \ldots, d_n)$ である．もし $DA + A^{\top}D$ が負定値対称行列であるなら，V は int $\mathbb{R}_+^n$ 上の狭義リアプノフ関数となることがわかる．正方行列 A は，対角行列 $D > 0$ が存在して $DA + A^{\top}D$ が負定値対称行列となるとき，**VL 安定** (VL-stable) または**対角安定** (diagonally stable) であるといい，上記の考察結果は次の定理にまとめられる．

■ **定理 12.4** A が VL 安定であるなら，式 (12.1) の正平衡点は int $\mathbb{R}_+^n$ で大域漸近安定である．

定理 8.7（リアプノフの定理）からわかる通り，VL 安定な行列は D 安定であり，そして安定であることに注意しよう．2 次正方行列 $A = (a_{ij})$ が VL 安定であるための必要十分条件は $a_{11} < 0$, $a_{22} < 0$, $\det(A) > 0$ となる（問 12.3 参照）．次のような行列 A を**巡回行列** (circulant matrix) という．

$$A = \begin{pmatrix} c_0 & c_1 & c_2 & \cdots & c_{n-1} \\ c_{n-1} & c_0 & c_1 & \cdots & c_{n-2} \\ c_{n-2} & c_{n-1} & c_0 & \cdots & c_{n-3} \\ \vdots & \vdots & \vdots & \ddots & \vdots \\ c_1 & c_2 & c_3 & \cdots & c_0 \end{pmatrix} \tag{12.5}$$

第 10 章に登場した (10.6) はロトカ・ヴォルテラ方程式の 1 例であるが，その相互作用行列は巡回行列になっていた．このような巡回行列に対して，VL 安定であることと安定であることとは同値である（問 12.4 参照）．

　正方行列 A が**定性的 LV 安定** (qualitatively VL-stable) であるとは，任意の $B \in \mathcal{Q}(A)$ が VL 安定であることをいい，定性的 VL 安定行列を次のように特徴づけることができる．

■ **定理 12.5**　対角成分がすべて負の正方行列に対して，定性的 VL 安定であることと符号安定であることは同値である．

　この定理から，符号安定な相互作用行列をもつロトカ・ヴォルテラ方程式 (12.1) の正平衡点は，存在するなら（局所）漸近安定であるだけでなく，int $\mathbb{R}^n_+$ で大域漸近安定でもあることが示された．この定理を示すために，次の補題を示しておく．

■ **補題 12.6**　A_1, A_3 を正方行列とする．このとき，次の行列 A が VL 安定であるための必要十分条件は，A_1 と A_3 がともに VL 安定であることである．

$$
A = \begin{pmatrix} A_1 & A_2 \\ O & A_3 \end{pmatrix}
$$

証明．　対角行列 D_1, $D_3 > 0$ を対角ブロックにもつ対角行列 $D = \mathrm{diag}(D_1, D_3)$ に対して，

$$
DA + A^\top D = \begin{pmatrix} D_1 A_1 + A_1^\top D_1 & D_1 A_2 \\ A_2^\top D_1 & D_3 A_3 + A_3^\top D_3 \end{pmatrix}
$$

となる．次の 2 次形式が負定値であることと，$DA + A^\top D$ が負定値対称行列であることは同値である．

$$
\boldsymbol{x}^\top (D_1 A_1 + A_1^\top D_1)\boldsymbol{x} + 2\boldsymbol{x}^\top D_1 A_2 \boldsymbol{y} + \boldsymbol{y}^\top (D_3 A_3 + A_3^\top D_3)\boldsymbol{y} \qquad (12.6)
$$

A が VL 安定であるなら，2 次形式 (12.6) が負定値になるような D_1, $D_3 > 0$ が存在する．このとき，もし A_1 が VL 安定でないなら，$\boldsymbol{x} \neq \boldsymbol{0}$ において，(12.6) の第 1 項が正となり，(12.6) 全体もある $\boldsymbol{x} \neq \boldsymbol{0}$, $\boldsymbol{y} = \boldsymbol{0}$ において正となることがわかる．そのため，A が VL 安定であることに矛盾するので，A_1 は VL 安定であることが示せる．同様に A_3 も VL 安定であることが示せる．逆に，A_1, A_3 が VL 安定であるなら，(12.6) の第 1 項と第 3 項が負定値になるような D_1,

$D_3 > 0$ が存在する．A_1 が VL 安定であれば，任意の小さな $\epsilon > 0$ に対して，対角行列 $\epsilon D_1 > 0$ について $\epsilon D_1 A_1 + \epsilon A_1^\top D_1$ も負定値対称行列であるので，D_1 の各成分が十分小さいと仮定しても一般性を失わない（問 12.5，問 12.6 参照）．このとき，(12.6) が負定値にでき，A が VL 安定になることがわかる．　　□

定理 12.5 を証明しよう．

証明．　VL 安定な行列は安定であるから，定性的 VL 安定であることは符号安定であることを意味することはすぐわかる．逆を証明しよう．手順は定理 12.2 の証明と同様である．A が可約なら，定義から適当な置換行列を用いて，可約行列の標準形 (12.4) に変形できる．対角ブロック R_{ii} $(i = 1, 2, \ldots, m)$ がすべて VL 安定であれば，補題 12.6 から，A は VL 安定である．したがって，A が符号安定であるとき，各対角ブロックが VL 安定であることを示せばよいので，最初から，A は既約であるとする．定理 12.2 の証明と同様に，対角行列 $D > 0$ が存在して，$DA + A^\top D$ が負定値対称行列になることが示せるので，A が VL 安定であることがわかる．　　□

12.5　マッカーサーのリアプノフ関数

$\boldsymbol{x}^*$ を連立 1 次方程式 $A\boldsymbol{x}^* = -\boldsymbol{r}$ の解とする．$\boldsymbol{x}^* > \boldsymbol{0}$ ならそれはロトカ・ヴォルテラ方程式 (12.1) の正平衡点である．$D = \mathrm{diag}(d_1, d_2, \ldots, d_n) > 0$ とし，関数 V を次のように定義する．

$$V(\boldsymbol{x}) = -(\boldsymbol{x} - \boldsymbol{x}^*)^\top DA(\boldsymbol{x} - \boldsymbol{x}^*)$$

これを**マッカーサーのリアプノフ関数** (MacArthur's Lyapunov function) という．DA が対称行列であるとき，$(DA)^\top = DA$ に注意し，(12.1) の解に沿って V を t で微分すると，次のようになる．

$$\dot{V}(\boldsymbol{x}) = -\left(\frac{d\boldsymbol{x}}{dt}\right)^\top DA(\boldsymbol{x} - \boldsymbol{x}^*) - (\boldsymbol{x} - \boldsymbol{x}^*)^\top DA\frac{d\boldsymbol{x}}{dt}$$

$$= -2\left(\frac{d\boldsymbol{x}}{dt}\right)^\top DA(\boldsymbol{x} - \boldsymbol{x}^*)$$

$$= -2\sum_{i=1}^{n} d_i x_i (r_i + (A\boldsymbol{x})_i)^2 \leq 0$$

ここで，$A(\boldsymbol{x}-\boldsymbol{x}^*) = X^{-1}\frac{d\boldsymbol{x}}{dt}$, $X = \mathrm{diag}(x_1, x_2, \ldots, x_n)$ を用いた．$\dot{V}(\boldsymbol{x}) \leq 0$ より，V は$\mathbb{R}^n$ 上のリアプノフ関数であることがわかった．$\dot{V}(\boldsymbol{x}) = 0$ を満たす $\boldsymbol{x} \in \mathbb{R}^n_+$ はロトカ・ヴォルテラ方程式の平衡点である．E を式 (12.1) の平衡点の集合とすると，定理 8.4（ラサールの不変原理）により，$\boldsymbol{x} \in \mathbb{R}^n_+$ の ω 極限集合は E に含まれることがわかる．空でない ω 極限集合は，有限集合なら単集合にしかなりえないので次の定理を得る．

■ **定理 12.7**　(12.1) は有限個の平衡点しかもたないとする．このとき，DA が対称行列となるような対角行列 $D > 0$ が存在するなら，(12.1) の有界な正の半軌道は平衡点に収束する．

　DA が対称行列であっても，$DA + A^\top D = 2DA$ は（対称行列ではあるが）負定値になるとは限らない．したがって，その場合，ヴォルテラのリアプノフ関数 V は正平衡点の安定性を保証できない．定理 12.7 は，そのような場合に，マッカーサーのリアプノフ関数が有効であることを示している．ただし，定理 12.7 は軌道が正平衡点に収束することを保証しているわけではないことに注意しよう．

12.6　飽和平衡点

　bd $\mathbb{R}^n_+$ 上に存在する (12.1) や (12.2) の平衡点を**境界平衡点** (boundary equilibrium) という．本節では，VL 安定性と (12.1) の境界平衡点の安定性との関係について考えよう．まず，用語を導入する．ベクトル $\boldsymbol{x} \in \mathbb{R}^n$ の**台** (support) を $\mathrm{supp}(\boldsymbol{x})$ と表し，次のように定義する．

$$\mathrm{supp}(\boldsymbol{x}) = \{i \mid x_i \neq 0\}$$

以下では，主に非負ベクトル $\boldsymbol{x} \in \mathbb{R}^n_+$ を扱うため，$\mathrm{supp}(\boldsymbol{x})$ は実質，ベクトル $\boldsymbol{x}$ の正の成分の添字集合となる．コルモゴロフ方程式 (12.2) の平衡点 $\boldsymbol{x}^* \in \mathbb{R}^n_+$ が**飽和** (saturated) であるとは，$g_i(\boldsymbol{x}^*) \leq 0$ $(i = 1, 2, \ldots, n)$ であることをいい，飽和でないことを**非飽和** (unsaturated) という．また，**狭義飽和** (strictly saturated) であるとは，$g_i(\boldsymbol{x}^*) < 0$ $(i \notin \mathrm{supp}(\boldsymbol{x}^*))$ であることをいう．定義から正平衡点は飽和平衡点である．$\boldsymbol{x}^*$ を境界平衡点としよう．$\boldsymbol{x}^*$ における $\boldsymbol{f}$ のヤコビ行列の (i, j) 成分は次のようになる．

$$\frac{\partial f_i}{\partial x_j}(\boldsymbol{x}^*) = \begin{cases} x_i^* \dfrac{\partial g_i}{\partial x_j} & (i \in \mathrm{supp}(\boldsymbol{x}^*)) \\[2ex] \delta_{ij} g_i(\boldsymbol{x}^*) & (i \notin \mathrm{supp}(\boldsymbol{x}^*)) \end{cases}$$

ここで δ_{ij} はクロネッカーのデルタである. $g_i(\boldsymbol{x}^*)$ $(i \notin \mathrm{supp}(\boldsymbol{x}^*))$ は固有値の一部である. 固有値 $g_i(\boldsymbol{x}^*)$ $(i \notin \mathrm{supp}(\boldsymbol{x}^*))$ に対する固有ベクトルは平面 $x_i = 0$ と横断的に交わるので, $g_i(\boldsymbol{x}^*)$ を**横断的固有値** (transversal eigenvalue) または**外部固有値** (external eigenvalue) という. $\boldsymbol{x}^*$ で不在の種 $i \notin \mathrm{supp}(\boldsymbol{x}^*)$ の個体数は, $\boldsymbol{x}^*$ が狭義飽和なら $\boldsymbol{x}^*$ 近傍で減少し, 非飽和なら増加する. 定義から明らかな通り, 安定な平衡点は飽和でなくてはいけない.

n 次正方行列 M と $\boldsymbol{q} \in \mathbb{R}^n$ に対して, 次の条件を満たす $\boldsymbol{x} \in \mathbb{R}_+^n$ を求める問題を**線形相補性問題** (linear complementarity problem) といい, $\mathrm{LCP}(M, \boldsymbol{q})$ と表す.

$$\boldsymbol{q} + M\boldsymbol{x} \geq \boldsymbol{0}, \quad \boldsymbol{x}^\top (\boldsymbol{q} + M\boldsymbol{x}) = 0$$

ロトカ・ヴォルテラ方程式 (12.1) の飽和平衡点を求める問題は $\mathrm{LCP}(-A, -\boldsymbol{r})$ に等しい. すべての主小行列式が正である正方行列を **P 行列** (P-matrix) というが, 線形相補性問題 $\mathrm{LCP}(M, \boldsymbol{q})$ の可解性と行列 M が P 行列であることとは次のように関係している.

■ **定理 12.8** 任意の $\boldsymbol{q}$ に対して, $\mathrm{LCP}(M, \boldsymbol{q})$ がただ 1 つの解をもつための必要十分条件は M が P 行列であることである.

2 次正方行列 A においては, $-A$ が P 行列であることと A が VL 安定であることとは同値であるが, 一般には次の定理が成り立つ.

■ **定理 12.9** A が LV 安定であるなら, $-A$ は P 行列である.

この定理の逆は成り立たない. 実際, 次の符号パターンをもつ行列 A は定性的 VL 安定ではないが, $-A$ は P 行列である.

$$\mathrm{sgn}(A) = \begin{pmatrix} -1 & -1 & -1 \\ 1 & -1 & -1 \\ 0 & 1 & -1 \end{pmatrix}$$

242 第12章 ロトカ・ヴォルテラ方程式の安定性

定理 12.9 を証明するために次の補題を証明しておく.

■補題 12.10 M が P 行列であるための必要十分条件は任意の $\boldsymbol{x} \neq \boldsymbol{0}$ に対して $x_i(M\boldsymbol{x})_i > 0$ となる i が存在することである.

証明.(必要性) $\boldsymbol{x} \neq \boldsymbol{0}$ とする.任意の i に対して,$x_i(M\boldsymbol{x})_i \leq 0$ だと仮定し,矛盾を導く.$I = \operatorname{supp}(\boldsymbol{x})$ とする.$I = \{i_1, i_2, \ldots, i_m\}$, $i_1 < i_2 < \cdots < i_m$ とする.M_I を I に含まれる添字の行と列だけを残した M の小行列とし,$\boldsymbol{x}_I$ を I に含まれる添字の成分だけ残した $\boldsymbol{x}$ の小ベクトルとする.$x_i(M_I\boldsymbol{x}_I)_i \leq 0$, $x_i \neq 0$ $(i \in I)$ であるから,非負の対角行列 D が存在して,$M_I\boldsymbol{x}_I = -D\boldsymbol{x}_I$ とできる.したがって,

$$(M_I + D)\boldsymbol{x}_I = \boldsymbol{0}$$

となる.$\det(M_I + D) \geq \det(M_I) > 0$ であるから,$M_I + D$ は正則になってしまい,上式の解は $\boldsymbol{x}_I = \boldsymbol{0}$ となり矛盾が導かれる.

(十分性) M が P 行列ではないとして,矛盾を導く.このとき,M の主小行列式のなかに零以下になるものが存在する.M の主小行列式の中に零となるものが存在する場合を考える.このとき,M の主小行列式はすべて正となるもっとも小さい小行列の 1 つを M_I とする.このとき,M_I の主小行列式はすべて正である.$M_I\boldsymbol{x}_I = \boldsymbol{0}$ となる $I \subset \{1, 2, \ldots, n\}$ が存在し,$M_I\boldsymbol{x}_I = \boldsymbol{0}$ は解 $\boldsymbol{u} = (u_{i_1}, u_{i_2}, \ldots, u_{i_m})^\top \neq \boldsymbol{0}$ をもつ.ベクトル $\boldsymbol{x} = (x_1, x_2, \ldots, x_n)^\top$ の各成分を

$$x_i = \begin{cases} u_i & (i \in I) \\ 0 & (i \notin I) \end{cases} \tag{12.7}$$

と定めると,$\boldsymbol{x}$ は任意の i に対して $x_i(M\boldsymbol{x})_i = 0$ を満たし,矛盾が導かれる.M の主小行列式の中に零となるものは存在せず負となるものが存在する場合を考える.行列式が負となるもっとも小さいサイズの小行列の 1 つを M_I とする.このとき,M_I の主小行列式はすべて正で,$\det(M_I) < 0$ となる.クラメルの公式から,$u_{i_1} = \det(M_J)/\det(M_I) < 0$ となる.ここで,$J = \{i_2, i_3, \ldots, i_m\}$ である.(12.7) のように,$\boldsymbol{x}$ を定めると,$\boldsymbol{x} \neq \boldsymbol{0}$ であり $x_{i_1}(M\boldsymbol{x})_{i_1} < 0$ かつ $x_i(M\boldsymbol{x})_i = 0$ $(i \neq i_1)$ となり,矛盾である.$\quad\square$

定理 12.9 を証明しよう.

証明. A が VL 安定であれば，対称行列 $D > 0$ が存在し，$DA + A^\top D$ が負定値対称行列となる．したがって，2 次形式 $\boldsymbol{x}^\top DA\boldsymbol{x}$ は負定値である．A を n 次正方行列とし，$I = \{i_1, i_2, \ldots, i_m\} \subset \{1, 2, \ldots, n\}$，$i_1 < i_2 < \cdots < i_m$ とする．A_I を I に含まれる添字の行と列だけを残した A の小行列とする．A_I が実固有値 λ をもつとしよう．$\boldsymbol{u} = (u_{i_1}, u_{i_2}, \ldots, u_{i_m})^\top$ を λ に対する A_I の固有ベクトルとすると，$A_I \boldsymbol{u} = \lambda \boldsymbol{u}$ が成り立つ．ベクトル $\boldsymbol{x} = (x_1, x_2, \ldots, x_n)^\top$ の各成分を

$$x_i = \begin{cases} u_i & (i \in I) \\ 0 & (i \notin I) \end{cases}$$

と定め，A_I と同様に，D_I も I に含まれる添字の行と列だけを残した D の小行列とすると，次の等式が得られる．

$$\boldsymbol{x}^\top DA\boldsymbol{x} = (D\boldsymbol{x})^\top A\boldsymbol{x} = (D_I\boldsymbol{u})^\top A_I\boldsymbol{u} = \lambda \boldsymbol{u}^\top D_I\boldsymbol{u}$$

この 2 次形式は負定値であり，$\boldsymbol{u}^\top D_I\boldsymbol{u}$ は正定値であるから，$\lambda < 0$ である．したがって，$-A_I$ の実固有値はすべて正である．主小行列式 $\det(-A_I)$ の値は $-A_I$ の固有値の積に等しいので，$\det(-A_I) > 0$ であることがわかる．したがって，$-A$ のすべての主小行列式が正となり，$-A$ は P 行列である． $\square$

$I \subset \{1, 2, \ldots, n\}$ に対して，$\mathbb{R}^n_I = \{\boldsymbol{x} \in \mathbb{R}^n_+ \mid x_i > 0 \ (i \in I)\}$ とする．このとき，定義から，$\boldsymbol{x} > \boldsymbol{0}$ なら $\mathbb{R}^n_{\mathrm{supp}(\boldsymbol{x})} = \mathrm{int}\ \mathbb{R}^n_+$ であり，$\boldsymbol{x} = \boldsymbol{0}$ なら $\mathbb{R}^n_{\mathrm{supp}(\boldsymbol{x})} = \mathbb{R}^n_+$ である．VL 安定性と飽和平衡点に関する次の定理を得る．

■ **定理 12.11** A が VL 安定であるとき，(12.1) は飽和平衡点をただ 1 つもち，その飽和平衡点 $\boldsymbol{x}^*$ は $\mathbb{R}^n_{\mathrm{supp}(\boldsymbol{x}^*)}$ で大域漸近安定である．

証明. 定理 12.9 より，(12.1) はただ 1 つの飽和平衡点をもつ．それを $\boldsymbol{x}^*$ とし，V をヴォルテラのリアプノフ関数とする．V は $\mathbb{R}^n_{\mathrm{supp}(\boldsymbol{x}^*)}$ で定義されることに注意しよう．(12.1) の解に沿って V を t で微分すると，

$$\dot{V}(\boldsymbol{x}) = (\boldsymbol{x} - \boldsymbol{x}^*)^\top DA(\boldsymbol{x} - \boldsymbol{x}^*) + (\boldsymbol{x} - \boldsymbol{x}^*)^\top D(\boldsymbol{r} + A\boldsymbol{x}^*)$$

となる．ここで，第 2 項は $\sum_{i=1}^n d_i x_i (r_i + (A\boldsymbol{x}^*)_i)$ に等しい．A が VL 安定であり $\boldsymbol{x}^*$ が飽和平衡点であることから，V は $\mathbb{R}^n_{\mathrm{supp}(\boldsymbol{x}^*)}$ 上のリアプノフ関数に

なっていることがわかる．また，$H_c = \{\boldsymbol{x} \in \mathbb{R}^n_{\mathrm{supp}(\boldsymbol{x}^*)} \mid V(\boldsymbol{x}) < c\}$ は有界であり，$\mathbb{R}^n_{\mathrm{supp}(\boldsymbol{x}^*)} = \bigcup_{c>0} H_c$ であるから，系 8.5 より，$\mathbb{R}^n_{\mathrm{supp}(\boldsymbol{x}^*)}$ 上の点の ω 極限集合は $K = \{\boldsymbol{x} \in \mathbb{R}^n_{\mathrm{supp}(\boldsymbol{x}^*)} \mid \dot{V}(\boldsymbol{x}) = 0\}$ の最大の不変集合に含まれる．K に含まれる最大の不変集合は平衡点 $\boldsymbol{x}^*$ だけからなる集合であるから，$\mathbb{R}^n_{\mathrm{supp}(\boldsymbol{x}^*)}$ が $\boldsymbol{x}^*$ の吸引域であることがわかる．$\boldsymbol{x} \in \mathbb{R}^n_{\mathrm{supp}(\boldsymbol{x}^*)}$ とすれば $V(\boldsymbol{x}) - V(\boldsymbol{x}^*)$ は，$\boldsymbol{x} = \boldsymbol{x}^*$ のとき零，$\boldsymbol{x} \neq \boldsymbol{x}^*$ のとき負であるから，定理 8.6 から，$\boldsymbol{x}^*$ が $\mathbb{R}^n_{\mathrm{supp}(\boldsymbol{x}^*)}$ で大域漸近安定であることが示される． □

第 12 章の章末問題

問 12.1 2 次正方行列 $A = (a_{ij})$ が D 安定であるための必要十分条件は $\det(A) > 0$ かつ $a_{11} \leq 0$, $a_{22} < 0$ または $a_{11} < 0$, $a_{22} \leq 0$ であることを示せ．

問 12.2 次の行列 A_1, A_2, A_3 が符号安定かどうかを調べよ．

$$A_1 = \begin{pmatrix} -1 & -1 & 0 \\ 1 & 0 & -1 \\ 0 & -1 & 0 \end{pmatrix}, \quad A_2 = \begin{pmatrix} -1 & -1 & -1 \\ 1 & 0 & -1 \\ 1 & 1 & 0 \end{pmatrix}, \quad A_3 = \begin{pmatrix} -2 & -1 & 1 \\ -1 & -1 & -1 \\ 0 & 1 & 0 \end{pmatrix}$$

問 12.3 2 次正方行列 $A = (a_{ii})$ が VL 安定であるための必要十分条件は $a_{11} < 0$, $a_{22} < 0$, $\det(A) > 0$ であることを示せ．

問 12.4 巡回行列 (12.5) に対して次の各問いに答えよ．
(1) 固有値と固有ベクトルを求めよ．
(2) VL 安定であることと安定であることは同値であることを示せ．

問 12.5 $\boldsymbol{x}$, $\boldsymbol{y}$ を n 次元ベクトル，A, B, L を n 次正方行列とする．L が正則なら，次の等式が成り立つことを示せ．

$$\boldsymbol{x}^\top A \boldsymbol{x} + \boldsymbol{x}^\top B \boldsymbol{y} + \boldsymbol{y}^\top (L^\top L) \boldsymbol{y}$$

$$= \boldsymbol{x}^\top (A - \frac{1}{4}(BL^{-1})^\top (BL^{-1}))\boldsymbol{x} + \left| \frac{1}{2}(BL^{-1})\boldsymbol{x} + L\boldsymbol{y} \right|^2$$

問 **12.6** $\boldsymbol{x}, \boldsymbol{y}$ を n 次元ベクトル，A, B, C を n 次正方行列とする．A, C が正定値対称行列なら，$\epsilon > 0$ が十分小さいとき，2 次形式 $\boldsymbol{x}^\top (\epsilon A)\boldsymbol{x} + \boldsymbol{x}^\top (\epsilon B)\boldsymbol{y} + \boldsymbol{y}^\top C \boldsymbol{y}$ が正定値になることを示せ（コレスキー分解を用いよ）．

問 **12.7** ロトカ・ヴォルテラ 3 種食物連鎖方程式

$$\begin{cases} \dfrac{dx_1}{dt} = x_1(r - x_1 - x_2) \\[2mm] \dfrac{dx_2}{dt} = x_2(-1 + x_1 - x_2 - x_3) \\[2mm] \dfrac{dx_3}{dt} = x_3(-1 + x_2 - x_3) \end{cases}$$

について次の各問いに答えよ．ただし，$r > 0$ とする．

(1) 相互作用行列を求めよ．

(2) $\mathbb{R}^n_+$ 上の平衡点をすべて求めよ．

(3) 上で求めた平衡点の安定性を定理 12.11 を用いて調べよ．

ロトカ・ヴォルテラ方程式のパーマネンス

　前章では，方程式のどのような構造が，高次元のロトカ・ヴォ
ルテラ方程式の平衡点の漸近安定性や大域漸近安定性に影響を与
えるのかが明らかとなった．しかし，第11章でみたように，ロト
カ・ヴォルテラ方程式は3次元以上になると，すべての平衡点が
不安定になることがあり，平衡点以外の周期軌道やカオス的な軌
道が安定化することがある．そのため，平衡点の安定性だけに着
目していては，高次元のロトカ・ヴォルテラ方程式の性質を明ら
かにすることはできない．しかしながら，平衡点よりも複雑な不
変集合の安定性を明らかにするのは容易ではない．そこで，本章
では"生物の共存"に関する方程式の性質に的を絞り，高次元の
ロトカ・ヴォルテラ方程式の性質を紹介する．

13.1　パーマネンスとパーシステンス

　コルモゴロフ方程式 (12.2) は，相互作用する n 種類の生物の個体群動態を記
述する方程式であった．この n 種類の生物は，コルモゴロフ方程式がどのよう
な性質をもつとき共存するといえるだろうか．本節では，コルモゴロフ方程式
の性質として，生物の共存に対応する数学的な概念をいくつか定義する．

　コルモゴロフ方程式 (12.2) が**パーマネンス**または**永続的** (permanence) であ
るとは，正定数 δ, $D > 0$ が存在して，int $\mathbb{R}^n_+$ に初期値をもつ任意の解 $\boldsymbol{x}(t)$ が

$$\delta < \liminf_{t \to \infty} x_i(t) \leq \limsup_{t \to \infty} x_i(t) < D \quad (i = 1, 2, \ldots, n) \tag{13.1}$$

を満たすことをいう．また，コルモゴロフ方程式 (12.2) が**パーシステンス**または**存続的** (persistence) であるとは，$\mathrm{int}\,\mathbb{R}_+^n$ に初期値をもつ任意の解 $\boldsymbol{x}(t)$ が

$$\liminf_{t \to \infty} x_i(t) > 0 \quad (i = 1, 2, \ldots, n)$$

を満たすことをいう．パーマネンスと異なり，パーシステンスであるためには，$\mathrm{int}\,\mathbb{R}_+^n$ に初期値をもつ任意の解が $t > 0$ で有界である必要はない．また，下極限 $\liminf_{t \to \infty} x_i(t)$ は，初期値を変えるごとに，どんなに小さくなってもかまわない．パーシステンスの定義において，下極限を上極限 $\limsup_{t \to \infty} x_i(t)$ に置き換えたものが成り立つとき，(12.2) は**弱意のパーシステンス** (weak persistence) であるという．さらに，パーシステンスの定義において，各解の下極限が初期値に無関係な正定数 $\delta > 0$ よりも大きい場合，(12.2) は**一様パーシステンス** (uniform persistence) であるという．まとめると，

$$\text{パーシステンス} \Leftrightarrow \forall \boldsymbol{x} \in \mathrm{int}\,\mathbb{R}_+^n,\ \forall i,\ \liminf_{t \to \infty} x_i(t) > 0$$

$$\text{弱意のパーシステンス} \Leftrightarrow \forall \boldsymbol{x} \in \mathrm{int}\,\mathbb{R}_+^n,\ \forall i,\ \limsup_{t \to \infty} x_i(t) > 0$$

$$\text{一様パーシステンス} \Leftrightarrow \exists \delta > 0,\ \forall \boldsymbol{x} \in \mathrm{int}\,\mathbb{R}_+^n,\ \forall i,\ \liminf_{t \to \infty} x_i(t) > \delta$$

となる．定義からわかるように，次のような関係が成り立つ．

$$\text{パーマネンス} \Rightarrow \text{一様パーシステンス}$$

$$\Rightarrow \text{パーシステンス} \Rightarrow \text{弱意のパーシステンス}$$

(12.2) がいずれかの性質をもつとき，どの生物種の個体数も $t \to \infty$ で零に収束することはないという意味で，生物の共存が保証される．しかし，パーマネンスや一様パーシステンスはある意味でロバストな生物の共存を保証する．たとえば，$\boldsymbol{g}$ が恒等的に零なら，$\mathbb{R}_+^n$ 上のすべての点が平衡点となり，(12.2) はパーシステンスであるが，一様パーシステンスではない．このとき，摂動がどれほど微小でどれほど稀であっても，摂動がある限り個体数は零にいくらでも近づいていく．しかし，パーマネンスや一様パーシステンスであれば，δ は初期値に依存しない定数であるから，微小な摂動が稀に加わっても，生物の絶滅は起こらない．(1.8) は一様パーシステンスだがパーマネンスではない．ロトカ・ヴォルテラ捕食者・被食者方程式 (8.1) はパーシステンスだが一様パーシステ

ンスではない. また, bd $\mathbb{R}^3_+$ に漸近安定なヘテロクリニックサイクルをもつメイ・レオナルド方程式 (10.6) は, 弱意のパーシステンスであるがパーシステンスではない. 定義から明らかなように, bd $\mathbb{R}^n_+$ 上に狭義飽和平衡点が存在する場合には, (12.2) は弱意のパーシステンスではない. また, 上の 4 つの概念は, 方程式に対する性質であり, 方程式の 1 つ 1 つの解に対する性質ではないことに注意しよう.

　(12.2) が**散逸的** (dissipative) であるとは, 正定数 $D > 0$ が存在して, $\mathbb{R}^n_+$ に初期値をもつ解 $\boldsymbol{x}(t)$ が

$$\limsup_{t \to \infty} x_i(t) < D \quad (i = 1, 2, \ldots, n)$$

を満たすことをいう. (12.2) のパーマネンスを考える際, この散逸性を仮定することが多い. 実際, 現実的な密度効果を仮定すれば, 任意の正の半軌道は有界になり, (12.2) は散逸的になることが多い. 散逸的であるなら, (12.2) はすべての軌道が最終的に入るようなコンパクトな不変集合をもつことが示せる. この性質は次に述べる補題により示せるが, この補題は他の目的でも使用するため, 一般的な枠組みで述べておく. 第 7 章では開集合 $\Omega \subset \mathbb{R}^n$ 上の力学系を定義したが, Ω を単に距離空間とし, 第 7 章の (DS1), (DS2), (DS3) を満たす $\phi : \mathbb{R} \times \Omega \to \Omega$ を考えることができる. (12.2) が散逸的であれば, 次の補題において $X = \mathbb{R}^n_+$, $Y = \mathbb{R}^n_+$, $N = [0, D)^n$ とすれば, コンパクトな正不変集合 $M \subset X$ が存在して, 任意の $\boldsymbol{x} \in X$ に対して, $\phi(t, \boldsymbol{x}) \in M$ となる $t \geq 0$ が存在することが確認できる.

■ **補題 13.1**　X を距離空間とし, ϕ を X 上の力学系とする. $Y \subset X$ を開集合とし, $N \subset X$ はその閉包 cl(N) がコンパクトで, cl$(N) \subset Y$ となる開集合とする. さらに, 次の条件が成り立つとする.

(a) Y は正不変である.

(b) 任意の $\boldsymbol{x} \in Y$ に対して, $\gamma^+(\boldsymbol{x}) \cap N \neq \emptyset$ である.

このとき, $M = \phi([0, \infty), \mathrm{cl}(N))$ は正不変なコンパクト集合で, 任意の $\boldsymbol{x} \in Y$ に対して, $\gamma^+(\boldsymbol{x}) \cap M \neq \emptyset$ となる.

証明.　条件 (b) から, 任意の $\boldsymbol{x} \in \mathrm{cl}(N)$ に対して, $T = T(\boldsymbol{x}) \geq 0$ が存在し

て，$\phi(T, \boldsymbol{x}) \in N$ となる．N は開集合であるから，$\boldsymbol{y} = \phi(T, \boldsymbol{x})$ の近傍 $U(\boldsymbol{y})$ が存在し，$U(\boldsymbol{y}) \subset N$ となる．ϕ は連続であるから，$\phi(T, (V(\boldsymbol{x})) \subset U(\boldsymbol{y})$ となるような $\boldsymbol{x}$ の近傍 $V(\boldsymbol{x})$ が存在する．$\{V(\boldsymbol{x}) \mid \boldsymbol{x} \in \mathrm{cl}(N)\}$ は $\mathrm{cl}(N)$ の開被覆になっている．$\mathrm{cl}(N)$ はコンパクトであるので，有限個の $V(\boldsymbol{x})$ を用いて，$\mathrm{cl}(N) \subset \bigcup_{i=1}^{l} V(\boldsymbol{x}_i)$ とできる．$\bar{T} = \max\{T(\boldsymbol{x}_i) \mid i = 1, 2, \ldots, l\}$ とする．ϕ の連続性から，$\phi([0, \bar{T}], \mathrm{cl}(N))$ はコンパクトである．$\phi([0, \bar{T}], \mathrm{cl}(N)) \subset M$ は明らかである．$M \subset \phi([0, \bar{T}], \mathrm{cl}(N))$ も次のようにわかる．$\boldsymbol{x} \in M$ としよう．$\boldsymbol{x} \in \mathrm{cl}(N)$ なら $\boldsymbol{x} \in M$ は明らかなので，$\boldsymbol{x} \notin \mathrm{cl}(N)$ とする．$\boldsymbol{x} \in M$ だから，$\phi(s, \boldsymbol{z}) = \boldsymbol{x}$ かつ $\phi(t, \boldsymbol{z}) \notin \mathrm{cl}(N)$ $(t \in (0, s])$ を満たす $\boldsymbol{z} \in \mathrm{cl}(N)$，$s \geq 0$ が存在する．$s \leq \bar{T}$ なので，$\boldsymbol{x} = \phi(s, \boldsymbol{z}) \in M$ がわかる．したがって，$M = \phi([0, \bar{T}], \mathrm{cl}(N))$ なので，M はコンパクトである．M が正不変であることは M の定義から明らかである．また，$N \subset M$ であるから，条件 (b) より，任意の $\boldsymbol{x} \in Y$ に対して，$\gamma^+(\boldsymbol{x}) \cap M \neq \emptyset$ となることもわかる．　　　　□

13.2　平均リアプノフ関数

　次の条件を満たすような関数 $P : \mathbb{R}_+^n \to \mathbb{R}$ を (12.2) の**平均リアプノフ関数** (average Lyapunov function) という．

(a)　$P(\boldsymbol{x}) = 0$ $(\boldsymbol{x} \in \mathrm{bd}\ \mathbb{R}_+^n)$, $P(\boldsymbol{x}) > 0$ $(\boldsymbol{x} \in \mathrm{int}\ \mathbb{R}_+^n)$

(b)　P は C^1 級で，

$$\Psi(\boldsymbol{x}) = \frac{(\nabla P(\boldsymbol{x}))^\top \boldsymbol{f}(\boldsymbol{x})}{P(\boldsymbol{x})} \left(= \frac{\dot{P}(\boldsymbol{x})}{P(\boldsymbol{x})} \right)$$

の定義域が $\mathbb{R}_+^n$ に連続的に拡張できる．

(c)　任意の $\boldsymbol{x} \in \mathrm{bd}\ \mathbb{R}_+^n$ に対して，次が成り立つような $t > 0$ が存在する．

$$\int_0^t \Psi(\phi(s, \boldsymbol{x}))ds > 0 \tag{13.2}$$

ただし，ϕ は (12.2) により生成される力学系とする．

(12.2) が散逸的であれば，任意の正の半軌道は有界であるので，次の補題を用いることができ，条件 (c) において，(13.2) は任意の $\boldsymbol{x} \in \bigcup_{\boldsymbol{y} \in \mathrm{bd}\ \mathbb{R}_+^n} \omega(\boldsymbol{y})$ に対

して成り立てば十分であることがわかる.

■ **補題 13.2** ϕ を $\mathbb{R}^n$ 上の力学系とし, $\boldsymbol{y}$ を初期値とする ϕ の正の半軌道は有界であるとする. また, $\Psi : \mathbb{R}^n \to \mathbb{R}$ は連続とする. このとき, 任意の $\boldsymbol{x} \in \omega(\boldsymbol{y})$ に対して (13.2) が成り立つなら, $\boldsymbol{x} = \boldsymbol{y}$ としても, (13.2) が成り立つ.

証明. $h, t > 0$ に対して, $U(h, t)$ を次のように定義する.

$$U(h, t) = \left\{ \boldsymbol{x} \in \mathbb{R}^n \ \middle| \ \int_0^t \Psi(\phi(s, \boldsymbol{x})) ds > h \right\}$$

$U(h, t)$ は開集合である. 仮定から, $\{U(h, t) \mid h > 0, \ t > 0\}$ は $\omega(\boldsymbol{y})$ の開被覆であることがわかる. $\omega(\boldsymbol{y})$ はコンパクトなので, 有限個の $U(h_j, T_i)$ を選んで, $\omega(\boldsymbol{y})$ を覆うことができる. $h_1 > h_2$ なら, $U(h_1, t) \subset U(h_2, t)$ であるので, $\bar{h} = \min_j\{h_j\}$ とすれば,

$$\omega(\boldsymbol{y}) \subset \bigcup_{i=1}^m U(\bar{h}, T_i) = W$$

とできる. W は $\omega(\boldsymbol{y})$ の近傍であるから, $t \geq t_0$ なら $\phi(t, \boldsymbol{y}) \in W$ となるような $t_0 \geq 0$ が存在する. したがって, 次の不等式が成り立つような $t_1, t_2, \ldots, t_k \in \{T_1, T_2, \ldots, T_m\}$ が存在する.

$$\int_0^{t_0} \Psi(\phi(s, \boldsymbol{y})) ds + \bar{h} k > 0$$

よって, $\boldsymbol{x} = \boldsymbol{y}$ に対して, (13.2) が成り立つことがわかる. □

次の関数が平均リアプノフ関数の候補としてよく用いられる.

$$P(\boldsymbol{x}) = x_1^{p_1} x_2^{p_2} \cdots x_n^{p_n} \tag{13.3}$$

ただし, $\boldsymbol{p} = (p_1, p_2, \ldots, p_n)^\top > \boldsymbol{0}$ とする. この関数が条件 (a) を満たすのは明らかである. また, (12.2) に対して

$$\nabla P(\boldsymbol{x}) = P(\boldsymbol{x}) \sum_{i=1}^n p_i g_i(\boldsymbol{x})$$

であるから，$\Psi(\boldsymbol{x}) = \boldsymbol{p}^\top \boldsymbol{g}(\boldsymbol{x})$ となり，Ψ の定義域は $\mathbb{R}_+^n$ に連続的に拡張される．条件 (c) は (12.2) の性質に大きく依存する．

〇**例 13.1** ロジスティック方程式 (1.13) について考えよう．ロジスティック方程式 (1.13) は明らかにパーマネンスである．平均リアプノフ関数 (13.3) は $P(x) = x^p \ (p > 0)$ となる．条件 (c) が成り立つことを確認しよう．$\Psi(x) = pr(1 - \frac{x}{K})$ であるので，$x = 0$ のとき，

$$\frac{1}{t}\int_0^t \Psi(\phi(s,x))ds = pr > 0 \quad (t > 0)$$

である．条件 (c) が成り立つので，P は (1.13) の平均リアプノフ関数である．

〇**例 13.2** 散逸的な 2 次元のコルモゴロフ方程式 (12.2) について考えよう．平均リアプノフ関数 (13.3) は $P(x_1, x_2) = x_1^{p_1} x_2^{p_2}$ となる．bd $\mathbb{R}_+^2$ 上のどの軌道も平衡点に収束する．E_0 を原点，$E_1 = (x_1^*, 0)^\top$ を x_1 軸上の平衡点，$E_2 = (0, x_2^*)^\top$ を x_2 軸上の平衡点としよう．このとき，$\Psi(x_1, x_2) = p_1 g_1(x_1, x_2) + p_2 g_2(x_1, x_2)$ であり，

$$\frac{1}{t}\int_0^t \Psi(\phi(s, E_0))ds = p_1 g_1(0,0) + p_2 g_2(0,0)$$

$$\frac{1}{t}\int_0^t \Psi(\phi(s, E_1))ds = p_2 g_2(x_1^*, 0)$$

$$\frac{1}{t}\int_0^t \Psi(\phi(s, E_2))ds = p_1 g_1(0, x_2^*)$$

となるので，bd $\mathbb{R}_+^2$ 上に飽和平衡点が存在しなければ，p_1, p_2 のいずれかを大きくしておけば，P は平均リアプノフ関数になることがわかる．ローゼンツバイク・マッカーサー方程式 (9.9) の場合，境界平衡点は原点 E_0 と $E_1 = (K, 0)$ だけである．原点は飽和平衡点ではないので，E_1 が飽和でなければ，P は平均リアプノフ関数となる．E_1 が飽和でないための必要十分条件は $g_2(K, 0) > 0$，すなわち $d/(a(c - dh)) < K$ である．したがって，正平衡点が存在することが，P が平均リアプノフ関数になるための必要十分条件となる．

平均リアプノフ関数が存在すれば，次のように (12.2) がパーマネンスである

ことを示せる.

■ **定理 13.3** (12.2) は散逸的で平均リアプノフ関数が存在するなら，パーマ
ネンスである.

証明. (12.2) は散逸的であるから，補題 13.1 より，コンパクトな正不変集
合 X が存在して，$\mathbb{R}_+^n$ 上の点を通る軌道はいずれ X に入りそこに留まる.
$S = \mathrm{bd}\,\mathbb{R}_+^n \cap X$ とし，$U(h, t)$ を補題 13.2 で定義した $U(h, t)$ とする. 条件 (c)
から，$\{U(h, t) \mid h > 0,\ t > 0\}$ は S の開被覆であることがわかる. S はコン
パクトなので，補題 13.2 の証明のときと同様に，有限個の $U(\bar{h}, T_i)$ を用いて，

$$S \subset \bigcup_{i=1}^{m} U(\bar{h}, T_i) = W$$

とできる. $X \setminus W$ はコンパクトなので，P はそこで最小値 P_m をとる. $W_p = \{\boldsymbol{x} \in X \mid P(\boldsymbol{x}) < P_m\}$ とすると，$W_p \subset W$ が成り立つ. 以下では，任意の
$\boldsymbol{x} \in X \setminus S$ に対して，$\boldsymbol{\phi}(t, \boldsymbol{x}) \notin \mathrm{cl}(W_p)$ となる $t \geq 0$ が存在することを示す.
そこで，任意の $t \geq 0$ に対して $\boldsymbol{\phi}(t, \boldsymbol{x}) \in \mathrm{cl}(W_p)$ であると仮定し矛盾を導こ
う. $W_p \subset W$ であるから，$t_1 \in \{T_1, T_2, \ldots, T_m\}$ が存在して，

$$\bar{h} < \int_0^{t_1} \Psi(\boldsymbol{\phi}(s, \boldsymbol{x}))ds = \ln \frac{P(\boldsymbol{\phi}(t_1, \boldsymbol{x}))}{P(\boldsymbol{x})}$$

となる. したがって，$P(\boldsymbol{\phi}(t_1, \boldsymbol{x})) > P(\boldsymbol{x})e^{\bar{h}}$ が成り立つ. 仮定から，$\boldsymbol{\phi}(t_1, \boldsymbol{x}) \in \mathrm{cl}(W_p)$ であるので，$t_2 \in \{T_1, T_2, \ldots, T_m\}$ が存在して，

$$\bar{h} < \int_0^{t_2} \Psi(\boldsymbol{\phi}(s, \boldsymbol{\phi}(t_1, \boldsymbol{x})))ds = \ln \frac{P(\boldsymbol{\phi}(t_1 + t_2, \boldsymbol{x}))}{P(\boldsymbol{\phi}(t_1, \boldsymbol{x}))}$$

となる. したがって，$P(\boldsymbol{\phi}(t_2 + t_1, \boldsymbol{x})) > P(\boldsymbol{\phi}(t_1, \boldsymbol{x}))e^{\bar{h}} > P(\boldsymbol{x})e^{2\bar{h}}$ が成り立
つ. 同様の議論を繰り返すと，$t_1, t_2, \ldots, t_k \in \{T_1, T_2, \ldots, T_m\}$ が存在して，

$$P(\boldsymbol{\phi}(t_1 + t_2 + \cdots + t_k, \boldsymbol{x})) > P(\boldsymbol{x})e^{k\bar{h}}$$

となるので，k を十分大きくとると，左辺は P_m を超えてしまい，$\boldsymbol{\phi}(t, \boldsymbol{x}) \in \mathrm{cl}(W_p)$ に矛盾する. したがって，任意の $\boldsymbol{x} \in X \setminus S$ に対して，$\boldsymbol{\phi}(t, \boldsymbol{x}) \notin \mathrm{cl}(W_p)$

となる $t \geq 0$ が存在することが示された．補題 13.1 において，$Y = X \setminus S$，$N = X \setminus \mathrm{cl}(W_p)$ とすると，$M = \phi([0,\infty), \mathrm{cl}(N))$ はコンパクトな正不変集合であり，$X \setminus S$ に初期値をもつ正の半解軌道は M に入りそこに留まることがわかる．M はコンパクトで $M \subset \mathrm{int}\,\mathbb{R}_+^n$ であるから，M は $\mathrm{bd}\,\mathbb{R}_+^n$ から正の距離だけ離れており，(12.2) がパーマネンスであることが示せる． □

 $\mathrm{bd}\,\mathbb{R}_+^2$ 上に飽和平衡点をもたない散逸的な 2 次元コルモゴロフ方程式に対して，(13.3) で定義された関数 P は平均リアプノフ関数であった．したがって，定理 13.3 から，散逸的な 2 次元コルモゴロフ方程式は，$\mathrm{bd}\,\mathbb{R}_+^2$ 上に飽和平衡点をもたなければパーマネンスである．3 次元以上のコルモゴロフ方程式の場合には，散逸的であっても，$\mathrm{bd}\,\mathbb{R}_+^3$ 上に飽和平衡点をもたないことは必ずしもパーマネンスを意味しない．たとえば，$\mathrm{bd}\,\mathbb{R}_+^3$ に漸近安定なヘテロクリニックサイクルをもつメイ・レオナルド方程式 (10.6) は散逸的であり $\mathrm{bd}\,\mathbb{R}_+^3$ 上に飽和平衡点をもたないが，パーマネンスではない．さらに，周期軌道やストレンジアトラクターのように平衡点以外の不変集合を $\mathrm{bd}\,\mathbb{R}_+^n$ 上にもつ場合には，コルモゴロフ方程式 (12.2) のパーマネンスを境界平衡点の情報だけから判別できないことは明らかであろう．しかしながら，ロトカ・ヴォルテラ方程式 (12.1) の場合には，次の補題が示す性質のおかげで，$\mathrm{bd}\,\mathbb{R}_+^n$ 上に複雑な不変集合が存在しても，パーマネンスを境界平衡点の情報だけから示せることがある．

■ 補題 13.4 ϕ を (12.1) が生成する散逸的な力学系とする．もし $\omega(\boldsymbol{x}) \cap \mathrm{int}\,\mathbb{R}_+^n \neq \emptyset$ となる $\boldsymbol{x} \in \mathrm{int}\,\mathbb{R}_+^n$ が存在するなら，

$$\lim_{j \to \infty} \frac{1}{t_k} \int_0^{t_k} \phi(s, \boldsymbol{x})ds = \boldsymbol{x}^*$$

が成り立つような正平衡点 $\boldsymbol{x}^*$ と数列 $t_1, t_2, t_3, \ldots \to \infty$ が存在する．

証明．$\boldsymbol{x}(t)$ を $\boldsymbol{x}_0 \in \mathrm{int}\,\mathbb{R}_+^n$ を初期値とする (12.1) の解とし，$\omega(\boldsymbol{x}_0) \cap \mathrm{int}\,\mathbb{R}_+^n \neq \emptyset$ としよう．$\mathrm{int}\,\mathbb{R}_+^n$ は不変集合だから，任意の t に対して $x_i(t) > 0$ $(i = 1, 2, \ldots, n)$ が成り立っているので，(12.1) より，

$$\frac{d}{dt} \ln x_i(t) = r_i + \sum_{j=1}^{n} a_{ij} x_j(t) \quad (i = 1, 2, \ldots, n)$$

を得る．両辺を t で積分したあと，t で割ると，

$$\frac{\ln x_i(t) - \ln x_i(0)}{t} = r_i + \sum_{j=1}^{n} a_{ij} \frac{1}{t} \int_0^t x_j(s)ds \quad (i = 1, 2, \ldots, n) \quad (13.4)$$

を得る. $\omega(\boldsymbol{x}_0)$ が $\mathrm{int}\,\mathbb{R}_+^n$ と交わりをもつので, 任意の k に対して $x_i(t_k) \geq \delta$ $(i = 1, 2, \ldots, n)$ となる正定数 $\delta > 0$ と数列 $t_1, t_2, t_3, \ldots \to \infty$ が存在する. また, (12.1) の散逸性から, $x_i(t)$ は $t \geq 0$ で有界でもあるので, $\ln x_i(t_k)$ $(i = 1, 2, \ldots, n)$ は有界列となる. したがって, (13.4) の t を t_k に置き換え (さらに必要なら t_k の部分列をとり), $k \to \infty$ とすると, 次の等式が得られる.

$$0 = r_i + \sum_{j=1}^{n} a_{ij} \lim_{k \to \infty} \frac{1}{t_k} \int_0^{t_k} x_j(s)ds \quad (i = 1, 2, \ldots, n)$$

これは, 正平衡点 $\boldsymbol{x}^*$ が存在し, $\frac{1}{t_k} \int_0^{t_k} \boldsymbol{x}(s)ds \to \boldsymbol{x}^* \ (k \to \infty)$ を意味する. □

　補題の対偶をとると, 正平衡点が存在しないとき, 任意の $\boldsymbol{x} \in \mathrm{int}\,\mathbb{R}_+^n$ に対して $\omega(\boldsymbol{x}) \cap \mathrm{int}\,\mathbb{R}_+^n = \emptyset$ となる. $\mathbb{R}_+^n$ は不変であるから, $\omega(\boldsymbol{x}) \subset \mathrm{bd}\,\mathbb{R}_+^n$ となり, (12.1) はパーマネンスではないことがわかる. 一般に, コルモゴロフ方程式 (12.2) がパーマネンスとなるための必要条件は正平衡点をもつことであることが知られている.

　補題 13.4 の性質により, 次の定理のようにロトカ・ヴォルテラ方程式 (12.1) のパーマネンスは境界平衡点の情報のみで示せることがある.

■**定理 13.5**　(12.1) は散逸的であるとする. このとき, もしベクトル $\boldsymbol{p} > \boldsymbol{0}$ が存在して, 任意の境界平衡点 $\boldsymbol{x}^* \in \mathrm{bd}\,\mathbb{R}_+^n$ に対して,

$$\boldsymbol{p}^\top (\boldsymbol{r} + A\boldsymbol{x}^*) > 0$$

が成り立つなら, (12.1) はパーマネンスである.

証明.　式 (13.3) で定義される関数 P が平均リアプノフ関数であることを示そう. 条件 (a), (b) は成り立っているので, (c) を確認しよう. $\boldsymbol{x} \in \mathrm{bd}\,\mathbb{R}_+^n$ に対して,

$$\frac{1}{t} \int_0^t \Psi(\boldsymbol{\phi}(s, \boldsymbol{x}))ds = \boldsymbol{p}^\top \left(\boldsymbol{r} + A\frac{1}{t} \int_0^t \boldsymbol{\phi}(s, \boldsymbol{x})ds \right)$$

となる.

$k = k(\boldsymbol{x})$ を $\boldsymbol{x}$ の正の成分の数としよう．$\boldsymbol{x} \in \mathbb{R}_+^n$ であれば，$k(\boldsymbol{x})$ は $\operatorname{supp}(\boldsymbol{x})$ の元の数のことである．k に関して帰納的に，任意の $\boldsymbol{x} \in \operatorname{bd} \mathbb{R}_+^n$ に対して (13.2) が成り立つような $t > 0$ が存在することを示そう．もし $k(\boldsymbol{x}) = 0$ なら，つまり $\boldsymbol{x} = \boldsymbol{0}$ なら，$\boldsymbol{p}^\top \boldsymbol{r} > 0$ であるから (13.2) が成り立つような $t > 0$ が存在する．$0 \le k(\boldsymbol{x}) \le m - 1$ に対して (13.2) が成り立つような $t > 0$ が存在すると仮定しよう．$k(\boldsymbol{x}) = m$ のとき，(i) 任意の $\boldsymbol{y} \in \omega(\boldsymbol{x})$ に対して $0 \le k(\boldsymbol{y}) \le m - 1$ が成り立つか，(ii) $k(\boldsymbol{y}) = m$ となる $\boldsymbol{y} \in \omega(\boldsymbol{x})$ が存在するかのいずれかである．(i) のとき，帰納法の仮定と補題 13.2 から，(13.2) が成り立つような $t > 0$ が存在する．(ii) のとき，補題 13.4 から

$$\lim_{k \to \infty} \frac{1}{t_k} \int_0^{t_k} \phi(s, \boldsymbol{x}) ds = \boldsymbol{x}^*$$

が成り立つような数列 $t_1, t_2, t_3, \ldots \to \infty$ と平衡点 $\boldsymbol{x}^* \in \operatorname{bd} \mathbb{R}_+^n$ が存在する．したがって，k が十分大きければ，

$$\boldsymbol{p}^\top \left(\boldsymbol{r} + A \frac{1}{t_k} \int_0^{t_k} \phi(s, \boldsymbol{x}) ds \right)$$

は正となり，P が平均リアプノフ関数であることが示され，定理 13.3 から (12.1) はパーマネンスであることがわかる． □

○ **例 13.3**　次の符号パターンのベクトル $\boldsymbol{r} = (r_1, r_2, r_3)^\top$ と相互作用行列 $A = (a_{ij})$ をもつロトカ・ヴォルテラ方程式について考えよう．

$$\operatorname{sgn}(\boldsymbol{r}) = \begin{pmatrix} 1 \\ -1 \\ -1 \end{pmatrix}, \quad \operatorname{sgn}(A) = \begin{pmatrix} -1 & -1 & -1 \\ 1 & -1 & -1 \\ 1 & 1 & -1 \end{pmatrix} \tag{13.5}$$

$\det(A) < 0$ が成り立ち，(12.1) は正平衡点をもつと仮定する．このとき，$-A$ は P 行列であるので，定理 12.8 より，(12.1) は $\operatorname{bd} \mathbb{R}_+^3$ 上に飽和平衡点をもたない．(12.1) は最大 4 つの境界平衡点をもち，それぞれ次のようになる．

$$E_0 = \begin{pmatrix} 0 \\ 0 \\ 0 \end{pmatrix}, \quad E_1 = \begin{pmatrix} -\frac{r_1}{a_{11}} \\ 0 \\ 0 \end{pmatrix}, \quad E_{12} = \begin{pmatrix} \bar{x}_1 \\ \bar{x}_2 \\ 0 \end{pmatrix}, \quad E_{13} = \begin{pmatrix} \hat{x}_1 \\ 0 \\ \hat{x}_3 \end{pmatrix}$$

ただし，$\bar{x}_i > 0 \ (i = 1, 2)$，$\hat{x}_i > 0 \ (i = 1, 3)$ であり，E_{12}, E_{13} は存在するとは
限らないが，A は正則であるから，存在するなら一意に定まる．各平衡点にお
いて $\sigma(\boldsymbol{x}) = \boldsymbol{p}^\top (\boldsymbol{r} + A\boldsymbol{x})$ は次のように求まる．

$$\sigma(E_0) = p_1 r_1 + p_2 r_2 + p_3 r_3$$
$$\sigma(E_1) = p_2 (r_2 + (AE_1)_2) + p_3 (r_3 + (AE_1)_3)$$
$$\sigma(E_{12}) = p_3 (r_3 + (AE_{12})_3)$$
$$\sigma(E_{13}) = p_2 (r_2 + (AE_{13})_2)$$

bd $\mathbb{R}_+^3$ 上には飽和平衡点は存在しないので，これらの平衡点は非飽和である．
したがって，ベクトル $\boldsymbol{p}$ が正であれば，$\sigma(E_{12})$ と $\sigma(E_{13})$ は正となる．また，
E_1 も非飽和であるから，$r_2 + (AE_1)_2$ と $r_3 + (AE_1)_3$ のいずれかは正であるの
で，正となる方の係数 (p_2 または p_3) を十分大きくとれば，$\sigma(E_1)$ は正となる．
最後に，$\sigma(E_0)$ が正となるように p_1 を大きくとることができるので，各境界平
衡点 $\boldsymbol{x}$ に対して，$\sigma(\boldsymbol{x}) = \boldsymbol{p}^\top (\boldsymbol{r} + A\boldsymbol{x})$ が正となるようなベクトル $\boldsymbol{p} > \boldsymbol{0}$ が存
在することがわかった．したがって，定理 13.5 から (13.5) の符号パターンの
$\boldsymbol{r}$, A をもち $\det(A) < 0$ を満たす (12.1) は，正平衡点をもち散逸的ならパーマ
ネンスである．

　次節では (12.1) の散逸性を保証する相互作用行列について考えよう．

13.3　レプリケータ方程式と B 行列

　ロトカ・ヴォルテラ方程式 (12.1) の散逸性について考えよう．その際，次の
微分方程式は重要な役割を果たす．

$$\frac{dy_i}{dt} = y_i \left((B\boldsymbol{y})_i - \boldsymbol{y}^\top B \boldsymbol{y} \right) \quad (i = 1, 2, \ldots, n) \tag{13.6}$$

この微分方程式を**レプリケータ方程式** (replicator equation) といい，行列 B
を**利得行列** (payoff matrix) という．状態空間は $S_n = \{\boldsymbol{y} \in \mathbb{R}_+^n \mid y_1 + y_2 +$
$\cdots + y_n = 1\}$ であり，S_n は n **単体** (n-simplex) といわれる．S_n は (13.6) の
不変集合である．

$\mathbb{R}_+^n$ 上のロトカ・ヴォルテラ方程式は次の変数変換により S_{n+1} 上のレプリケータ方程式に変換される.

$$y_i = \frac{x_i}{1 + \sum_{j=1}^n x_j} \quad (i = 1, 2, \ldots, n), \quad y_{n+1} = \frac{1}{1 + \sum_{j=1}^n x_j}$$

実際, 変数 $y_i \; (i = 1, 2, \ldots, n)$ を t で微分すると,

$$\frac{dy_i}{dt} = \frac{\frac{dx_i}{dt}(1 + \sum_{j=1}^n x_j) - x_i \sum_{j=1}^n \frac{dx_j}{dt}}{(1 + \sum_{j=1}^n x_j)^2}$$

$$= y_i \left(r_i + (A\boldsymbol{x})_i - \sum_{j=1}^n y_j \left(r_j + (A\boldsymbol{x})_j \right) \right)$$

変数 y_{n+1} を t で微分すると,

$$\frac{dy_{n+1}}{dt} = y_{n+1} \left(- \sum_{j=1}^n y_j (r_j + (A\boldsymbol{x})_j) \right)$$

となる. これらは, $(n+1) \times (n+1)$ 行列 B を

$$B = \begin{pmatrix} a_{11} & a_{12} & \cdots & a_{1n} & r_1 \\ a_{21} & a_{22} & \cdots & a_{2n} & r_2 \\ \vdots & \vdots & & \vdots & \vdots \\ a_{n1} & a_{n2} & \cdots & a_{nn} & r_n \\ 0 & 0 & \cdots & 0 & 0 \end{pmatrix} \tag{13.7}$$

と定義すると, さらに次のように表せる.

$$\frac{dy_i}{dt} = \left(1 + \sum_{j=1}^n x_j \right) y_i \left((B\boldsymbol{y})_i - \boldsymbol{y}^\top B\boldsymbol{y} \right) \quad (i = 1, 2, \ldots, n+1)$$

$\boldsymbol{x} \in \mathbb{R}_+^n$ なら $1 + \sum_{j=1}^n x_j$ は正であるから, 定理 7.7 により, この方程式は (13.7) を利得行列としてもつ S_{n+1} 上のレプリケータ方程式と軌道同値である. y_{n+1} の定義からわかるように, S_{n+1} の面 $y_{n+1} = 0$ は元のロトカ・ヴォルテ

ラ方程式における無限遠に対応する．そのため，(13.7) を利得行列としてもつ S_{n+1} 上のレプリケータ方程式の軌道が面 $y_{n+1} = 0$ に近づかないことを示すことにより，ロトカ・ヴォルテラ方程式 (12.1) が散逸的であることを示せる．

n 次正方行列 A が **B 行列** (B-matrix) であるとは，任意の n 次元ベクトル $\boldsymbol{x} \geq \boldsymbol{0}, \boldsymbol{x} \neq \boldsymbol{0}$ に対して，$x_i > 0$ かつ $(A\boldsymbol{x})_i < 0$ となる i が存在することをいう．定義から，B 行列の対角成分は必ずすべて負であることに注意しよう．もしロトカ・ヴォルテラ方程式 (12.1) の相互作用行列が B 行列なら，任意の状態 $\boldsymbol{x} \neq \boldsymbol{0}$ において，種間相互作用により増殖率が抑制されている種が少なくとも 1 種いるということを意味する．このとき，次の定理が示すように (12.1) は散逸的となる．

■ 定理 13.6　任意の $\boldsymbol{r} \in \mathbb{R}^n$ に対して，(12.1) が散逸的であるための必要十分条件は A が B 行列であることである．

証明は節末にまわし，P 行列と B 行列の関係について考えよう．

■ 定理 13.7　$-A$ が P 行列なら，A は B 行列である．

証明．$-A$ は P 行列なので，補題 12.10 より，任意の $\boldsymbol{x} \geq \boldsymbol{0}, \boldsymbol{x} \neq \boldsymbol{0}$ に対して，$x_i(A\boldsymbol{x})_i < 0$ となる i が存在する．$x_i = 0$ とすると，$x_i(A\boldsymbol{x})_i = 0$ となり矛盾するので，$x_i \neq 0$ となる．したがって，$(A\boldsymbol{x})_i < 0$ となるので，A が B 行列であることがわかる．　　　　　　□

ベクトル $\boldsymbol{r}$ と相互作用行列 A の符号パターンが (13.5) で与えられ，$\det(A) < 0$ を満たすロトカ・ヴォルテラ方程式について考えよう．このとき，$-A$ は P 行列であったから，定理 13.7 により，A は B 行列であることがわかる．したがって，定理 13.6 より，符号パターン (13.5) の $\boldsymbol{r}, A$ をもち $\det(A) < 0$ を満たすロトカ・ヴォルテラ方程式は散逸的である．

定理 13.6 の証明に必要な次の補題を示しておく．これはロトカ・ヴォルテラ方程式 (12.1) に対する補題 13.4 と同様のことが，レプリケータ方程式 (13.6) においても成り立つことを意味する．

■ 補題 13.8　ϕ を (13.6) によって生成される力学系とする．もし $\omega(\boldsymbol{y}) \cap \mathrm{int}\, S_n \neq \emptyset$ となる $\boldsymbol{y} \in \mathrm{int}\, S_n$ が存在するなら，

$$\lim_{k \to \infty} \int_0^{t_k} \phi(s, \boldsymbol{y})ds = \boldsymbol{y}^*$$

が成り立つような正平衡点 $\boldsymbol{y}^*$ と数列 $t_1, t_2, t_3, \ldots \to \infty$ が存在する. ただし, $\text{int}\, S_n = \{\boldsymbol{y} \in S_n \mid y_i > 0 \ (i = 1, 2, \ldots, n)\}$ である.

証明. $\boldsymbol{y}(t)$ を $\boldsymbol{y}_0 \in \text{int}\, S_n$ を初期値とする (13.6) の解とし, $\omega(\boldsymbol{y}_0) \cap \text{int}\, S_n \neq \emptyset$ としよう. $\text{int}\, S_n$ は不変集合だから, 任意の t に対して $y_i(t) > 0$ $(i = 1, 2, \ldots, n)$ が成り立っており, (13.6) より,

$$\frac{d}{dt}\ln y_i(t) = \sum_{j=1}^n b_{ij}y_j(t) - \bar{b}(t) \quad (i = 1, 2, \ldots, n)$$

を得る. ただし, $\bar{b}(t) = \boldsymbol{y}(t)^\top B\boldsymbol{y}(t)$ である. 両辺を t で積分したあと, t で割ると,

$$\frac{\ln y_i(t) - \ln y_i(0)}{t} = \sum_{j=1}^n b_{ij}\frac{1}{t}\int_0^t y_j(s)ds - \frac{1}{t}\int_0^t \bar{b}(s)ds \quad (i = 1, 2, \ldots, n)$$

$$(13.8)$$

を得る. $\omega(\boldsymbol{y}_0)$ が $\text{int}\, S_n$ と交わりをもつので, 任意の k に対して $y_i(t_k) \geq \delta$ $(i = 1, 2, \ldots, n)$ となる正定数 $\delta > 0$ と数列 $t_1, t_2, t_3, \ldots, \to \infty$ が存在する. また, $y_i(t) \leq 1 \ (t \geq 0)$ に注意すると, $\ln y_i(t_k) \ (i = 1, 2, \ldots, n)$ は有界列であることがわかる. したがって, (13.8) の t を t_k に置き換え（さらに必要なら t_k の部分列をとり）, $k \to \infty$ とすると, 次の等式が得られる.

$$\sum_{j=1}^n b_{ij}\lim_{k \to \infty}\frac{1}{t_k}\int_0^{t_k} y_j(s)ds = \lim_{k \to \infty}\frac{1}{t_k}\int_0^{t_k} \bar{b}(s)ds \quad (i = 1, 2, \ldots, n)$$

右辺が i に依存しないことに注意すると, これは, 正平衡点 $\boldsymbol{y}^*$ が存在し, $\frac{1}{t_k}\int_0^{t_k}\boldsymbol{y}(s)ds \to \boldsymbol{y}^* \ (k \to \infty)$ を意味する. $\qquad\square$

最後に定理 13.6 を証明しよう.

証明. （十分性）$\mathbb{R}_+^n$ 上のロトカ・ヴォルテラ方程式 (12.1) を S_{n+1} 上のレプリケータ方程式 (13.6) に変換し, 単体 S_{n+1} の一部 $F_\infty = \{\boldsymbol{y} \in S_{n+1} \mid y_{n+1} = 0\}$ が次の性質をもつことを示せば十分である：任意の $\boldsymbol{y} \in S_{n+1} \setminus F_\infty$ に対して,

$\liminf_{t\to\infty} y_{n+1} > \delta$ となるような正定数 $\delta > 0$ が存在する．このような性質をもつとき F_∞ はリペラーであるという．F_∞ がリペラーであることを示すために，定理 13.5 の証明と同様の方法を用いる．そこで，まず，F_∞ 上に存在する (13.6) の任意の平衡点 $\boldsymbol{y}^*$ に対して，

$$\boldsymbol{y}^* B \boldsymbol{y}^* < 0 \tag{13.9}$$

となることを示そう．利得行列 B は (13.7) で与えられるので，$\boldsymbol{y} \in F_\infty$ のとき $(B\boldsymbol{y})_i = (A(y_1, y_2, \ldots, y_n)^\top)_i$ $(i = 1, 2, \ldots, n)$ であることに注意すると，(13.6) の平衡点 $\boldsymbol{y}^* \in F_\infty$ に対して，

$$y_i^*(A(y_1^*, y_2^*, \ldots, y_n^*)^\top)_i = (\boldsymbol{y}^* B \boldsymbol{y}^*)y_i^* \quad (i = 1, 2, \ldots, n) \tag{13.10}$$

が成り立つ．A は B 行列であるから，$\boldsymbol{x} \geq \boldsymbol{0}$, $\boldsymbol{x} \neq \boldsymbol{0}$ に対して，$x_i(A\boldsymbol{x})_i = \lambda x_i$ $(i = 1, 2, \ldots, n)$ なら $\lambda < 0$ であるので，(13.10) より，(13.9) が成り立つ．

関数 $P : S_{n+1} \to \mathbb{R}$ を $P(\boldsymbol{y}) = y_{n+1}$ と定義する．この関数は，平均リアプノフ関数と同様の役割を果たし，F_∞ がリペラーであることを示すのに用いられる．この関数は平均リアプノフ関数の定義において，$\mathbb{R}_+^n$, bd $\mathbb{R}_+^n$, int $\mathbb{R}_+^n$ をそれぞれ次のように置き換えた性質をすべて満たす．

$$\mathbb{R}_+^n \to S_{n+1}, \quad \text{bd } \mathbb{R}_+^n \to F_\infty, \quad \text{int } \mathbb{R}_+^n \to S_{n+1} \setminus F_\infty$$

実際，

$$P(\boldsymbol{y}) = 0 \quad (\boldsymbol{y} \in F_\infty), \quad P(\boldsymbol{y}) > 0 \quad (\boldsymbol{y} \in S_{n+1} \setminus F_\infty)$$

であるから，条件 (a) が成り立つ．さらに，P は C^1 級で

$$\Psi(\boldsymbol{y}) = \frac{(\nabla P(\boldsymbol{y}))^\top \boldsymbol{f}(\boldsymbol{y})}{P(\boldsymbol{y})} = -\boldsymbol{y}^\top B \boldsymbol{y}$$

の定義域は S_{n+1} に連続的に拡張できるので，条件 (b) が成り立つ．次に，条件 (c) が成り立つこと示そう．ϕ を (13.6) によって生成される力学系とすると，$\boldsymbol{y} \in F_\infty$ に対して，

$$\frac{1}{t} \int_0^t \Psi(\phi(s, \boldsymbol{y}))ds = -\frac{1}{t} \int_0^t \phi(s, \boldsymbol{y})^\top B \phi(s, \boldsymbol{y})ds \tag{13.11}$$

となる. $k = k(\boldsymbol{y})$ を $\boldsymbol{y}$ の正の成分の数としよう. $\boldsymbol{y} \in F_\infty$ のとき, $k(\boldsymbol{y}) \geq 1$ であることに注意しよう. k に関して帰納的に, 任意の $\boldsymbol{y} \in F_\infty$ に対して, (13.11) が正となるような $t > 0$ が存在することを示そう. もし, $k(\boldsymbol{y}) = 1$ なら, $\boldsymbol{y}$ は $\mathbb{R}^{n+1}$ の標準基底ベクトル $\boldsymbol{e}_1, \boldsymbol{e}_2, \dots, \boldsymbol{e}_n$ のいずれかである. A は B 行列であるから, $a_{ii} < 0$ であるので, $\boldsymbol{e}_1, \boldsymbol{e}_2, \dots, \boldsymbol{e}_n$ が平衡点であることに注意すると, (13.11) が正となるような $t > 0$ が存在することがわかる. $0 \leq k(\boldsymbol{y}) \leq m-1$ に対して, (13.11) が正となるような $t > 0$ が存在すると仮定しよう. $k(\boldsymbol{y}) = m$ のとき, (i) 任意の $\boldsymbol{z} \in \omega(\boldsymbol{y})$ に対して, $0 \leq k(\boldsymbol{z}) \leq m-1$ が成り立つか, (ii) $k(\boldsymbol{z}) = m$ となる $\boldsymbol{y} \in \omega(\boldsymbol{y})$ が存在するかのいずれかである. (i) のとき, 帰納法の仮定と補題 13.2 により, (13.11) が正となるような $t > 0$ が存在することがわかる. (ii) のとき, 補題 13.8 から

$$\lim_{k \to \infty} \frac{1}{t_k} \int_0^{t_k} \phi(s, \boldsymbol{y}) ds = \boldsymbol{y}^*$$

が成り立つような数列 $t_1, t_2, t_3, \dots \to \infty$ と平衡点 $\boldsymbol{y}^* \in F_\infty$ が存在する. したがって, (13.9) から, (13.11) が正となるような $t > 0$ が存在することがわかる. よって条件 (c) も成り立つ. 定理 13.3 と同様の議論により, F_∞ がリペラーであることが示されるが, 繰り返しになるので, 詳細は省略する.

（必要性）$A^\top$ が B 行列でないと仮定しよう. このとき, 任意の i に対して, $p_i(A^\top \boldsymbol{p})_i \geq 0$ となる $\boldsymbol{p} \geq \boldsymbol{0}$, $\boldsymbol{p} \neq \boldsymbol{0}$ が存在する. 任意の $i \in \operatorname{supp}(\boldsymbol{p})$ に対して, $(A^\top \boldsymbol{p})_i \geq 0$ であるので, $\operatorname{supp}(\boldsymbol{x}) = \operatorname{supp}(\boldsymbol{p})$ を満たす任意の $\boldsymbol{x} \in \mathbb{R}_+^n$ に対して $\boldsymbol{p}^\top A \boldsymbol{x} \geq 0$ である. ベクトル $\boldsymbol{p}$ を用いて関数 P を $P(\boldsymbol{x}) = x_1^{p_1} x_2^{p_2} \cdots x_n^{p_n}$ と定義し, P を (12.1) の解に沿って t で微分すると,

$$\dot{P}(\boldsymbol{x}) = P(\boldsymbol{x})(\boldsymbol{p}^\top \boldsymbol{r} + \boldsymbol{p}^\top A \boldsymbol{x})$$

となるが, $\boldsymbol{r} > \boldsymbol{0}$ とすると, $\operatorname{supp}(\boldsymbol{x}) = \operatorname{supp}(\boldsymbol{p})$ である任意の $\boldsymbol{x} \in \mathbb{R}_+^n$ に対して, $\dot{P}/P \geq \boldsymbol{p}^\top \boldsymbol{r}$ となり, 任意の $\boldsymbol{r} \in \mathbb{R}^n$ に対して, (12.1) が散逸的であることに矛盾する. したがって, $A^\top$ は B 行列である. 十分性の証明から, $A^\top$ を相互作用行列としてもつロトカ・ヴォルテラ方程式 (12.1) は任意の $\boldsymbol{r} \in \mathbb{R}^n$ に対して散逸的となり, したがって, 上で示した結果から, $A^\top$ の転置行列 A が B 行列であることがわかる. $\qquad \square$

第13章の章末問題

問13.1 2次正方行列 $A = (a_{ij})$ がB行列となるための必要十分条件は，$a_{12} > 0$，$a_{21} > 0$ のときは $a_{11} < 0$, $a_{22} < 0$, $\det(A) > 0$，それ以外のときは $a_{11} < 0$, $a_{22} < 0$ であることを示せ.

問13.2 次の符号パターンをもつ行列 A はB行列であることを示せ.

$$\mathrm{sgn}(A) = \begin{pmatrix} -1 & -1 & -1 \\ -1 & -1 & -1 \\ 1 & 1 & -1 \end{pmatrix}$$

問13.3 ベクトル $\boldsymbol{r}$，行列 A の符号パターンを

$$\mathrm{sgn}(\boldsymbol{r}) = \begin{pmatrix} 1 \\ 1 \\ -1 \end{pmatrix}, \quad \mathrm{sgn}(A) = \begin{pmatrix} -1 & -1 & -1 \\ 1 & -1 & -1 \\ 1 & 1 & -1 \end{pmatrix}$$

とし，ロトカ・ヴォルテラ方程式 (12.1) について，次の各問いに答えよ. ただし，(12.1) は正平衡点をもち $\det(A) < 0$ であるとし，$E_1 = (-\frac{r_1}{a_{11}}, 0, 0)^\top$, $E_2 = (0, -\frac{r_2}{a_{22}}, 0)^\top$ とする.

(1) 散逸的であることを示せ.

(2) $r_2 + (AE_1)_2 > 0$ であることを示せ.

(3) $r_1 + (AE_2)_1 > 0$ として，パーマネンスであることを示せ.

(4) $r_1 + (AE_2)_1 \leq 0$ として，パーマネンスであることを示せ.

問13.4 行列 A の符号パターンを

$$\mathrm{sgn}(A) = \begin{pmatrix} -1 & -1 & -1 \\ 1 & -1 & -1 \\ 1 & 1 & -1 \end{pmatrix}$$

としたとき，（$\boldsymbol{r}$ の符号パターンに関係なく）ロトカ・ヴォルテラ方程式 (12.1) は，正平衡点をもち $\det(A) < 0$ であるなら，パーマネンスであることを示せ.

問 13.5 ベクトル r, 行列 A を

$$r = \begin{pmatrix} 1 \\ 1 \\ 1 \end{pmatrix}, \quad A = \begin{pmatrix} -1 & -\alpha & -\beta \\ -\beta & -1 & -\alpha \\ -\alpha & -\beta & -1 \end{pmatrix}$$

とし, ロトカ・ヴォルテラ方程式 (12.1) (メイ・レオナルド方程式 (10.6)) について, 次の各問いに答えよ. ただし, $\alpha, \beta > 0$ とする.

(1) $-A$ が P 行列となるための必要十分条件を求めよ.

(2) $\alpha + \beta < 2$ のとき, 任意の境界平衡点 x^* に対して, $p^\top (r + Ax^*) > 0$ となるようなベクトル $p > 0$ が存在することを示せ.

付録 **A**

章末問題の解答

第1章の解答

問1.1 略

問1.2 方程式 (1.11) の両辺を t で微分すると $d^2x/dt^2 = -\alpha\beta e^{-\alpha t}x + \beta e^{-\alpha t}dx/dt = \beta e^{-\alpha t}[-\alpha x + dx/dt] = \beta e^{-\alpha t}x[-\alpha + \beta e^{-\alpha t}].$

問1.3, 問1.4 略

問1.5 $\frac{d}{dt}(-dx/dt) = \gamma^2 N^3(N-1)e^{\gamma Nt}(N-1+e^{\gamma Nt})^{-3}(N-1-e^{\gamma Nt})$ から確かめられる.

問1.6 (1.24) で与えられる $x(t)$ より $dx(t)/dt = -C\lambda e^{\lambda t}(Ce^{\lambda t}+\sigma)^{-2} = -C\lambda e^{\lambda t}x(t)^2 = -\lambda x(t)^2(1/x(t)-\sigma) = -\lambda x(t) + \sigma\lambda x(t)^2.$

問1.7 略

第2章の解答

問2.1 (1) $x = (ce^{t^2}-1)/(ce^{t^2}+1),\quad x = \pm 1$ (2) $tx = ce^{x-t}$
(3) $x = (2t+2c-1)/(t+c),\quad x = 2$ (4) $\sin t \cos x = c$
(5) $x = \pm\sqrt{c^2 e^{2t}/(1+c^2 e^{2t})}$ (6) $x = \tan(t^3/3 + c)$

問2.2 (1) $x = \pm t\sqrt{\ln t^2 + c}$ (2) $x = \pm\sqrt{-t^2 + ct}$ (3) $x = t\arcsin(c/t)$
(4) $x = -2t + 4 \pm \sqrt{5t^2 - 10t + c}$ (5) $x = -t + 3 \pm \sqrt{2t^2 - 4t + c}$

問2.3 $f(t,x) = g(x/t)$ が成り立てば, $f(\lambda t, \lambda x) = g(\lambda x/(\lambda t)) = g(x/t) = f(t,x)$ となる. 逆に, $f(\lambda t, \lambda x) = f(t,x)$ が成り立てば, $g(s) = f(1,s)$ とおくと, $f(t,x) = f(t\cdot 1, t\cdot x/t) = f(1, x/t) = g(x/t)$ となり, 同次型であることがわかる.

問2.4 (1) $x = e^t + c\exp(-t^2/2)$ (2) $x = \sin t + (\cos t)/(1+t) + c/(1+t)$
(3) $x = ct + t^4/3$ (4) $x = ce^{-\sin t} + \sin t - 1$ (5) $x = ce^t - (1+t)$

問2.5 (1) $x = \pm 1/\sqrt{ct^2 - 2t^3}$ (2) $x^{-4} = ct^2 + t$ (3) $x = -e^{-t}/(t-c)$

問 2.6　2次方程式 $I_0 + \left(\frac{S_0\beta}{\mu} - 1\right)R - \frac{S_0\beta^2}{2\mu^2}R^2 = 0$ の解 $R_\pm = \frac{\mu^2}{S_0\beta^2}\left(\frac{S_0\beta}{\mu} - 1 \pm \alpha\right)$

は (2.29) の特解である.　$u^* = \frac{S_0\beta^2}{2\mu^2\alpha}$ とすると，(2.29) の解は

$$R(t) = R_+ + \frac{1}{u^* - \left(\frac{1}{R_+} + u^*\right)\exp(\mu qt)} = R_+ + \frac{-\frac{R_+}{1+u^*R_+}}{-\frac{u^*R_+}{1+u^*R_+} + \exp(\mu qt)}$$

となる.　$a\tanh(bt + c) = a - a\dfrac{2\frac{1-\tanh c}{1+\tanh c}}{\frac{1-\tanh c}{1+\tanh c} + e^{2bt}}$ が成り立つことを用いると，(2.30) が得

られる.

問 2.7　(1) $x = 2t - 4t/[1 - 4c\exp(-6t^2)]$　　(2) $x = (2 + ce^t)/(1 + ce^t)$

(3) $x = (2 - ce^{3t})/(1 + ce^{3t})$　　(4) $x = t + 1/(t^2 - 2t + 2 + ce^{-t})$

問 2.8　(1) $\Phi(t, x) = t^2e^x + t + x^2 = c$　　(2) $\Phi(t, x) = tx + \sin t = c$

(3) $\Phi(t, x) = x\cos t = c$　　(4) $\Phi(t, x) = xe^{t/x} = c$

(5) $\Phi(t, x) = 3t^4 + 12t^4x^3 + 4x^3 = c$

問 2.9　(1) $\Phi(t, x) = \ln|t| - tx + x^2/2 = c$　（積分因子は $\mu(t) = 1/t$）

(2) $\Phi(t, x) = e^t\cos x = c$　（積分因子は $\mu(t) = e^t$）

(3) $\Phi(t, x) = t^3 + 3t^2x = c$　（積分因子は $\mu(t) = t^2$）

(4) $\Phi(t, x) = tx^3 - t^2x^2 + x^4 = c$　（積分因子は $\mu(x) = x$）

(5) $\Phi(t, x) = 1/(tx^3) + 1/(2t^2x^2) + 1/(4x^4) = c$　（積分因子は $\mu(t, x) = 1/(t^3x^5)$）

問 2.10　(1) $\int \frac{2}{c_1 + x^2}dx = t + c_2$　　(2) $\int \frac{dx}{\sqrt{2e^x + c_1}} = t + c_2$　　(3) $x = c_1(t + c_2)^2$

(4) $x = \ln(1 + c_1e^t) + c_2$　　(5) $x = -\sqrt{1 - (t + c_1)^2} + c_2$

第 3 章の解答

問 3.1　$x_1(t), x_2(t)$ は斉次方程式 (3.2) の解であるから，(3.2) の x に $x_1(t), x_2(t)$ を
それぞれ代入すると 2 つの等式が得られる.　それぞれ両辺に定数 c_1, c_2 をかけて，辺々
足すと，(3.2) の x に $c_1x_1(t) + c_2x_2(t)$ を代入した等式が得られる.

問 3.2　(1) $x = c_1e^{2t} + c_2e^{6t}$　　(2) $x = (c_1 + c_2t)e^{3t}$

(3) $x = e^{4t}(c_1\cos 4t + c_2\sin 4t)$　　(4) $x = c_1e^{5t/2} + c_2e^t$

(5) $x = e^{5t/4}[c_1\cos(\sqrt{7}/4)t + c_2\sin(\sqrt{7}/4)t]$

問 3.3　(3.8) より，

$$dx(t)/dt = [x_0/(2\gamma)](\gamma - \nu/2)(\gamma + \nu/2)(e^{\gamma t} - e^{-\gamma t})e^{-\nu t/2} < 0$$

となる.　$\gamma < \nu/2$ に注意.

問 3.4　(3.9) より，$dx(t)/dt = -(\nu^2/4)x_0 te^{-\nu t/2} < 0$ となる．

問 3.5

$$W(e^{\lambda_1 t}, e^{\lambda_2 t}) = \begin{vmatrix} e^{\lambda_1 t} & e^{\lambda_2 t} \\ \lambda_1 e^{\lambda_1 t} & \lambda_2 e^{\lambda_2 t} \end{vmatrix} = (\lambda_2 - \lambda_1)e^{(\lambda_1 + \lambda_2)t} \neq 0$$

$$W(e^{-pt/2}, te^{-pt/2}) = \begin{vmatrix} e^{-pt/2} & te^{-pt/2} \\ (-p/2)e^{-pt/2} & e^{-pt/2} - (p/2)te^{-pt/2} \end{vmatrix}$$

$$= e^{-pt} \neq 0$$

$$W(e^{\alpha t}\cos\beta t, e^{\alpha t}\sin\beta t) = \begin{vmatrix} e^{\alpha t}\cos\beta t & e^{\alpha t}\sin\beta t \\ (\alpha\cos\beta t - \beta\sin\beta t)e^{\alpha t} & (\alpha\sin\beta t + \beta\cos\beta t)e^{\alpha t} \end{vmatrix}$$

$$= \beta e^{2\alpha t} \neq 0$$

問 3.6　(1) $x = c_1 e^{-t} + c_2 e^{-3t}$　(2) $x = e^{-2t}(c_1\cos t + c_2\sin t)$
(3) $x = (c_1 + c_2 t)e^{-2t}$　(4) $x = c_1 e^{-t} + c_2 e^t + c_3 e^{2t}$
(5) $x = (c_1 + c_2 t)e^t \cos t + (c_3 + c_4 t)e^t \sin t$

問 3.7　(1) $x = t^2 - 3t + 10/3$　(2) $x = (1/65)(-8\cos 2t + \sin 2t)$
(3) $x = (1/2)te^{-t}$　(4) $x = [(-1/4)\cos 2t + (1/2)\sin 2t]t$

第 4 章の解答

問 4.1　(1) $dx/dt = cdx_1/dt$，$d^2x/dt^2 = cd^2x_1/dt^2$ より，

$$d^2x/dt^2 + p(t)dx/dt + q(t)x = c(d^2x_1/dt^2 + p(t)dx_1/dt + q(t)x_1) = 0$$

(2) $dx/dt = dx_1/dt \pm dx_2/dt$，$d^2x/dt^2 = d^2x_1/dt^2 \pm d^2x_2/dt^2$ より，$d^2x/dt^2 + p(t)dx/dt + q(t)x = [d^2x_1/dt^2 + p(t)dx_1/dt + q(t)x_1] \pm [d^2x_2/dt^2 + p(t)dx_2/dt + q(t)x_2] = 0$．
(3) $z_1(t) = c_1 x_1(t)$，$z_2(t) = c_2 x_2(t)$ とおくと，(1) より $z_1(t), z_2(t)$ が (4.2) の解であるので，(2) から $x(t) = c_1 x_1(t) + c_2 x_2(t)$ も (4.2) の解である．

問 4.2　$x(t) = c_1 t + c_2 t^3$

問 4.3　$x(t) = c_1 t + c_2 t^3 + t^4/3$

問 4.4　(1) $x = c_1 t^3 + c_2/t$　(2) $x = c_1 t^2 + c_2 t^3 + t$　(3) $x = (c_1 + c_2\ln t)t$
(4) $x = [c_1\cos(\ln t^2) + c_2\sin(\ln t^2)]t$　(5) $x = c_1 t^2 + c_2/t$

第 5 章の解答

問 5.1 $dg/dt = -g$, $Ag = -g$ より明らかに $dg/dt = Ag$. f に関しても同様に示される.

問 5.2 $M(t, t_0) = \begin{pmatrix} \cos(t - t_0) & \sin(t - t_0) \\ -\sin(t - t_0) & \cos(t - t_0) \end{pmatrix}$

問 5.3

$$\begin{vmatrix} f_1' & g_1' \\ f_2 & g_2 \end{vmatrix} = \begin{vmatrix} a_{11}f_1 + a_{12}f_2 & a_{11}g_1 + a_{12}g_2 \\ f_2 & g_2 \end{vmatrix}$$

$$= a_{11} \begin{vmatrix} f_1 & g_1 \\ f_2 & g_2 \end{vmatrix} + a_{12} \begin{vmatrix} f_2 & g_2 \\ f_2 & g_2 \end{vmatrix} = a_{11}\Delta(\boldsymbol{f}(t), \boldsymbol{g}(t))$$

ここで, 2 つの行が等しい行列式は恒等的に 0 であることに注意.

問 5.4 初めに (5.19) が $dM(t, t_0)/dt = AM(t, t_0)$ を満たしていることを示す. さらに定数ベクトル $\boldsymbol{p}$ を用いて関数 $\boldsymbol{x}(t) = M(t, t_0)\boldsymbol{p}$ を定義すると, $d\boldsymbol{x}(t)/dt = [dM(t, t_0)/dt]p = [AM(t, t_0)]p = A\boldsymbol{x}(t)$. さらに $M(t_0, t_0)$ は単位行列であることに注意すると $\boldsymbol{x}(t_0) = M(t_0, t_0)\boldsymbol{p} = \boldsymbol{p}$ となるので, 関数 $\boldsymbol{x}(t) = M(t, t_0)\boldsymbol{p}$ は (5.12) の初期値問題の解である. したがって, (5.19) はレゾルベント行列である.

問 5.5 (1) $\boldsymbol{x}(t) = c_1 \begin{pmatrix} 1 \\ -3 \end{pmatrix} e^t + c_2 \begin{pmatrix} 1 \\ -1 \end{pmatrix} e^{3t}$

(2) $\boldsymbol{x}(t) = c_1 \begin{pmatrix} 1 \\ -1 \end{pmatrix} e^{-2t} + c_2 \begin{pmatrix} 1 \\ 2 \end{pmatrix} e^t$

(3) $\boldsymbol{x}(t) = c_1 \begin{pmatrix} 1 \\ 1 \end{pmatrix} e^t + c_2 \begin{pmatrix} 1 \\ -1 \end{pmatrix} e^{-t}$

(4) $\boldsymbol{x}(t) = c_1 \begin{pmatrix} 1 \\ \sqrt{2} \end{pmatrix} e^{(1+\sqrt{2})t} + c_2 \begin{pmatrix} 1 \\ -\sqrt{2} \end{pmatrix} e^{(1-\sqrt{2})t}$

問 5.6 (1) $\boldsymbol{x}(t) = c_1 \begin{pmatrix} 1 \\ 1 \end{pmatrix} e^{2t} + c_2 \begin{pmatrix} 2t-1 \\ 2t+1 \end{pmatrix} e^{2t}$

(2) $\boldsymbol{x}(t) = c_1 \begin{pmatrix} 0 \\ 1 \end{pmatrix} e^{2t} + c_2 \begin{pmatrix} 1 \\ t \end{pmatrix} e^{2t}$

問 5.7　関数 $\boldsymbol{x}(t) = e^{\lambda t}(\boldsymbol{g}t + \boldsymbol{h})$ を t で微分すると $d\boldsymbol{x}/dt = e^{\lambda t}[\boldsymbol{g} + \lambda(\boldsymbol{g}t + \boldsymbol{h})] = e^{\lambda t}[\lambda \boldsymbol{g}t + (\boldsymbol{g} + \lambda \boldsymbol{h})]$ が得られ，(5.12) の右辺は $A\boldsymbol{x}(t) = e^{\lambda t}(A\boldsymbol{g}t + A\boldsymbol{h})$ となる．両者は (5.34) の条件のもとで一致する．

問 5.8　(5.35) が初期条件を満たすことは $t = 0$ を両辺に代入すれば確認できる．

$$\frac{d}{dt}\boldsymbol{x}(t) = \alpha e^{\alpha t}[\cos(\beta t)\boldsymbol{x}_0 + \frac{1}{\beta}\sin(\beta t)(A - \alpha I)\boldsymbol{x}_0]$$
$$+ e^{\alpha t}[-\beta \sin(\beta t)\boldsymbol{x}_0 + \cos(\beta t)(A - \alpha I)\boldsymbol{x}_0]$$
$$= e^{\alpha t}[\cos(\beta t)A\boldsymbol{x}_0 + \frac{1}{\beta}\sin(\beta t)\{\alpha A - (\alpha^2 + \beta^2)I\}\boldsymbol{x}_0]$$

ケーリー・ハミルトンの定理 $A^2 - 2\alpha A + (\alpha^2 + \beta^2)I = 0$ から得られる関係式 $\alpha A - (\alpha^2 + \beta^2)I = A(A - \alpha I)$ を用いると $d\boldsymbol{x}(t)/dt = A\boldsymbol{x}(t)$ が示される．

問 5.9　(1) $\boldsymbol{x}(t) = e^t \begin{pmatrix} \cos t \\ -\sin t \end{pmatrix}$

(2) $\boldsymbol{x}(t) = e^{-t/2} \begin{pmatrix} \cos(\sqrt{15}t/2) + 1/\sqrt{15}\sin(\sqrt{15}t/2) \\ -4/\sqrt{15}\sin(\sqrt{15}t/2) \end{pmatrix}$

(3) $\boldsymbol{x}(t) = \begin{pmatrix} \cos t - \sin t \\ -\sin t \end{pmatrix}$

問 5.10　(5.40) を用いて，$d\boldsymbol{x}(t)/dt = Ae^{At}\boldsymbol{x}_0 = A\boldsymbol{x}(t)$ を確認せよ．

問 5.11　固有方程式 $P(\lambda) = 0$ が λ に関するいくつかの 1 次の因子 $\lambda + r$ と 2 次の因子 $\lambda^2 + 2c\lambda + c^2 + d^2$ の積で表されることから明らかである．ここで r, c, d は実数である．

問 5.12　λ を A の任意の固有値，対応する固有ベクトルを $\boldsymbol{v} = (v_1, v_2, \ldots, v_n)^{\top}$ とすると $A\boldsymbol{v} = \lambda \boldsymbol{v}$. これから $\lambda v_i = \sum_{j=1}^{n} a_{ij}v_j$, $(\lambda - a_{ii})v_i = \sum_{j=1, j \neq i}^{n} a_{ij}v_j$ が成り立つ．$\boldsymbol{v}$ の成分で絶対値が最大となるものを v_k とすれば，すべての $j = 1, 2, \ldots, n$ に対して $|v_j/v_k| \leq 1$ が成り立つ．

$$|\lambda - a_{kk}| \leq \sum_{j=1, j \neq k}^{n} |a_{kj}||v_j/v_k| \leq \sum_{j=1, j \neq k}^{n} |a_{kj}| = r_k$$

問 5.13　(1) $\boldsymbol{x}_0(t) = \begin{pmatrix} -2e^{2t} + 1/3 \\ 3e^{2t} - 4/3 \end{pmatrix}$

(2) $\boldsymbol{x}_0(t) = e^{2t} \begin{pmatrix} 0 \\ -1 \end{pmatrix} - \frac{1}{9} e^t \begin{pmatrix} 2 + 6t \\ 2 - 12t \end{pmatrix}$

問 5.14 (1) 推定関数を $\boldsymbol{x}_0(t) = (a + be^{2t}, \ c + de^{2t})^\top$ とせよ.

(2) 推定関数を $\boldsymbol{x}_0(t) = (ae^{2t} + be^t + cte^t, \ de^{2t} + fe^t + gte^t)^\top$ とせよ.

第 6 章の解答

問 6.1 仮定と定理 6.1 より微分方程式 (6.1) の解は一意である. $\boldsymbol{y}(t) = \boldsymbol{x}_1(t + t_1 - t_2)$, $u = t + t_1 - t_2$ とおくと,

$$\frac{d\boldsymbol{y}(t)}{dt} = \frac{d\boldsymbol{x}_1(u)}{du} \frac{du}{dt} = \frac{d\boldsymbol{x}_1(u)}{dt} = \boldsymbol{f}(\boldsymbol{x}_1(u)) = \boldsymbol{f}(\boldsymbol{x}_1(t + t_1 - t_2)) = \boldsymbol{f}(\boldsymbol{y}(t))$$

さらに, $\boldsymbol{y}(t_2) = \boldsymbol{x}_1(t_1) = \boldsymbol{x}_0$. したがって, $\boldsymbol{y}, \boldsymbol{x}_2$ は同じ初期値問題の解であるので, 解の一意性より $\boldsymbol{y}(t) = \boldsymbol{x}_2(t)$.

問 6.2 平衡点は $\bar{x} = 0, K$ の 2 点. 平衡点でのヤコビ行列は $a_{11}(0) = -rL > 0$, $a_{11}(K) = -r(K - L) < 0$ である. したがって, 2 つの平衡点はすべて双曲型である. 定理 6.4 より, 平衡点 $\bar{x} = K$ は漸近安定であり, 平衡点 $\bar{x} = 0$ は不安定である.

問 6.3 (1) $a_{11}(0) = \alpha > 0, \bar{x} = 0$: 不安定

(2) $a_{11}(0) = -\beta < 0, \bar{x} = 0$: 漸近安定

(3) $a_{11}(0) = r > 0, \bar{x} = 0$: 不安定, $a_{11}(K) = -r < 0, \bar{x} = K$: 漸近安定

(4) $a_{11}(0) = -\gamma N < 0, \bar{x} = 0$: 漸近安定, $a_{11}(N) = \gamma N > 0, \bar{x} = N$: 不安定

問 6.4 略

問 6.5 $\alpha_{12}\alpha_{21} = ce/bf$ より明らか.

問 6.6 略

問 6.7 $b = 0$, $f > 0$ の場合, 平衡点 E_1 が存在しないことを除けば, $b > 0$ の場合と同様である.

問 6.8 平衡点 E_0 は不安定ノード, E_1, E_2 は常にサドル, 正の平衡点 $E_+ = (x_1^*, x_2^*)^\top = ((af + cd)/(bf - ce), (bd + ae)/(bf - ce))^\top$ は $bf > ce$ の場合存在し, 常に安定ノードである. $\mathrm{tr}(A(E_+)) = -bx_1^* - fx_2^* < 0$, $\det(A(E_+)) = (bf - ce)x_1^* x_2^* > 0$ さらに $[\mathrm{tr}(A)(E_+)]^2 - 4\det(A(E_+)) = (bx_1^* - fx_2^*)^2 + 4cex_1^* x_2^* > 0$ に注意しよう.

問 6.9 略

第 7 章の解答

問 7.1　略

問 7.2　(1) $|g(\boldsymbol{x}) - g(\boldsymbol{y})| \leq (1 + |\boldsymbol{f}(\boldsymbol{x})|)|\boldsymbol{f}(\boldsymbol{x}) - \boldsymbol{f}(\boldsymbol{y})| \leq (1 + M)L|\boldsymbol{x} - \boldsymbol{y}|$ により示せる. ただし, L は $\boldsymbol{f}$ のリプシッツ定数で, $|\boldsymbol{f}(\boldsymbol{x})| \leq M$ とする.

(2) 任意の $\boldsymbol{a} \in A$ に対して, $|\boldsymbol{x} - \boldsymbol{a}| \leq |\boldsymbol{x} - \boldsymbol{y}| + |\boldsymbol{y} - \boldsymbol{a}|$ であるから, $|\boldsymbol{x} - \boldsymbol{a}| \leq |\boldsymbol{x} - \boldsymbol{y}| + d(\boldsymbol{y}, A)$. つまり, $d(\boldsymbol{x}, A) - d(\boldsymbol{y}, A) \leq |\boldsymbol{x} - \boldsymbol{y}|$. $\boldsymbol{x}, \boldsymbol{y}$ を入れ替えても成り立つので, $|d(\boldsymbol{x}, A) - d(\boldsymbol{y}, A)| \leq |\boldsymbol{x} - \boldsymbol{y}|$. $|h(\boldsymbol{x}) - h(\boldsymbol{y})| = |\frac{d(\boldsymbol{x}, A) - d(\boldsymbol{y}, A)}{(1 + d(\boldsymbol{x}, A))(1 + d(\boldsymbol{y}, A))}| \leq |\boldsymbol{x} - \boldsymbol{y}|$.

(3) $|g(\boldsymbol{x})h(\boldsymbol{x}) - g(\boldsymbol{y})h(\boldsymbol{y})| \leq |g(\boldsymbol{x})||h(\boldsymbol{x}) - h(\boldsymbol{y})| + |g(\boldsymbol{x}) - g(\boldsymbol{y})||h(\boldsymbol{y})| \leq |h(\boldsymbol{x}) - h(\boldsymbol{y})| + |g(\boldsymbol{x}) - g(\boldsymbol{y})| \leq (1 + (1 + M)L)|\boldsymbol{x} - \boldsymbol{y}|$ により示せる.

問 7.3　(1) 初期条件 $x(0) = x_0$ を満たす解は $x = \dfrac{x_0}{1 - x_0 t}$.

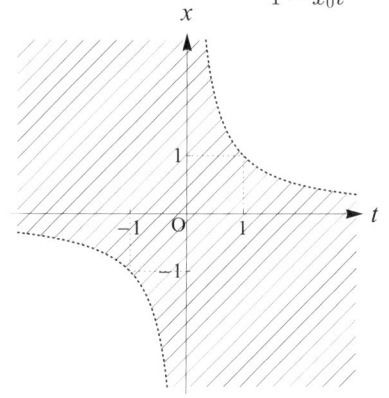

(2) 初期条件 $x(0) = x_0$ を満たす解は $x = \dfrac{x_0}{\sqrt{1 - 2x_0^2 t}}$.

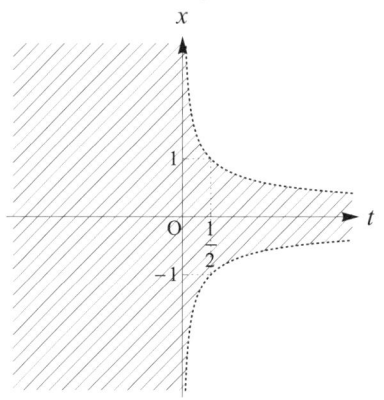

問 **7.4**　(1) 解は $x_1 = \frac{1}{1-t}$, $x_2 = e^t + t$, 最大存在区間は $(-\infty, 1)$.

(2) 解は $x_1^2 = t + 1$, $x_2 = \frac{1}{2}t^2 + t + 1$, 最大存在区間は $(-1, \infty)$.

問 **7.5**　(a) $x = \frac{1}{1-t}$, (b) $x = \frac{t + \sqrt{t^2+4}}{2}$.

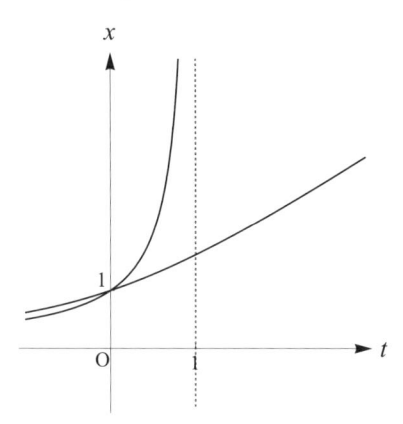

第 8 章の解答

問 **8.1**　$y \in \omega(x)$ とすると，定義から，数列 $0 < t_1, t_2, t_3, \ldots \to \infty$ が存在し，$\phi(t_k, x) \to y$ $(k \to \infty)$ である．このとき，

$$\{y\} = \bigcap_{k=1}^{\infty} \mathrm{cl}(\{\phi(t_j, x) \mid j \geq k\}) \subset \bigcap_{t \geq 0} \mathrm{cl}(\{\phi(s, x) \mid s \geq t\})$$

であるので，$\omega(x) \subset \bigcap_{t \geq 0} \mathrm{cl}(\{\phi(s, x) \mid s \geq t\})$ が得られる．次に，$y \in \bigcap_{t \geq 0}$ $\mathrm{cl}(\{\phi(s, x) \mid s \geq t\})$ とする．これは任意の $t \geq 0$ に対して，$y \in \mathrm{cl}(\{\phi(s, x) \mid s \geq t\})$ を意味するので，任意の $t \geq 0$ に対して，$y_k \to y$ $(k \to \infty)$ となるような点列 $y_1, y_2, y_3, \ldots \in \{\phi(s, x) \mid s \geq t\}$ が存在する．各点 y_k は点 x の軌道上にあるので，$y_k = \phi(s_k, x)$ となる $s_k \geq t$ が存在する．t は任意なので，数列 $t_1, t_2, t_3, \ldots \to \infty$ が存在して，$\phi(t_k, x) \to y$ $(k \to \infty)$ となり，$y \in \omega(x)$ が得られる．

問 **8.2**　(1) $V(x, y) = Cx - y$

(2) $V(x, y) = 4(x^{-\frac{1}{2}}y^{\frac{1}{2}} - x^{\frac{1}{2}}y^{\frac{1}{2}} - x^{-\frac{1}{2}}y^{\frac{3}{2}}) + C$

問 **8.3**　(1) $\frac{dr}{dt} = r(1 - r^2)$, $\frac{d\theta}{dt} = 1$

(2) $x = 0$ のとき，$\omega(x)$ と $\alpha(x)$ は原点のみからなる集合．$0 < |x| < 1$ のとき，$\omega(x)$ は原点を中心とする単位円，$\alpha(x)$ は原点のみからなる集合．$|x| = 1$ のとき，

$\omega(\boldsymbol{x})$ と $\alpha(\boldsymbol{x})$ は原点を中心とする単位円．$|\boldsymbol{x}| > 1$ のとき，$\omega(\boldsymbol{x})$ は空集合，$\alpha(\boldsymbol{x})$ は原点を中心とする単位円．

問 8.4　(1) $\frac{dr}{dt} = r(1-r^2)$, $\frac{d\theta}{dt} = \sin^2\theta + \frac{1}{\ln 3}$ $(0 \le r \le \frac{3}{4})$, $\frac{d\theta}{dt} = \sin^2\theta + \frac{1}{\ln\frac{r^2}{1-r^2}}$ $(\frac{3}{4} < r < 1)$, $\frac{d\theta}{dt} = \sin^2\theta$ $(r=1)$, $\frac{d\theta}{dt} = \sin^2\theta + \frac{1}{\ln\frac{r^2}{r^2-1}}$ $(1 < r)$

(2) $\boldsymbol{x} = \boldsymbol{0}$ のとき，$\omega(\boldsymbol{x})$ と $\alpha(\boldsymbol{x})$ は原点のみからなる集合．$0 < |\boldsymbol{x}| < 1$ のとき，$\omega(\boldsymbol{x})$ は原点を中心とする単位円，$\alpha(\boldsymbol{x})$ は原点のみからなる集合．$|\boldsymbol{x}| = 1$, $y > 0$ のとき，$\omega(\boldsymbol{x})$ は点 $(-1,0)$ だけからなる集合で，$\alpha(\boldsymbol{x})$ は点 $(1,0)$ だけからなる集合．$|\boldsymbol{x}| = 1$, $y < 0$ のとき，$\omega(\boldsymbol{x})$ は点 $(1,0)$ だけからなる集合で，$\alpha(\boldsymbol{x})$ は点 $(-1,0)$ だけからなる集合．$\boldsymbol{x} = (1,0)$ のとき，$\omega(\boldsymbol{x})$ と $\alpha(\boldsymbol{x})$ は点 $(1,0)$ だけからなる集合．$\boldsymbol{x} = (-1,0)$ のとき，$\omega(\boldsymbol{x})$ と $\alpha(\boldsymbol{x})$ は点 $(-1,0)$ だけからなる集合．$|\boldsymbol{x}| > 1$ のとき，$\omega(\boldsymbol{x})$ は空集合，$\alpha(\boldsymbol{x})$ は原点を中心とする単位円．

問 8.5　(1) $\frac{du}{dt} = \frac{u-v}{1+\sqrt{u^2+v^2}}$, $\frac{dv}{dt} = \frac{u+v}{1+\sqrt{u^2+v^2}}$

(2) $\frac{dr}{dt} = \frac{r}{1+r}$, $\frac{d\theta}{dt} = \frac{1}{1+r}$.

(3) $|x| \ge 1$ のとき，$\omega(\boldsymbol{x})$ と $\alpha(\boldsymbol{x})$ は空集合．$\boldsymbol{x}$ が原点のとき，$\omega(\boldsymbol{x})$ と $\alpha(\boldsymbol{x})$ は原点のみからなる集合．$|x| < 1$ で，$\boldsymbol{x}$ が原点ではないとき，$\omega(\boldsymbol{x})$ は 2 直線 $x = \pm 1$，$\alpha(\boldsymbol{x})$ は原点のみからなる集合．

問 8.6　$\dot{V}(x,y) = -2x(1-x-3y)^2 - 2y(2-3x-y)^2 \le 0$

問 8.7　$\dot{V}(x,y) = -b\alpha(x-\frac{r}{\alpha})^2 - a\beta y^2 + ay(-s + b\frac{r}{\alpha}) \le 0$

第 9 章の解答

問 9.1　$r^2 = x_1^2 + x_2^2$, $\tan\theta = \frac{x_2}{x_1}$ を t で微分すると $\frac{dr}{dt} = x_1 \frac{dx_1}{dt}\frac{1}{r} + x_2 \frac{dx_2}{dt}\frac{1}{r}$, $\frac{d\theta}{dt} = (x_1 \frac{dx_2}{dt} - x_2 \frac{dx_1}{dt})\frac{1}{r^2}$. この方程式に $\frac{dx_1}{dt} = f_1(x_1, x_2)$, $\frac{dx_2}{dt} = f_2(x_1, x_2)$ を代入して，$\frac{dr}{dt} = f_1\cos\theta + f_2\sin\theta$, $\frac{d\theta}{dt} = \frac{1}{r}(f_2\cos\theta - f_1\sin\theta)$ が得られる．

問 9.2　略

問 9.3　(1) $\frac{\partial}{\partial x}(-x - 3xy^2) + \frac{\partial}{\partial y}(-2y - x^2 y) = -3 - 3x^2 - y^2 < 0$

(2) $\frac{\partial}{\partial x}(2x + y^2 + x^3) + \frac{\partial}{\partial y}(-x^2 + y + x^2 y) = 3 + 4x^2 > 0$

問 9.4　(1) $B(x,y) = \frac{1}{x}$ とすると，$\frac{\partial}{\partial x}\Big(B(x,y)(-\beta xy)\Big) + \frac{\partial}{\partial y}\Big(B(x,y)(\beta xy - \mu y)\Big) = -\beta$

(2) $B(x,y) = \frac{1}{xy}$ とすると，int $\mathbb{R}_+^2$ 上で $\frac{\partial}{\partial x}\Big(B(x,y)xf(x,y)\Big) + \frac{\partial}{\partial y}\Big(B(x,y)yg(x,y)\Big) = \frac{1}{y}\frac{\partial f}{\partial x} + \frac{1}{x}\frac{\partial g}{\partial y} < 0$

(3) $B(x,y) = xy^2$ とすると, int $\mathbb{R}_+^2$ 上で $\frac{\partial}{\partial x}\left(B(x,y)x(1+x+xy^2)\right) + \frac{\partial}{\partial y}\left(B(x,y)y\right.$ $\left.\left(-\frac{2}{3}+x\right)\right) = 6x^2y^2 + y^4 > 0$

問 9.5 (1) 原点における線形化方程式は $\frac{dy_1}{dt} = -y_2$, $\frac{dy_2}{dt} = y_1$ となり, ヤコビ行列の固有値は $\pm i$ であり, 原点はセンターである. また, 線形化方程式の第 1 式に y_1, 第 1 式に y_2 をかけて, 辺々を加え積分すると $y_1^2 + y_2^2 = $ 一定 が得られるので, 確かに線形化方程式の原点はセンターであることがわかる. 極座標変換 $x_1 = r\cos\theta$, $x_2 = r\sin\theta$ を行うと, 元の微分方程式は $\frac{dr}{dt} = -r^3$, $\frac{d\theta}{dt} = 1$ に変換される. 初期条件を $r(0) = r_0$, $\theta(0) = \theta_0$ として上式を解くと $r(t) = \frac{r_0}{\sqrt{1+2r_0^2 t}}$, $\theta(t) = t + \theta_0$ が得られ, 元の微分方程式の解 $x_1(t) = \frac{r_0\cos(t+\theta_0)}{\sqrt{1+2r_0^2 t}}$, $x_2(t) = \frac{r_0\sin(t+\theta_0)}{\sqrt{1+2r_0^2 t}}$ が得られる. 軌道は渦巻き状の軌道であり, $t \to \infty$ で原点に収束することがわかる. (2) 原点を除く $\mathbb{R}^2$ の任意の単連結集合で $\mathrm{div}(f_1, f_2) = \frac{\partial f_1}{\partial x_1} + \frac{\partial f_2}{\partial x_2} = -4(x_1^2 + x_2^2) < 0$ が成り立つ.

問 9.6 略

問 9.7 (1) 固有値は $\frac{p}{2} \pm \frac{\sqrt{p^2-4}}{2}$. $\alpha(0) = 0$, $\beta(0) = 2$, $\alpha'(0) = 1$ となり, $p_c = 0$ でホップ分岐を起こす. (2) 固有値は $-p - \frac{1}{2} \pm i\frac{\sqrt{3}}{2}$. $\alpha(-\frac{1}{2}) = 0$, $\beta(-\frac{1}{2}) = \frac{\sqrt{3}}{2}$, $\alpha'(-\frac{1}{2}) = -1$ となり, $p_c = -\frac{1}{2}$ でホップ分岐を起こす.

(3) 固有値は $p - 4 \pm i\sqrt{3}$. $\alpha(4) = 0$, $\beta(4) = \sqrt{3}$, $\alpha'(4) = 1$ となり, $p_c = 4$ でホップ分岐を起こす.

問 9.8 (1) 平衡点は $(1, p)^\top$.

(2) 固有値は $\frac{p-2}{2} \pm \frac{\sqrt{p(p-4)}}{2}$.

(3) $\alpha(2) = 0$, $\beta(2) = 1$, $\alpha'(2) = \frac{1}{2}$ となり, $p_c = 2$ でホップ分岐を起こす.

(4) 平衡点は, $2 < p < 4$ のとき不安定スパイラル, $p \geq 4$ のとき不安定ノード ($p = 4$ のときは縮退した不安定ノード) である. $x = \frac{1}{p+1}$, $y = p(p+1)$, $y = 0$, $x + y = 1 + p(p+1)$ で囲まれた領域が正不変であることを示し, 定理 9.1 を用いればよい.

第 10 章の解答

問 10.1 $\frac{dy_1}{dt} = f_1(y_1, -y_2)$, $\frac{dy_2}{dt} = -f_2(y_1, -y_2)$ となるので, $\frac{\partial}{\partial y_2}f_1(y_1, -y_2) = \frac{\partial f_1}{\partial x_2}\frac{\partial x_2}{\partial y_2} = -\frac{\partial f_1}{\partial x_2}$, $\frac{\partial}{\partial y_1}(-f_2(y_1, -y_2)) = -\frac{\partial f_2}{\partial x_1}\frac{\partial x_1}{\partial y_1} = -\frac{\partial f_2}{\partial x_1}$ となることを用いれば

よい.

問 10.2 (1) $x_1 = 0$, $x_2 \geq 0$ のとき $\frac{dx_1}{dt} \geq 0$ であり，$x_1 \geq 0$, $x_2 = 0$ のとき $\frac{dx_2}{dt} \geq 0$ であるから，$\mathbb{R}_+^2$ は正不変.

(2) $x_1 > \frac{1}{\alpha_1} + 1$ のとき $\frac{dx_1}{dt} < -\alpha_1$ であるから，$\mathbb{R}_+^2$ 上の点を通る正の半軌道は十分時間が経つと $0 \leq x_1 \leq 1 + \frac{1}{\alpha_1}$ を満たすようになる．また，$0 \leq x_1 \leq \frac{1}{\alpha_1} + 1$, $x_2 > \frac{1}{\alpha_2} + \frac{1}{\alpha_1\alpha_2} + 1$ のとき $\frac{dx_2}{dt} < -\alpha_2$ であるから，$\mathbb{R}_+^2$ 上の点を通る正の半軌道は $0 \leq x_1 \leq \frac{1}{\alpha_1}$, $0 \leq x_2 \leq \frac{1}{\alpha_2} + \frac{1}{\alpha_1\alpha_2} + 1$ を満たすようになる.

(3) $\frac{\partial}{\partial x_2}\left(\frac{x_2^p}{1+x_2^p} - \alpha_1 x_1\right) = \frac{px_2^{p-1}}{(1+x_2^p)^2} \geq 0$, $\frac{\partial}{\partial x_1}(x_1 - \alpha_2 x_2) = 1 \geq 0$

(4) $\mathbb{R}_+^2$ に存在する平衡点は，$\alpha_1\alpha_2 \geq 1$ のとき $E_0 = (0,0)^\top$, $\alpha_1\alpha_2 < 1$ のとき E_0 と $E_+ = (\alpha_2(\frac{1}{\alpha_1\alpha_2}1), \frac{1}{\alpha_1\alpha_2} - 1)^\top$. $\alpha_1\alpha_2 \geq 1$ のとき，$\boldsymbol{x} \in \mathbb{R}_+^2$ に対して $\omega(\boldsymbol{x}) = \{E_0\}$, $\alpha_1\alpha_2 < 1$ のとき，$\boldsymbol{x} = E_0$ に対して $\omega(\boldsymbol{x}) = \{E_0\}$. $\boldsymbol{x} \in \mathbb{R}_+^2 \backslash \{E_0\}$ に対して $\omega(\boldsymbol{x}) = \{E_+\}$.

問 10.3 (1) $\frac{d\Sigma}{dt} = -\Sigma$, $\frac{dx_1}{dt} = x_1\left(\frac{m_1(1-x_1-x_2-\Sigma)}{1+a_1-x_1-x_2-\Sigma} - 1\right)$,

$\frac{dx_2}{dt} = x_2\left(\frac{m_2(1-x_1-x_2-\Sigma)}{1+a_2-x_1-x_2-\Sigma} - 1\right)$

(2) $\Sigma = 0$ のとき $\frac{d\Sigma}{dt} = 0$, $x_1 = 0$ のとき $\frac{dx_1}{dt} = 0$, $x_2 = 0$ のとき $\frac{dx_2}{dt} = 0$, $x_1 + x_2 = 1$ のとき $\frac{dx_1}{dt} + \frac{dx_2}{dt} = -1$ であるから，Ω は正不変.

(3) $\Sigma = 0$ のとき，$\frac{dx_1}{dt} = x_1\left(\frac{m_1(1-x_1-x_2)}{1+a_1-x_1-x_2} - 1\right)$, $\frac{dx_2}{dt} = x_2\left(\frac{m_2(1-x_1-x_2)}{1+a_2-x_1-x_2} - 1\right)$. $(x_1,x_2)^\top \in \mathbb{R}_+^2$ なら，$\frac{\partial}{\partial x_2}\left\{x_1\left(\frac{m_1(1-x_1-x_2)}{1+a_1-x_1-x_2} - 1\right)\right\} = -x_1\frac{m_1 a_1}{(1+a_1-x_1-x_2)^2} \leq 0$,

$\frac{\partial}{\partial x_1}\left\{x_2\left(\frac{m_2(1-x_1-x_2)}{1+a_2-x_1-x_2} - 1\right)\right\} = -x_2\frac{m_2 a_2}{(1+a_2-x_1-x_2)^2} \leq 0$.

(4) Ω が有界であることと (3) の結果から，Ω 上の点を通る正の半軌道は Ω の平衡点に収束する．$\lambda_1 = \frac{a_1}{m_1-1}$, $\lambda_2 = \frac{a_2}{m_2-1}$ とする．$\lambda_1 \neq \lambda_2$ のとき，Ω に存在する平衡点は $E_0 = (0,0,0)^\top$, $E_1 = (0,1-\lambda_1,0)^\top$, $E_2 = (0,1-\lambda_2,0)^\top$ の 3 つ．$\lambda_1 = \lambda_2$ のとき，上記の平衡点に加えて，E_1 と E_2 を結ぶ線分 $\overline{E_1 E_2}$ 上のすべての点も平衡点となる．$\Sigma = x_1 = x_2 = 0$ のとき $\omega(\boldsymbol{x}) = \{E_0\}$, $\Sigma = x_1 = 0$, $x_2 > 0$ のとき $\omega(\boldsymbol{x}) = \{E_2\}$, $\Sigma = x_2 = 0$, $x_1 > 0$ のとき $\omega(\boldsymbol{x}) = \{E_1\}$. $\Sigma = 0$, $x_1 > 0$, $x_2 > 0$ のとき，$\lambda_1 > \lambda_2$ なら $\omega(\boldsymbol{x}) = \{E_2\}$, $\lambda_1 < \lambda_2$ なら $\omega(\boldsymbol{x}) = \{E_1\}$. $\lambda_1 = \lambda_2$ の場合，$V = x_1^{\frac{1}{\lambda_1}}/x_2^{\frac{1}{\lambda_2}}$ とおくと，$\dot{V} = 0$ となることを用いると，$\omega(\boldsymbol{x})$ が特定できる.

問 10.4 E_1, E_2 が異なる平衡点であるとき，集合 $\{E_1, E_2\}$ は鎖回帰的であるが鎖遷移的ではない.

問 10.5 M を鎖回帰的な連結集合とする．$\epsilon > 0$, $t_0 > 0$, $\boldsymbol{x}, \boldsymbol{y} \in M$ を任意にとり，$\delta = \epsilon/2$ とする．M は連結集合であるから，$|\boldsymbol{z}_i - \boldsymbol{z}_{i+1}| < \delta$ $(i = 1, 2, \ldots, m-1)$ を満たす $z_1, z_2, \ldots, z_m \in M$ が存在する．ただし，$\boldsymbol{z}_1 = \boldsymbol{x}$, $\boldsymbol{z}_m = \boldsymbol{y}$ とする．M は鎖回帰的であるから，各 $i = 1, 2, \ldots, m-1$ に対して，$\boldsymbol{z}_i$ から $\boldsymbol{z}_i$ への M 上の (δ, t_0) 鎖 $\{\boldsymbol{z}_i = \boldsymbol{x}_1, \boldsymbol{x}_2, \ldots, \boldsymbol{x}_{m_i} = \boldsymbol{z}_i;\ t_1, t_2, \ldots, t_{m_i-1}\}$ が存在する．$|\boldsymbol{x}_{m_i-1} - \boldsymbol{z}_{i+1}| \leq |\boldsymbol{x}_{m_i-1} - \boldsymbol{z}_i| + |\boldsymbol{z}_i - \boldsymbol{z}_{i+1}| < 2\delta = \epsilon$ であるから，$\{\boldsymbol{z}_i = \boldsymbol{x}_1, \boldsymbol{x}_2, \ldots, \boldsymbol{x}_{m_i-1}, \tilde{\boldsymbol{x}}_{m_i} = \boldsymbol{z}_{i+1};\ t_1, t_2, \ldots, t_{m_i-1}\}$ は $\boldsymbol{z}_i$ から $\boldsymbol{z}_{i+1}$ への M 上の (ϵ, t_0) 鎖である．よって，各 $i = 1, 2, \ldots, m-1$ に対する $\boldsymbol{z}_i$ から $\boldsymbol{z}_{i+1}$ への (ϵ, t_0) 鎖をつなぎ合わせれば，$\boldsymbol{x}$ から $\boldsymbol{y}$ への (ϵ, t_0) 鎖を作ることができ，M が鎖遷移的であることが示される．

第 11 章の解答

問 11.1 $\pm i\beta$, γ $(\beta, \gamma \in \mathbb{R})$ を A の固有値としよう．$\mathrm{tr}(A)$ は固有値の和に等しく，$\det(A)$ は固有値の積に等しく，$S_2(A)$ は 3 つの固有値から異なる 2 個を選んで作った 3 種類の積の和に等しいので，$\mathrm{tr}(A) = \gamma$, $\det(A) = \gamma\beta^2$, $S_2(A) = \beta^2$ である．したがって，$\mathrm{tr}(A)S_2(A) - \det(A) = 0$, $S_2(A) > 0$ が成り立つ．逆に，$\mathrm{tr}(A)S_1(A) - \det(A) = 0$, $S_2(A) > 0$ が成り立つとき，$\det(\lambda I - A) = (\lambda - \mathrm{tr}(A))(\lambda^2 + S_2(A))$ であるから，純虚数 $\pm i\sqrt{S_2(A)}$ を固有値にもつ．

問 11.2 (1) 点 $\boldsymbol{x}$ におけるヤコビ行列は $J(\boldsymbol{x}) = \begin{pmatrix} -\sigma & \sigma & 0 \\ \rho - z & -1 & -x \\ y & x & -\beta \end{pmatrix}$.

$\det(\lambda I - J(E_0)) = (\lambda + \beta)(\lambda^2 + (1+\sigma)\lambda + \sigma(1-\rho))$ より，E_0 は $0 < \rho < 1$ のとき漸近安定，$\rho > 1$ のとき不安定．

(2) $\rho > 1$ のとき，$E_{\pm} = (\pm\sqrt{\beta(\rho-1)},\ \pm\sqrt{\beta(\rho-1)},\ \rho - 1)^{\top}$ が存在する．$\mathrm{tr}(J(E_{\pm})) = -\beta - \sigma - 1 < 0$, $\det(J(E_{\pm})) = 2\beta\sigma(1-\rho) < 0$, $\mathrm{tr}(J(E_{\pm}))S_2(J(E_{\pm})) - \det(J(E_{\pm})) = -\beta(\rho(\beta - \sigma + 1) + \sigma(\beta + \sigma + 3))$ より，$E_{\pm}$ は $\sigma - \beta \leq 1$, または $\sigma - \beta > 1$ かつ $\rho < \frac{\sigma(\sigma+\beta+3)}{\sigma-\beta-1}$ のとき漸近安定，$\sigma - \beta > 1$ かつ $\rho > \frac{\sigma(\sigma+\beta+3)}{\sigma-\beta-1}$ のとき不安定．

(3)

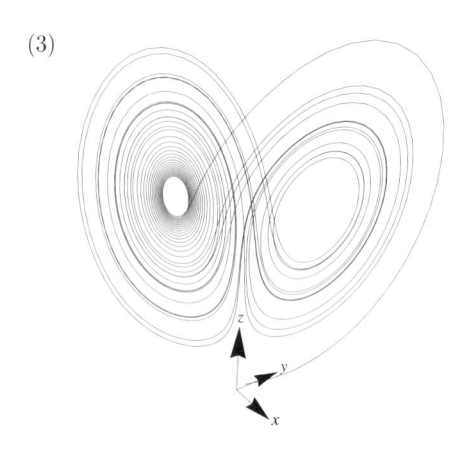

問 11.3 (1) $E_0 = (0, 0, 0)^\top$, $E_1 = (K, 0, 0)^\top$

(2) 点 $\boldsymbol{x}$ におけるヤコビ行列は

$$
J(\boldsymbol{x}) = \begin{pmatrix} r - \frac{2r}{K}x - \frac{a_1 m_1 y}{(a_1+x)^2} & -\frac{m_1 x}{a_1+x} & 0 \\ \frac{c_1 a_1 m_1 y}{(a_1+x)^2} & -d_1 + m_1\left(\frac{c_1 x}{a_1+x} - \frac{a_1 z}{(a_1+y)^2}\right) & -\frac{m_1 y}{a_1+y} \\ 0 & \frac{c_2 a_2 m_2 z}{(a_2+y)^2} & -d_2 + \frac{c_2 m_2 y}{a_2+y} \end{pmatrix}.
$$

$\det(\lambda I - J(E_0)) = (\lambda - r)(\lambda + d_1)(\lambda + d_2)$ より, E_0 は不安定. $\det(\lambda I - J(E_1)) = (\lambda + r)(\lambda + d_1 - \frac{c_1 m_1 K}{a_1+K})(\lambda + d_2) = (\lambda + 10)(\lambda - \frac{2(19K-6)}{3(1+K)})(\lambda + 0.1)$ より, E_1 は $K < \frac{6}{19}$ のとき漸近安定, $K > \frac{6}{19}$ のとき不安定.

(3) $K > \frac{6}{19}$ のとき $E_{12} = (\frac{6}{19}, \frac{10(19K-6)}{361K}, 0)^\top$.

(4) $\det(\lambda I - J(E_{12})) = (\lambda^2 - \frac{12(19K-31)}{95K}\lambda + \frac{8(19K-6)}{5K})(\lambda - \frac{3(80-133K)}{10(60-551K)})$ より, E_{12} は $\frac{6}{19} < K < \frac{80}{133}$ のとき漸近安定, $K > \frac{80}{133}$ のとき不安定.

(5) $K > \frac{80}{133}$ のとき $E_+ = (x^*, \frac{1}{4}, \frac{5(38x^*-12)}{12(x^*+1)})^\top$. ただし, $x^* = \dfrac{K-1+\sqrt{(K-1)^2 + \frac{3}{2}K}}{2}$

(6)

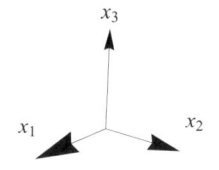

問 **11.4** (1) $\frac{dr}{dt} = r(\mu - r^2)$, $\frac{d\theta}{dt} = 1$, $r(t) = \sqrt{\frac{1}{\mu} + (\frac{1}{r_0^2} - \frac{1}{\mu})e^{-2\mu t}}$, $\theta(t) = t + \theta_0$. 原点を中心とする半径 $\sqrt{\mu}$ の円が周期軌道となる.

(2) $P(x, y) = (\sqrt{\frac{1}{\mu} + (\frac{1}{x^2} - \frac{1}{\mu})e^{-4\pi\mu}}, 0)$

問 **11.5** (1) 漸近安定 (2) 不安定 (3) 不安定 (4) 安定（漸近安定ではない）

問 **11.6** (1) $0, r$

(2) $f'(x) = (1-x)e^{r-x}$. 0 は $r < 0$ のとき漸近安定, $r > 0$ のとき不安定. r は $0 < r < 2$ のとき漸近安定, $r > 2$ のとき不安定.

第 12 章の解答

問 **12.1** $D = \mathrm{diag}(d_1, d_2) > 0$ とし, DA が安定であるための必要十分条件が $\mathrm{tr}(DA) = d_1 a_{11} + d_2 a_{22} < 0$, $\det(DA) = d_1 d_2 \det(A) > 0$ となることに注意すれば, 結論が得られる.

問 **12.2** A は VL 安定としよう. このとき A は安定であるから, $\mathrm{tr}(A) = a_{11} + a_{22} < 0$, $\det(A) = a_{11}a_{22} - a_{12}a_{21} < 0$. また, $\det(DA + A^\top D) = 4d_1 d_2 a_{11} a_{22} - (d_1 a_{12} + d_2 a_{21})^2 > 0$ となる $D = \mathrm{diag}(d_1, d_2) > 0$ が存在するので, $a_{11}a_{22} \geq 0$ から, $a_{11}, a_{22} < 0$ を導ける. 逆に, $a_{11}, a_{22} < 0$, $\det(A) > 0$ としよう. このとき, $\mathrm{tr}(DA + A^\top D) < 0$ は任意の $D > 0$ に対して成り立つ. $\det(DA + A^\top D) > 0$ とするには, $a_{12}a_{21} = 0$ のとき d_1 または d_2 を十分大きくとればよく, $a_{12}a_{21} \neq 0$ のとき, $d_1 = |a_{21}|$, $d_2 = |a_{12}|$ とすればよい.

問 **12.3** $B_1 \in \mathcal{Q}(A_1)$ に対して, $\mathrm{tr}(B_1) < 0$, $\det(B_1) < 0$, $\mathrm{tr}(B_1)S_2(B_1) -$

$\det(B_1) < 0$ より，B_1 は符号安定．$B_2 = \begin{pmatrix} -1 & -3 & -1 \\ 1 & 0 & -1 \\ 1 & 1 & 0 \end{pmatrix}$ とすると，$B_2 \in \mathcal{Q}(A_2)$

かつ $\det(B_2) = 1$ となるので，符号安定ではない．$B_3 = \begin{pmatrix} -\frac{1}{2} & -1 & 1 \\ -1 & -1 & -1 \\ 0 & 1 & 0 \end{pmatrix}$ とすると，

$B_3 \in \mathcal{Q}(A_3)$ かつ $\mathrm{tr}(B_3)S_2(B_3) - \det(B_3) = \frac{3}{2}$ となるので，符号安定ではない．

問 12.4 (1) 固有値は $\lambda_k = \sum_{j=0}^{n-1} c_j \omega^{jk}$ $(k = 0, 1, \ldots, n-1)$．λ_k に対する固有

ベクトルは $\boldsymbol{v} = (1, \omega^k, \omega^{2k}, \ldots, \omega^{(n-1)k})^\top$．ただし，$\omega = e^{\frac{2\pi i}{n}}$．

(2) 巡回行列が安定であるなら，$\mathrm{Re}(\lambda_k) < 0$ $(k = 0, 1, \ldots, n-1)$．A が巡回行列

なら $A + A^\top$ も巡回行列であるから，その固有値は $\mu_k = \sum_{j=0}^{n-1}(c_j + c_{n-j})\omega^{jk}$

$(k = 0, 1, \ldots, n-1)$．$\mathrm{Re}(\omega^j) = \mathrm{Re}(\omega^{n-j})$ に注意すると，$\mathrm{Re}(\mu_j) = \mathrm{Re}(2\lambda_k) < 0$

より，A は VL 安定．逆はリアプノフの定理から明らか．

問 12.5 略

問 12.6 C は正定値対称行列であるから，正則な下三角行列 L が存在して，$C = L^\top L$ とできる．前問の等式より，$\boldsymbol{x}^\top(\epsilon A)\boldsymbol{x} + \boldsymbol{x}^\top(\epsilon B)\boldsymbol{y} + \boldsymbol{y}^\top C\boldsymbol{y} = \epsilon\boldsymbol{x}^\top(A - \frac{\epsilon}{4}(BL^{-1})^\top(BL^{-1}))\boldsymbol{x} + |\frac{\epsilon}{2}(BL^{-1})\boldsymbol{x} + L\boldsymbol{y}|^2$ とできる．

問 12.7 (1) $A = \begin{pmatrix} -1 & -1 & 0 \\ 1 & -1 & -1 \\ 0 & 1 & -1 \end{pmatrix}$

(2) $r \leq 1$ のとき $E_0 = (0,0,0)^\top$，$E_1 = (r,0,0)^\top$，$1 < r \leq 3$ のとき E_0, E_1, $E_{12} = (\frac{r+1}{2}, \frac{r-1}{2}, 0)^\top$，$r > 3$ のとき E_0, E_1, E_{12}, $E_+ = (\frac{2r}{3}, \frac{r}{3}, \frac{r-3}{3})^\top$．

(3) 相互作用行列 A は VL 安定であるから $-A$ は P 行列となり，飽和平衡点がただ 1 つ存在する．飽和平衡点は，$r \leq 1$ のとき E_1，$1 < r \leq 3$ のとき E_{12}，$r > 3$ のとき E_+．したがって，$r \leq 1$ のとき E_0 は不安定．E_1 は $\{\boldsymbol{x} \in \mathbb{R}_+^3 \mid x_1 > 0\}$ で大域漸近安定，$1 < r \leq 3$ のとき E_0, E_1 は不安定，E_{12} は $\{\boldsymbol{x} \in \mathbb{R}_+^3 \mid x_1 > 0, \, x_2 > 0\}$ で大域漸近安定，$r > 3$ のとき E_0, E_1, E_{12} は不安定，E_+ は $\mathrm{int}\,\mathbb{R}_+^3$ で大域漸近安定．

第 13 章の解答

問 13.1 略

問 13.2 $\boldsymbol{x} \geq \boldsymbol{0}$, $\boldsymbol{x} \neq \boldsymbol{0}$ とする．$x_1 > 0$ または $x_2 > 0$ のとき，$(A\boldsymbol{x})_1 < 0$, $x_1 > 0$ または $(A\boldsymbol{x})_2 < 0$, $x_2 > 0$ が成り立ち，$x_1 = x_2 = 0$ のとき，$x_3 > 0$ であるので，

$(A\boldsymbol{x})_3 < 0$, $x_3 > 0$ が成り立つため，A は B 行列である.

問 13.3 (1) $-A$ は P 行列であるから，B 行列であり，(12.1) は散逸的である.

(2) $\boldsymbol{r}$, A の符号パターンに注意すると，$r_2 + (AE_1)_2 = r_2 + a_{21}(-\frac{r_1}{a_{11}}) > r_2 > 0$.

(3) $-A$ は P 行列であるから，境界平衡点はすべて非飽和である．境界平衡点は $E_0 = (0,0,0)^\top$, $E_1 = (\frac{r_1}{a_{11}}, 0, 0)^\top$, $E_2 = (0, \frac{r_2}{a_{22}}, 0)^\top$, $E_{12} = (x_1^*, x_2^*, 0)^\top$, $E_{23} = (0, \bar{x}_2, \bar{x}_3)^\top$, $E_{13} = (\hat{x}_1, 0, \hat{x}_3)^\top$ である．ただし，E_{12}, E_{23}, E_{13} は $\mathbb{R}_+^3$ に存在しないこともある．$\sigma(\boldsymbol{x}) = \boldsymbol{p}^\top(\boldsymbol{r} + A\boldsymbol{x})$ とする．境界平衡点は非飽和であるから，$\sigma(E_{12}), \sigma(E_{23}), \sigma(E_{13})$ は正である．$p_3 = 1$ とし，p_1, p_2 を十分大きくとれば，$\sigma(E_0) = p_1 r_1 + p_2 r_2 + p_3 r_3 > 0$, $\sigma(E_1) = p_2(r_2 + (AE_1)_2) + p_3(r_3 + (AE_1)_3) > 0$, $\sigma(E_2) = p_1(r_1 + (AE_2)_1) + p_3(r_3 + (AE_2)_3) > 0$ とできる．よって，パーマネンス.

(4) E_2 は非飽和であるので，$r_3 + (AE_2)_3 > 0$ である．$p_1 = 1$ として，p_3 を十分大きくとれば，$\sigma(E_2) > 0$ とできる．次に p_2 を十分大きくとれば，$\sigma(E_0) > 0$, $\sigma(E_2) > 0$ とできる．よって，パーマネンス.

問 13.4 略

問 13.5 (1) $\det(-A) = 1 + \alpha^3 + \beta^3 - 3\alpha\beta = \frac{1}{4}(1 + \alpha + \beta)\{3(\alpha - \beta)^2 + (\alpha + \beta - 2)^2\} > 0$ に注意すると，$-A$ が P 行列になるための必要十分条件は $\alpha\beta < 1$.

(2) 境界平衡点は $E_0 = (0,0,0)^\top$, $E_1 = (1,0,0)^\top$, $E_2 = (0,1,0)^\top$, $E_3 = (0,0,1)^\top$, $E_{12} = (u, v, 0)^\top$, $E_{23} = (0, u, v)^\top$, $E_{13} = (v, 0, u)^\top$. ただし，$u, v > 0$ で，E_{12}, E_{23}, E_{31} は $\mathbb{R}_+^3$ に存在しないこともある．$\alpha + \beta < 2$ のとき，$-A$ は P 行列であるから，A は B 行列となり，境界平衡点はすべて非飽和である．$\sigma(\boldsymbol{x}) = \boldsymbol{p}^\top(\boldsymbol{r} + A\boldsymbol{x})$ とする．$p_1 = p_2 = p_3 = 1$ とすると，$\sigma(E_0) > 0$, $\sigma(E_1) = \sigma(E_2) = \sigma(E_3) = 2 - \alpha - \beta > 0$. E_{12}, E_{23}, E_{13} は非飽和であるから，$\sigma(E_{12}), \sigma(E_{23}), \sigma(E_{13})$ はすべて正である.

参考文献

- 甘利俊一, 重定南奈子, 石井一成, 太鼓地武, 弓場美裕, 生命・生物科学の数理, 岩波書店, 1993
- 伊藤嘉昭, 山村則男, 嶋田正和, 動物生態学, 蒼樹書房, 1992
- 井上政義, 秦浩起, カオス科学の基礎と展開, 共立出版, 1999
- 笠原晧司, 微分方程式の基礎, 朝倉書店, 1982
- 國府寛司, 力学系の基礎, 朝倉書店, 2000
- 齋藤利弥, 力学系入門, 朝倉書店, 1972
- 高橋陽一郎, 微分方程式入門, 東京大学出版, 1998
- 寺本英, 数理生態学, 朝倉書店, 1997
- ポントリャーギン (著), 千葉克裕 (翻訳), 常微分方程式, 共立出版, 1963
- 俣野博, 常微分方程式入門 - 基礎から応用へ, 岩波書店, 2003
- 森田善久, 生物モデルのカオス, 朝倉書店, 1996
- 山口昌哉, 非線型現象の数学, 朝倉書店, 1972
- 吉沢太郎, 微分方程式入門, 朝倉書店, 1967
- D. Hale, G. Lady, J. Maybee, J. Quirk, *Nonparametric Comparative Statics and Stability*, Princeton Univ Press, 1999
- F. M. Scudo, J. R. Ziegler, *The Golden Age of Theoretical Ecology: 1923–1940 (Lecture Notes in Biomathematics)*, Springer, 1978
- G. E. Hutchinson, The paradox of the plankton, *The American Naturalist* **95**, pp.137–145, 1961
- H. I. Freedman, *Deterministics Mathematical Models in Population Ecology*, Marcel Dekker Inc, 1980
- H. L. Smith, H. R. Thieme, *Dynamical Systems and Population Persistence*, American Mathematical Society, 2011

- H. L. Smith, P. Waltman, *The Theory of the Chemostat: Dynamics of Microbial Competition*, Cambridge University Press, 1995
- J. Cushing, *Differential Equations: An Applied Approach*, Prentice Hall, 2004
- J. Hofbauer, K. Sigmund, *Evolutionary Games and Population Dynamics*, Cambridge University Press, 1998
- L. Perko, *Differential Equations and Dynamical Systems*, Springer, 1991
- M. E. Gilpin, Spiral chaos in a predator-prey model, *The American Naturalist* **113**, pp.306–308, 1979
- M. W. Hirsch, H. L. Smith, X.-Q. Zhao, Chain transitivity, attractivity, and strong repellors for semidynamical systems, *Journal of Dynamics and Differential Equations* **13**, pp.107–131, 2001
- M. W. Hirsch, S. Smale, R. L. Devany, *Differential Equations, Dynamical Systems, and an Introduction to Chaos*, Elsevier, 2004
- N, Bacaër, *A Short History of Mathematical Population Dynamics*, Springer, 2011
- N. P. Bhatia, G. P. Szegoe, *Stability Theory of Dynamical Systems*, Springer, 2002
- P. Turchin, *Complex Population Dynamics: A Theoretical/Empirical Synthesis*, Princeton University Press, 2003
- R. C. Robinson, *An Introduction To Dynamical Systems: Continuous And Discrete*, American Mathematical Society, 2012
- R. C. Robinson, *Dynamical Systems: Stability, Symbolic Dynamics, and Chaos*, CRC Press, 1999
- R. L. Borrelli, C. S. Coleman, *Differential Equations: A Modeling Perspective*, Wiley, 2004
- R. M. May, *Stability and Complexity in Model Ecosystems*, Princeton University Press, 1973
- R. R. Vance, Predation and Resource Partitioning in One Predator – Two Prey Model Communities, *The American Naturalist* **112**, pp.797–813, 1978

- S. Elaydi, *An Introduction to Difference Equations*, Springer, 2005
- S. Wiggins, *Introduction to Applied Nonlinear Dynamical Systems and Chaos*, Springer, 1990
- V. Hutson, A theorem on average Liapunov functions, *Monatsheft für Mathematik* **98**, pp.267–275, 1984
- V. V. Nemytskii, V. V. Stepanov, *Qualitative Theory of Differential Equations*, Dover Publications, 1989
- Y. Kuznetsov, *Elements of Applied Bifurcation Theory*, Springer, 1995
- Y. Takeuchi, *Global Dynamical Properties of Lotka-Volterra Systems*, World Scientific Publishing Co Pte Ltd, 1996

索 引

著 者 紹 介

今　隆　助
（こん　りゅう　すけ）

1975年　福井県生まれ
2002年　静岡大学大学院理工学研究科 博士後期課程（システム科学専攻）修了
現　在　宮崎大学工学教育研究部 准教授・博士（理学）
専　門　応用数学，生物数学

竹　内　康　博
（たけ　うち　やす　ひろ）

1951年　静岡県生まれ
1979年　京都大学大学院工学研究科 博士課程（数理工学専攻）修了
現　在　青山学院大学理工学部 教授・工学博士
専　門　生物数学

常微分方程式と **ロトカ・ヴォルテラ方程式** *Ordinary Differential Equations* *and Lotka-Volterra Equations* 2018 年 10 月 15 日　初版 1 刷発行	著　者　今　隆助　　© 2018 　　　　竹内康博 発行者　南條光章 発行所　**共立出版株式会社** 　　　　東京都文京区小日向 4-6-19 　　　　電話　03-3947-2511（代表） 　　　　〒 112-0006／振替口座 00110-2-57035 　　　　www.kyoritsu-pub.co.jp 印　刷　啓文堂 製　本　ブロケード

検印廃止
NDC 413.62, 461.9
ISBN 978-4-320-11348-0

一般社団法人
自然科学書協会
会員

Printed in Japan

An Introduction to Mathematical Biology

生物数学入門

差分方程式・微分方程式の基礎からのアプローチ

Linda J. S. Allen［著］

竹内康博・佐藤一憲・守田　智・宮崎倫子［監訳］

　本書は，生物学における様々な数理モデルの紹介とその解析手法を教授することを目的としている。必要な数学の知識は微積分や線形代数，微分方程式の初歩的なものである。本書の特徴は生物現象の時空間ダイナミクスを理解するために必要な力学系の基礎理論をコンパクトにまとめていることである。

　特に差分・常微分・偏微分方程式系の解析手法が1冊にまとめられている点，多くの例題が取り上げられている点，また練習問題が多くあげられている点が入門書として優れている。また取り上げられている生物現象は個体群ダイナミクスや感染症モデル，神経系のモデルなど範囲が広い。MATLABやMapleプログラムが与えられているので，本書で取り上げられている数理モデルを簡単に数値シミュレーションすることが可能である。したがって，時間・空間発展する生物現象を調べるために必要な数学的手法と数学モデリングを学ぶための格好の入門書である。

菊判・456頁・定価（本体5,800円＋税）
ISBN978-4-320-05715-9

http://www.kyoritsu-pub.co.jp/　　**共立出版**　（価格は変更される場合がございます）

 公式 Facebook
https://www.facebook.com/kyoritsu.pub

シリーズ・現象を解明する数学

全10巻

三村昌泰・竹内康博・森田善久編集

本シリーズは，今後数学の役割がますます重要になると思われる生物，生命，社会学，芸術などの新しい分野の現象を対象とし，「現象」そのものの説明と現象を理解するための「数学的なアプローチ」を解説する。数学が様々な問題にどのように応用され現象の解明に役立つかについて，基礎的な考え方や手法を提供し，一方，数学の新しい研究テーマの開拓に指針となるような内容のテキストを目指す。

生物リズムと力学系

郡　宏・森田善久著

様々なリズムと同期／力学系の初歩とリミットサイクル／位相方程式による同期現象の解析／位相ダイナミクスの力学系理論／付録(位相方程式の拡張他)／他

188頁・**本体2800円**・ISBN978-4-320-11000-7

だまし絵と線形代数

杉原厚吉著

だまし絵／立体復元方程式／遠近不等式／視点不変性／立体復元の脆弱性の克服／錯視デザイン——不可能立体・反重力すべり台／線画理解の数理モデル／他

150頁・**本体2600円**・ISBN978-4-320-11001-4

タンパク質構造とトポロジー

——パーシステントホモロジー群入門——

平岡裕章著

単体複体(ホモトピー他)／ホモロジー群(タンパク質のホモロジー群他)／パーシステントホモロジー群／参考文献／他

142頁・**本体2600円**・ISBN978-4-320-11002-1

侵入・伝播と拡散方程式

二宮広和著

自然界の伝播現象／反応拡散系に見られる伝播現象／拡散／1次元進行波解／最大値の原理／進行波解の性質／界面方程式／反応拡散系の進行波解／他

196頁・**本体3000円**・ISBN978-4-320-11003-8

パターン形成と分岐理論

——自発的パターン発生の力学系入門——

桑村雅隆著

現象と微分方程式(単振り子他)／安定性(流れとベクトル場他)／分岐(サドルノード分岐他)／付録(数値計算法に関する事項他)／他

216頁・**本体3200円**・ISBN978-4-320-11004-5

界面現象と曲線の微積分

矢崎成俊著

身近にあふれる界面現象／平面曲線と曲率に関する基本事項／界面現象を数学的に記述するための準備／等周不等式とその精密化／異方性と等周不等式の一般化／他

232頁・**本体2800円**・ISBN978-4-320-11005-2

ウイルス感染と常微分方程式

岩見真吾・佐藤　佳・竹内康博著

数理科学と実験ウイルス学の融合／ウイルス感染の数理モデル／抗HIV治療の数理モデル／抗HCV治療の数理モデル／リンパ球ターンオーバーの数理モデル／他

182頁・**本体3000円**・ISBN978-4-320-11006-9

❖ 主な続刊テーマ ❖

渋滞とセルオートマトン
・・・・・・・・・・・・友枝明保・松木平淳太著

自然や社会のネットワーク・・・・守田　智著

蟻の化学走性・・・・・・西森　拓・末松信彦著

続刊テーマ・著者名は変更される場合がございます

http://www.kyoritsu-pub.co.jp/　　共立出版　　※価格は変更される場合がございます※